AKADEMIE DER WISSENSCHAFTEN DER DDR
FORSCHUNGSZENTRUM FÜR MOLEKULARBIOLOGIE UND MEDIZIN
ZENTRALINSTITUT FÜR MIKROBIOLOGIE
UND EXPERIMENTELLE THERAPIE JENA
ABTEILUNG LIMNOLOGIE

LIMNOLOGICA

BAND 12

2. Heft

AKADEMIE-VERLAG · BERLIN

1980

LIMNOLOGICA

INHALTSVERZEICHNIS
Band 12 · Heft 2
Abgeschlossen September 1978

Band 13, Heft 1, wird folgende Beiträge enthalten:

MOTHES, G.: Physikalische und chemische Parameter der Wasserbeschaffenheit in Seen des Stechlinseegebiets. – KOSCHEL, R.: Bilanz der Primärproduktion des Phytoplanktons in den Gewässern des Stechlinseesystems. – KÜCHLER, L.: Phytoplanktonuntersuchungen im Stechlinseegebiet in den Jahren 1973–1975. – SCHEFFLER, W.: Quantitative Erfassung des Periphytons im Stechlinsee. – HAUBOLD, G.: Hydrobakteriologische Untersuchungen an drei Seen im Norden der DDR. – KOSCHEL, R.: Die Phosphataffinität von Mikroorganismengesellschaften im Stechlinsystem und in anderen Seen. – MOTHES, G.: Sedimentation und Stoffbilanz in Seen des Stechlinseegebiets. – BENNDORF, J., R. KOSCHEL & F. RECKNAGEL: Erste Ergebnisse der Ökosystemanalyse des Pelagials des Stechlinsees mit der Modellmethode. – SCHÖNBORN, W.: Die Ziliatenproduktion eines Baches. – Rezensionen.

Limnologica (Berlin) **12** (2), 189—194, Juni 1980

Ludwig Krey

Allochthone Belastung der mittleren Saale mit gelöstem organischem Kohlenstoff durch Abwassereinleiter und Nebenflüsse

Mit einer Abbildung und 2 Tabellen

Inhalt

Der Kohlenstoffgehalt des Flußwassers wird bestimmt durch die autochthonen Aufbau- und Abbauprodukte des Flusses sowie die allochthone Kohlenstoffzufuhr aus Einleitern und Nebenflüssen.
Im Saaleabschnitt zwischen Eichicht und Großheringen wurde der Eintrag an gelöstem organischem Kohlenstoff (DOC) aus 40 Einleitern und Nebenflüssen und seine Bedeutung für den Kohlenstoffhaushalt der Saale untersucht. Der größte Teil des Flußeinzugsgebiets entwässert über Nebenbäche und Nebenflüsse in die Saale. Der Anteil an Flächen, die unmittelbar in die Saale entwässern, ist sehr gering (2%) und kann im Vergleich zum Gesamteinzugsgebiet vernachlässigt werden. Einschwemmungen direkt von den Landflächen in den Fluß dürfte es nur bei Starkregen geben; solche Ereignisse traten im extremen Trockenjahr 1976 nicht auf.

2. Methodik

Die Bestimmung des gelösten organischen Kohlenstoffs (DOC) geschah nach der konduktometrischen Methode der Kohlendioxid-Bestimmung (Proft 1980). Wesentlichen Einfluß auf die Befunde hat der Entnahmezeitpunkt der Proben (Wochentag und Tageszeit), da speziell die industriellen Abwässer diskontinuierlich abgestoßen werden und so nach Menge und Verunreinigung enorm schwanken. Die Probeentnahme geschah deshalb mit großer Streuung.

3. Ergebnisse

Tab. 1 zeigt alle 40 Probenentnahmepunkte und ihre aus Doppelbestimmungen stammenden Meßwerte aus dem gesamten Untersuchungszeitraum. An einigen Entnahmepunkten wurde der C-Gehalt des Wassers nicht während der ganzen Zeit verfolgt, da entweder die Analysen nur geringe Konzentrationen nachwiesen oder die eingeleiteten Wassermengen für eine Saale-Gesamtbilanz bedeutungslos schienen. Es soll jedoch nicht verkannt werden, daß alle Flüsse durch eine kaum erfaßbare Vielzahl kleinster Dauerverschmutzer Belastungen unterworfen sind.
Die Analysenergebnisse schwanken zwischen den Extremen 0,1 mg DOC/l (unter der Nachweisgrenze) bei der Topfquelle Wichmar (Nr. 34, stark schüttende Karstquelle aus dem Muschelkalk) und 408 mg/l aus einer Abwasserprobe der Lederfabrik Camburg (Nr. 35). Auch innerhalb einer Entnahmestelle gibt es extreme Schwankungen, was die Bedeutung der diskontinuierlichen Abwassergabe unterstreicht. Hierfür sei der Wonnitzer Bach in Camburg (Nr. 36) angeführt, der den Hauptteil der Abwässer der Kleinstadt Camburg in die Saale führt und Schwankungen zwischen 1 und 220 mg DOC/l aufweist.
Einen Überblick über die Bedeutung der allochthonen C-Zufuhr für die Saale erhält man aber erst durch Umrechnung der Analysenergebnisse auf Frachtwerte (in g/s), die in Tab. 2 dargestellt sind.
In Abb. 1 sind die Kohlenstofffrachten der Saale an den Stationen Eichicht, Maua, Kunitz und Großheringen im Vergleich mit den Einleitern und Nebenflüssen angegeben. Die Saale verläßt das Talsperrensystem mit min-

Tabelle 1. Gelöster organischer Kohlenstoff der Abwassereinleiter und Nebenflüsse der mittleren Saale (mg DOC/l)

		1975					
		30. 1.	13. 2.	24. 2.	27. 2.	28. 2.	25. 3.
1	Saale in Kaulsdorf-Eichicht			10,0			
2	Loquitz in Kaulsdorf-Eichicht			17,0			
3	Saalfeld Schokoladenfabrik			30,0			52
4	Saalfeld Abwasser a. d. Altstadt						190
5	Saalfeld Abwasser am Zeißsteg			88			
6	Saalfeld Weirabachmündung			240			23
7	Schwarza v. d. Mündung			4,6			2,2
8	Rudolstadt Schaalbach			7,3			
9	Rudolstadt Rinne						4,6
10	Haselbach unterh. Kirchhasel			22			
11	Wiedabach unterh. Zeutsch						3,8
12	Orla vor der Mündung			5,2			
13	Reinstädter Bach in Kahla						
14	Altendorfer Bach v. d. Mündung						
15	Leutrabach unterh. Maua				1,0		
16	Saale bei Maua			8			
17	Roda v. d. Mündung				28		
18	Jena-Lobeda Klärwerkauslauf		60		119		
19	Jena Schottabwässer Sandweg		40			29	
20	Jena Leutrabach v. d. Mündung					94	
21	Jena Abwässer Ziegenhainer Bach						
22	Jena Abwässer am Höhenweg						
23	Jena Abwässer am Geleitshaus		100			102	
24	Jena Gembdenbach v. d. Mündung	2,0				9,2	
25	Jena-Löbstedt, Steinbach		1,0				
26	Jena-Löbstedt, Hauptsammlerausl.					69	
27	Jena-Kunitz, Laasaner Bach		4,0		4,2		
28	Saale bei Jena-Kunitz			9,7			
29	Gönnerbach v. d. Mündung	2,0			1,4		
30	Erdengraben v. d. Mündung				2,1		
31	Gleisbach v. d. Mündung	6,1			2,4		
32	Dornburg-Naschhausen, Abwasser						
33	Steudnitz, Tautenburger Bach	1,0			1,7		
34	Wichmarer Topfquelle	~1	~1		~0		
35	Camburg, Abwasser d. Lederfabrik		130		72		
36	Camburg, Wonnitzer Bach	~1			2,8		
37	Camburg, Bach am Holzplatz		15,0				
38	Camburg, Tümplinger Bach	~1			8,2		
39	Ilm v. d. Mündung in die Saale	4,0			6,4		
40	Saale bei Großheringen			9,3			

destens 160 g C/s. Dieser Wert steigt auf über 270 g C/s in Maua vor Erreichen des Stadtgebiets von Jena. Unterhalb Jenas bei Kunitz nach Einleitung aller Abwässer erhöht sich der Wert auf 320 g C/s, nimmt aber dann bis Großheringen auf durchschnittlich 270 g C/s wieder ab, was auf einen bemerkenswerten Abbau hindeutet, da keine erwähnenswerte Verdünnung durch Nebengewässer eintritt.

Von den erfaßten Nebengewässern und Abwassereinleitern haben die Nebenflüsse Loquitz (2), Schwarza (7), Orla (12), Roda (17) und der relativ kleine Weirabach (6) mit den gesamten Abwässern der Maxhütte Unterwellenborn den größten Einfluß auf den C-Gehalt der Saale. Ihre Frachtwerte liegen jeweils um 20 g C/s. Die anderen erfaßten Nebenbäche bringen, ebenso wie die kleineren

1976										
18. 5.	31. 5.	16. 6.	25. 6.	1. 7.	14. 7.	27. 7.	6. 8.	12. 8.	13. 8.	17. 8.
		16,9					18,8		31	
		4,4					4,5		1,8	
		145					190		150	
							245			
		36	50		25	18,6	19,5			22,3
		8,9					15,8		6,6	
							5,3		4,6	
							31,6			
							19,2		31,6	
		3,5					6,3		6,6	
		45							42	74
		19,2								6,6
										19,8
							5,5			4,8
	74						80		67	
	76							30,5		
	61							240		
	15,8									
	7,0									
	6,5							9,0		
158								105		
8					7,5			7,3		
19								20,9		
					6,6			4,4		
7					6,5			5,2		
8					14,4			9,5		
					10,0			3,6		
3					2,7			2,0		
170					408					
220					12,5			3,7		

Abwassereinleiter, vergleichsweise geringe Kohlenstoffmengen in den Fluß. Nur das Abwasser aus dem Hauptsammler der Stadt Jena (26) stellt nach Menge (72000 m^3/d) und Verschmutzung (146 g C/s) eine ernste Belastung für die Saale dar, die sich in dem schon erwähnten hohen Durchschnittswert von 320 g C/s in Kunitz (28) ausweist (= 46% der C-Fracht der Saale bei Kunitz).

Tab. 2 dokumentiert auch die gerade bei kleinen Abwassereinleitern typischen großen Schwankungen in Qualität und Quantität des Abwassers, obwohl versucht wurde, Lastphasen zu erfassen. Es ergaben sich für die Mehrzahl der kleinen Einleiter nur Durchschnittswerte unter 4 g C/s. Ausnahmen sind der Altendorfer Bach (14) mit 5,1 g C/s und die Abwasserleitung des Klärwerkes Jena-Lobeda (18) mit

Tab. 2. Gelöster organischer Kohlenstoff der Abwassereinleiter und der Nebenflüsse der mittleren Saale (als Fracht

		1975						
		30. 1.	13. 2.	24. 2.	27. 2.	28. 2.	25. 3.	18. 5.
1	Saale in Kaulsdorf-Eichicht			85				
2	Loquitz in Kaulsdorf-Eichicht			71				
3	Saalfeld Schokoladenfabrik			3			1,3	
4	Saalfeld Abwasser a. d. Altstadt						5,7	
5	Saalfeld Abwasser am Zeißsteg			0,176				
6	Saalfeld Weirabachmündung			120			23,0	
7	Schwarza v. d. Mündung			13,8			16,5	
8	Rudolstadt Schaalbach			0,37				
9	Rudolstadt Rinne						2,8	
10	Haselbach unterh. Kirchhasel			0,44				
11	Wiedabach unterh. Zeutsch						1,1	
12	Orla vor der Mündung			9,1				
13	Reinstädter Bach in Kahla							
14	Altendorfer Bach v. d. Mündung							
15	Leutrabach unterh. Maua				0,03			
16	Saale bei Maua			169,6				
17	Roda v. d. Mündung				30,5			
18	Jena-Lobeda Klärwerkauslauf		1,8		5,95			
19	Jena Schottabwässer Sandweg		1,2			0,870		
20	Jena Leutrabach v. d. Mündung	0,7				2,820		
21	Jena Abwässer Ziegenhainer Bach							
22	Jena Abwässer am Höhenweg							
23	Jena Abwässer am Geleitshaus		0,2			0,204		
24	Jena Gembdenbach v. d. Mündung	0,04				0,184		
25	Jena-Löbstedt, Steinbach		0,01					
26	Jena-Löbstedt, Hauptsammlerausl.					69,0		158,0
27	Jena-Kunitz, Laasaner Bach		0,02		0,021			0,04
28	Saale bei Jena-Kunitz			210,5				
29	Gönnerbach v. d. Mündung	0,04			0,028			
30	Erdengraben v. d. Mündung				0,021			
31	Gleisbach v. d. Mündung	0,3			0,120			0,35
32	Dornburg-Naschhausen, Abwasser							0,04
33	Steudnitz, Tautenburger Bach	0,03			0,034			
34	Wichmarer Topfquelle	0,1	0,1		0			0,3
35	Camburg, Abwasser d. Lederfabrik		0,7		0,72			1,7
36	Camburg, Wonnitzer Bach	0,03			0,056	0,0		4,4
37	Camburg, Bach am Holzplatz		0,03					
38	Camburg, Tümplinger Bach	0,01			0,082			
39	Ilm v. d. Mündung in die Saale	29,6			26,24			
40	Saale bei Großheringen			203,7				

10,4 g C/s. Bei Werten von 160, 270, 320, 270 g C/s im Längsschnitt des untersuchten Saaleabschnittes sowie 5 Nebenflüssen mit je ca. 20 g C/s und einem Haupteinleiter Hauptsammler Jena-Löbstedt mit 146 g C/s verlieren die erfaßten kleinen Einleiter etwas an Bedeutung, da ihre Summe hier nur rund 40 g C/s einbringt. Dieser Wert sollte aber auch nicht unterschätzt werden, da eine Vielzahl ähnlicher Kleineinleiter nicht erfaßt werden konnte.

4. Zusammenfassung

Die in die mittlere Saale eingebrachte C-Fracht von 40 Nebenflüssen und Abwassereinleitern wurde erfaßt und ihre Bedeutung diskutiert. Die allochthone C-Belastung der Saale ist sehr hoch, allein der Haupt-

in g DOC/s)

			1976								Jahresmittel-werte (vgl. PROFT 1980)
31. 5.	16. 6.	25. 6.	1. 7.	14. 7.	27. 7.	6. 8.	12. 8.	13. 8.	17. 8.	Ø	
	110,5					266,96		387,5		210	160
	4,8					4,5		1,8		20,5	
										2,2	
	1,5					5,7		4,5		4,3	
						0,49				0,33	
	18,0	25,0		12,5	9,3	9,76			11,2	28,6	
	14,1					18,17			5,81	13,7	
	4,8					2,65		0,23		2,8	
	2,1					0,95				1,2	
						12,48		20,54		14,0	
	0,7					0,32		0,17		0,4	
	6,8							2,1	7,4	5,1	
	1,9								0,13	0,7	
									356,4	263,0	270
						4,13				17,3	
14,8						20,0		10,05		10,4	
										1,0	
7,6							0,92			3,0	
1,525							6,0			3,8	
0,032											
0,007										0,14	
0,325							0,23			0,19	
							210,0			146	
			0,015				0,007			0,02	
							313,5			273	320
			0,13				0,22			0,1	
			0,2				0,78			0,33	
			0,07				0,05			0,05	
			0,2				0,07			0,08	
			0,27				0,2			0,17	
			2,04							1,1	
			0,25				0,19			0,8	
										0,05	
										27,9	
										203,7	270

sammler der Stadt Jena führt eine C-Fracht in die Saale, die 46% der am Ort Jena-Kunitz gemessenen Fracht beträgt.

Summary

The C-freight input of 40 tributaries and waste water channels into the river Saale is recorded and discussed. The allochthonous C-content in the river Saale is very high: The waste water channel of the town Jena (GDR) brings to 46% of the C-freight at Jena-Kunitz.

Резюме

Регистрирован груз C, вносимый в среднюю реку Заале из 40 притоков и воздействием сточных вод, и обсуждено его значение. Аллохтонная нагрузка C в Заале является очень высокой, один главный

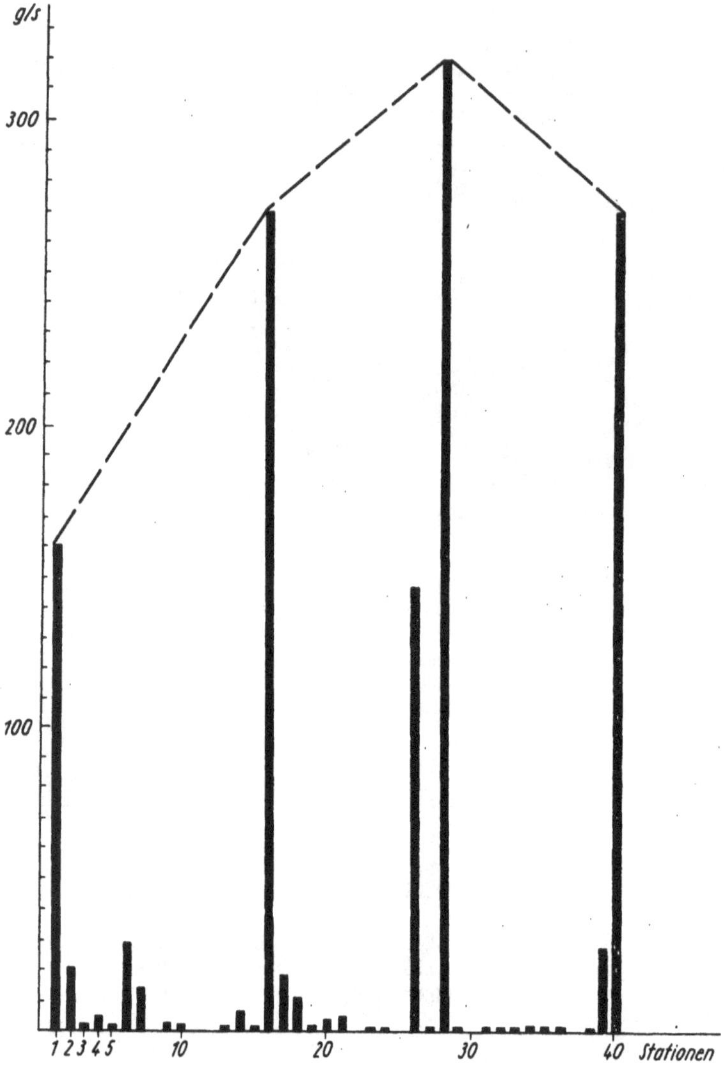

Abb. 1. Durch Abwassereinleiter in die mittlere Saale eingebrachte Kohlenstofffracht (gelöster organischer Kohlenstoff = DOC)

собиратель города Иены приносит в Заале груз C, который составляет 46% количества измеренного на месте Иена-Кунитц.

5. Literatur

Amt für Wasserwirtschaft der DDR, 1965: Flächenverzeichnis der Flußgebiete — Saale. — Berlin.

Freimut, U., et al.: Beiträge zur Bestimmung des organisch gebundenen Kohlenstoffs in Wässern und Sedimenten — Fortschr. Wasserchem. **11**, 189—220.

Krey, L., 1976: Zur Physiographie der mittleren Saale. — *Limnologica* (Berlin) **10** (1), 9—44.

Proft, G., 1980: Der Kohlenstoffgehalt und die Kohlenstofffracht der mittleren Saale. — *Limnologica* (Berlin) **12** (2), 195—206.

Eingegangen am 17. 4. 1978.

Anschrift des Verfassers:
Dr. Ludwig Krey
Akademie der Wissenschaften der DDR
Forschungszentrum f. Molekularbiologie u. Medizin
Zentralinstitut für Mikrobiologie
und experimentelle Therapie Jena
— Abteilung Limnologie —
DDR-69 Jena, Beutenbergstr. 11

Limnologica (Berlin) **12** (2), 195—206, Juni 1980

GOTTFRIED PROFT

Der Kohlenstoffgehalt und die Kohlenstofffracht der mittleren Saale

Mit einem Beitrag von VOLKER VOBACH (Kap. 5)

Mit 12 Abbildungen und 5 Tabellen

Inhalt

1. Einleitung

Mit einem sehr empfindlichen konduktometrischen Analysenverfahren wurde der Kohlenstoffgehalt der Saale zwischen Kaulsdorf-Eichicht und Großheringen über einen Jahreszyklus analysiert, wobei die Bestimmung getrennt nach anorganisch und organisch gelöstem sowie partikulär gebundenem Kohlenstoff erfolgte. Die Ergebnisse erlauben eine Aussage über den Kohlenstoffgehalt, seine Variationsbreite und die Fracht.

2. Methodik

2.1. Überblick über die Bestimmungsmethode

Der zu bestimmende Kohlenstoff wird in CO_2 überführt, bei Karbonaten (DAC) durch Ansäuern der Probe, bei organischen Verbindungen (DOC) durch Oxydation mit Kaliumperoxidisulfat. Das freigesetzte CO_2 wird mit einem im Kreislauf geführten Trägergas ausgetrieben und in NaOH absorbiert. Die Leitfähigkeitsänderung der Lauge ist proportional der CO_2-Aufnahme und wird registriert.

2.2. Probenahme

Nach der Entnahme ist die Wasserprobe so rasch wie möglich zu bearbeiten. Neben Umsetzungen der organischen Substanzen wird der CO_2-Gehalt der Proben besonders von Temperaturschwankungen beeinflußt. Um diese zu verringern, ist der Probentransport in Camping-Kühltaschen zu empfehlen.

2.3. Analysengang

Vor der Analyse müssen die ungelösten Stoffe abgetrennt werden. Besonders für die DAC-Analyse sollte vom Seston nur dekantiert werden. Wir haben auch bei Filtration durch Glasfaserpapier mit geringem Unterdruck keine meßbaren CO_2-Verluste feststellen können.

2.3.1. DAC-Analyse

5 ml, bei geringen Konzentrationen 10 ml Probelösung in eine 15-ml-Ampulle pipettieren, mit etwa 3 Tropfen H_3PO_4 ansäuern und die Ampulle rasch an die Meßapparatur anschließen.

2.3.2. DOC-Analyse

Eine 15-ml-Ampulle mit 100 mg $K_2S_2O_8$ beschicken, 5 ml Probelösung und 0,3 ml H_3PO_4 (3%) zusetzen. Mit CO_2-freiem Gas (Stickstoff oder Argon) über eine Kanüle begasen (2 min) und nach der Begasung die Ampulle schnell abschmelzen. In diesem Zustand und auch autoklaviert sind die Proben über längere Zeit haltbar (MENZEL & VACCARO 1964).

2.3.4. DC-Analyse

Eine Ampulle mit 100 mg $K_2S_2O_8$, 5 ml Probenlösung und 0,3 ml H_3PO_4 (3%) versetzen und ohne Begasung abschmelzen.

Es empfiehlt sich, die Ampullen vor der Benutzung zur Beseitigung organischer Verunreinigungen 2 h bei 450 °C zu tempern. Eine weitere Verunreinigungsgefahr besteht beim Abschmelzen der Ampullen durch CO_2-haltige Flammengase. Um eine CO_2-Einschleppung zu verhindern, kann die Ampullenöffnung mit einem Silikonfettstopfen verschlossen werden.

2.3.5. Aufschluß

Die Oxydation der organischen Substanz erfolgt durch Erhitzen der abgeschmolzenen Ampullen im Autoklaven, 30 min bei 134 °C. Nach Abkühlung sind die Proben zur Messung bereit.

2.3.6. Leitfähigkeitsmessung

Für die CO_2Analyse wurde die in Abb. 1 dargestellte Gerätekombination entwickelt (vgl. DUURSMA 1961, KREY & SZEKIELDA 1965, GANF & MILBURN 1971). Die CO_2-Absorption in NaOH verläuft linear zur Leitfähigkeits-

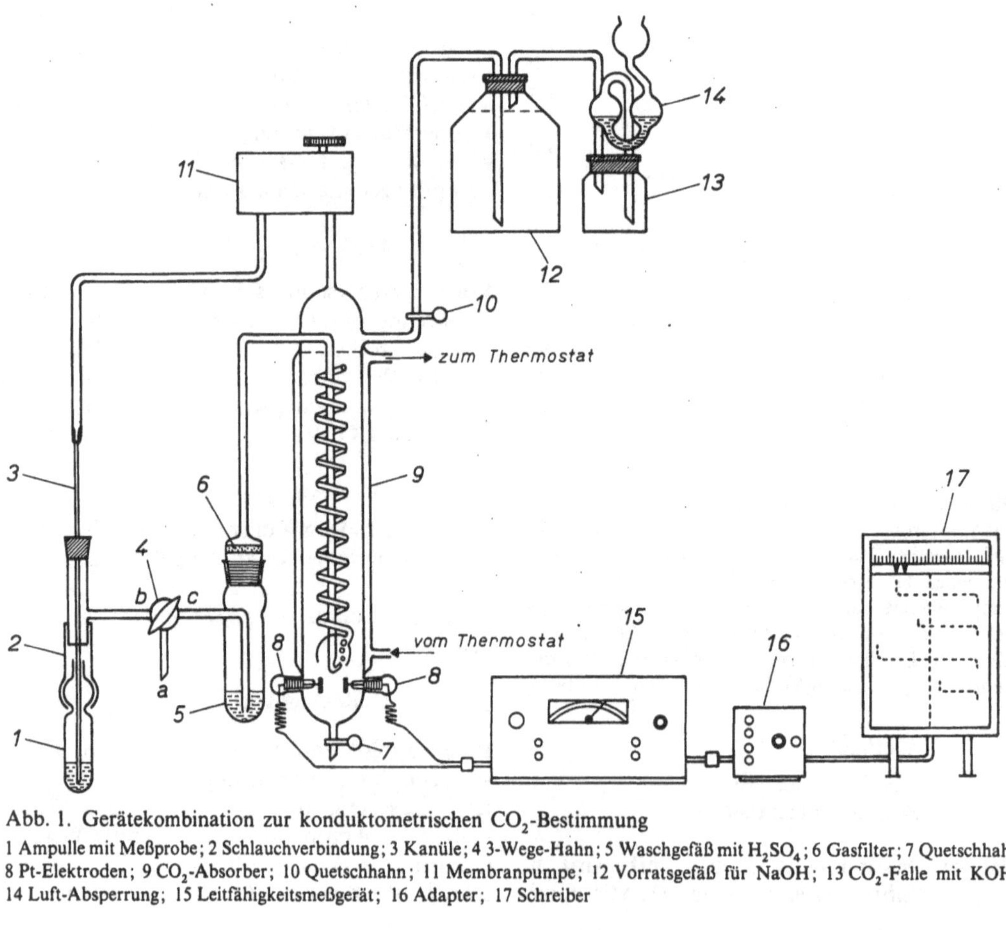

Abb. 1. Gerätekombination zur konduktometrischen CO_2-Bestimmung

1 Ampulle mit Meßprobe; 2 Schlauchverbindung; 3 Kanüle; 4 3-Wege-Hahn; 5 Waschgefäß mit H_2SO_4; 6 Gasfilter; 7 Quetschhahn; 8 Pt-Elektroden; 9 CO_2-Absorber; 10 Quetschhahn; 11 Membranpumpe; 12 Vorratsgefäß für NaOH; 13 CO_2-Falle mit KOH_e; 14 Luft-Absperrung; 15 Leitfähigkeitsmeßgerät; 16 Adapter; 17 Schreiber

LIMNOLOGICA

BAND 12 · 1980

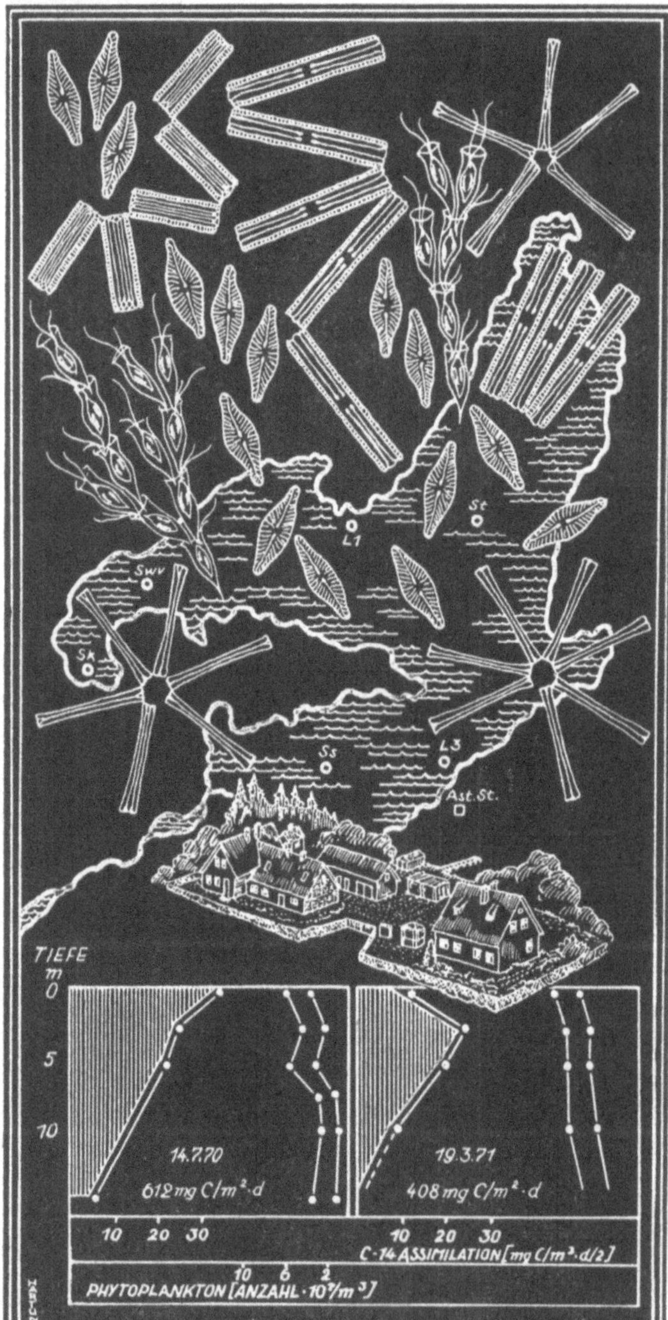

St
L1
Swv
Sk
L3
Ss
Ast.St.
TIEFE
m
0
5
10
14.7.70
612 mg C/m² · d
19.3.71
408 mg C/m² · d
10 20 30
10 20 30
C-14 ASSIMILATION [mg C/m³ · d/2]
10 6 2
PHYTOPLANKTON [ANZAHL · 10⁷/m³]

AKADEMIE DER WISSENSCHAFTEN DER DDR
FORSCHUNGSZENTRUM FÜR MOLEKULARBIOLOGIE UND MEDIZIN
ZENTRALINSTITUT FÜR MIKROBIOLOGIE
UND EXPERIMENTELLE THERAPIE JENA
ABTEILUNG LIMNOLOGIE

LIMNOLOGICA

SCHRIFTLEITER: S. JOST CASPER
HERAUSGEBER: GOTTFRIED BREITIG,
HANS KNÖLL†, ALFRED RIETH,
WILFRIED SCHÖNBORN, DIETRICH UHLMANN
UND GÜNTHER WALTER

BAND 12

AKADEMIE-VERLAG · BERLIN

1980

Band 12

Mit 147 Abbildungen und 66 Tabellen

Heft 1, Februar 1980 Seite 1—187
Heft 2, Juni 1980 Seite 189—348

Die LIMNOLOGICA erscheinen in zwangloser Folge in einzeln berechneten Heften wechselnden Umfangs. Etwa 30 Druckbogen (480 Seiten) bilden einen Band.
Die LIMNOLOGICA veröffentlichen Originalarbeiten aus allen Gebieten der wissenschaftlichen Erforschung der Binnengewässer und der benachbarten Lebensräume. Neben den Originalarbeiten erscheinen Übersichten der Fachliteratur osteuropäischer Staaten, Tagungsberichte und Rezensionen.

Erschienen im Akademie-Verlag, DDR-1080 Berlin, Leipziger Str. 3—4

Lizenznummer: 202 · 100/486/80
Gesamtherstellung: VEB Druckerei „Thomas Müntzer“, 5820 Bad Langensalza
Printed in the GDR

INHALTSVERZEICHNIS

Originalarbeiten

Nachruf

Rezensionen

Neue Arten

änderung, wie EFFENBERGER (1962) feststellen konnte. Der Leitfähigkeitswert braucht daher für die CO_2-Analyse nicht bestimmt zu werden, nur eine genaue Bestimmung der Leitfähigkeitsänderung ist erforderlich. Das Leitfähigkeitsmeßgerät LM 301 (VEB Hydromat Bannewitz) wurde mit einem Schreiber (Motorkompensator MKV, VEB Meßgerätewerk Erich Weinert) gekoppelt. Der Schreiber ist nicht parallel zum Meßinstrument des Leitfähigkeitsmeßgerätes geschaltet. Die volle Schreiberbreite ist für jede Messung nutzbar, sobald mit dem Anpassungsglied über eine Gegenspannung eine Nullpunktverschiebung ausgeführt wird. Am Meßausgang von 100 mV können nun mit einem 2-mV-Schreiber geringe Meßwertänderungen 50fach empfindlicher registriert werden, was eine bedeutende Steigerung der Nachweisempfindlichkeit und Analysengenauigkeit ergibt. Der Schreiberausschlag in Skalenteilen kann als Anzeigegröße benutzt werden, wenn im linearen Untersuchungsbereich gearbeitet wird. Dieser ist zu ermitteln, indem Eichproben mit einer NaOH-Meßzellenfüllung analysiert werden. Sobald die am Anfang gemessenen Werte nicht mehr erreicht werden, ist die Lauge verbraucht. Dieser Leitfähigkeitswert darf bei den weiteren Analysen nicht unterschritten werden.

Mit der Empfindlichkeitssteigerung wächst der Temperatureinfluß auf die Messung. Auf eine hohe Temperaturkonstante in der Meßzelle muß besonderer Wert gelegt werden. Eine zur Messung parallele Temperaturregistrierung läßt Störungen durch Temperaturschwankungen leicht erkennen.

2.3.7. Reagenzien

H_3PO_4, ein geringer Zusatz von $AgNO_3$ als Katalysator hat sich als günstig erwiesen.

$K_2S_2O_8$ z. a. (pulv.)

NaOH-Meßlauge (karbonatfrei)

Bidest. Wasser, CO_2 auskochen oder mit Stickstoff begasen, etwa 0,25 g NaOH-Pellets/l zusetzen, bzw. aus einer konz. NaOH-Lösung die entsprechende Verdünnung herstellen. Die Meßlauge darf nicht im Luftkontakt stehen (CO_2-Aufnahme).

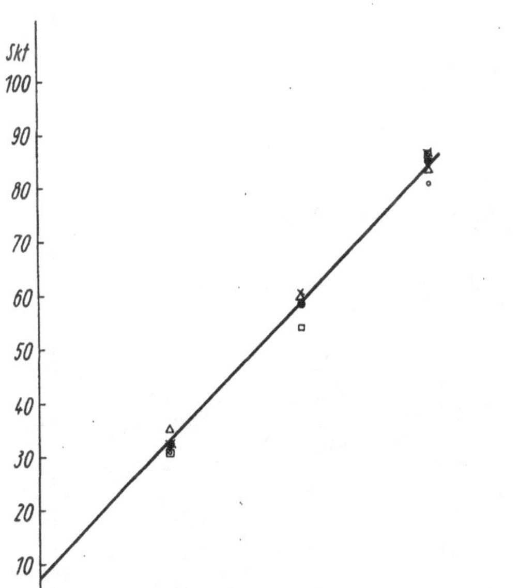

Abb. 2. Eichkurve mit verschiedenen Testverbindungen
× — 4-Aminopyridin; □ — Benzoesäure; 0 — Magnesiumtriplex; △ — Natriumoxalat; ● — Kaliumhydrogenkarbonat

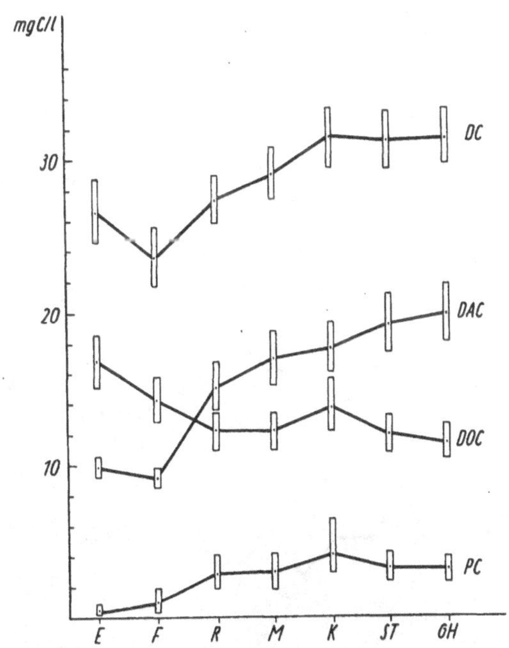

Abb. 3. Kohlenstoffgehalt des Saalewassers an den Probenahmestellen
E — Eichicht; F — Fischersdorf; R — Rothenstein; M — Maua; K — Kunitz; St — Stöben; GH — Großheringen; DAC — gelöster anorganischer Kohlenstoff in mg/l; DOC — gelöster organischer Kohlenstoff in mg/l; PC — partikulär transportierter Kohlenstoff in mg/l; DC — gelöster Kohlenstoff (DAC + DOC) in mg/l; Mittelwert aus 25 Proben, mit Varianz

2.3.8. Eichung

Zur Aufstellung der Eichkurve werden entsprechende Mengen einer $KHCO_3$-Lösung in Ampullen pipettiert, mit ca. 3 Tropfen H_3PO_4 versetzt und sofort gemessen. Die Eichkurve (Abb. 2) erfaßt den Bereich von 5—180 µg C, das entspricht 1—36 mg C/l bei 5 ml Probengröße. Mit Konzentrationsänderungen der NaOH sind leichte Meßbereichsverschiebungen möglich.
Eichlösung: 1,042 $KHCO_3$ in 250 ml H_2O lösen, 1 ml ≙ 500 µg C. Zur Aufstellung der Eichkurve wird die Lösung 1:10 verdünnt.
Zur Überprüfung des Aufschlusses und der Eichung können nach der Methode DOC Eichproben mit verschiedenen Kohlenstoffverbindungen bereitet werden.
Wir untersuchten Natriumoxalat, Magnesiumtriplex, Benzoesäure und 4-Aminopyridin. Eichwerte dieser Substanzen wiesen keinen systematischen Fehler auf (Abb. 2), die Varianz lag unter 3%.

2.4. PC-Analyse

Für die Bestimmung des partikulär gebundenen Kohlenstoffs (PC) benutzten wir eine Naßoxydationsmethode mit Kaliumdichromat und photometrischer Messung nach STRICKLAND & PARSONS (1968) ohne prinzipielle Änderungen.

3. Ergebnisse

3.1. Der Kohlenstoffgehalt des Saalewassers

Von April 1974 bis April 1975 wurden im 14tägigen Rhythmus an 7 Probenahmestellen 175 Wasserproben aus dem Bereich der mittleren Saale auf anorganischen (DAC), organisch gelösten (DOC) und gebundenen (PC) Kohlenstoff untersucht.

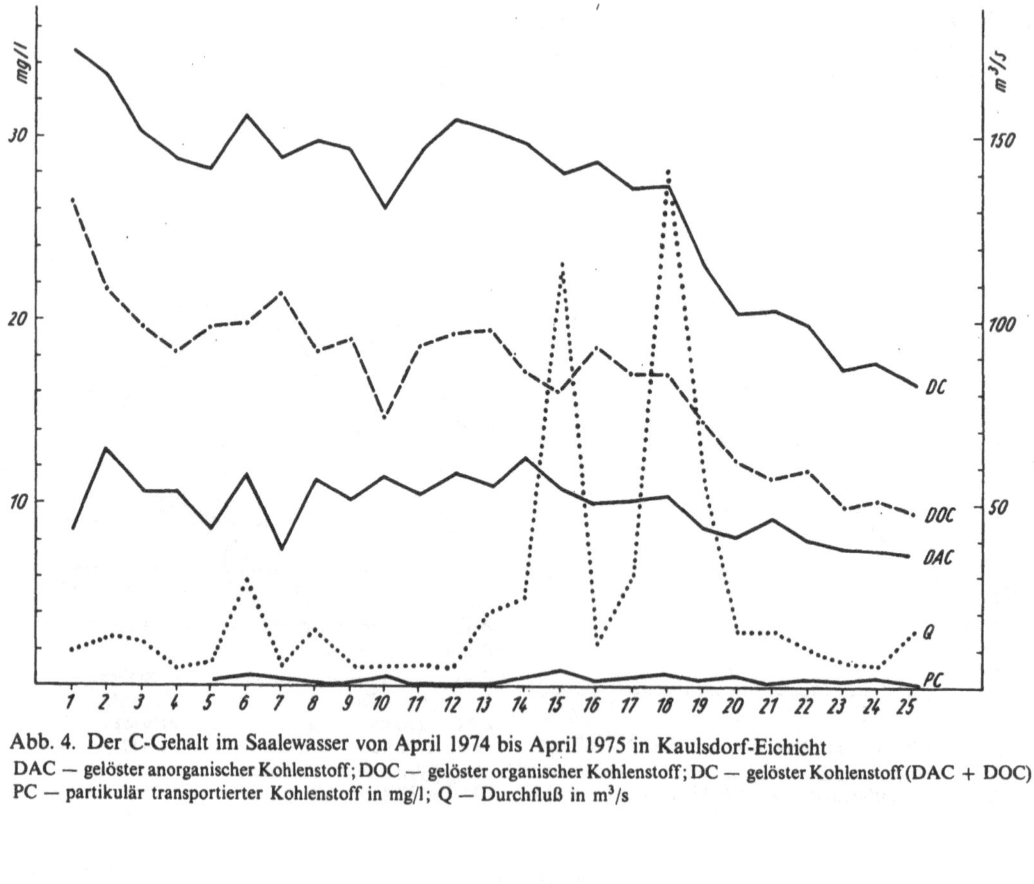

Abb. 4. Der C-Gehalt im Saalewasser von April 1974 bis April 1975 in Kaulsdorf-Eichicht
DAC — gelöster anorganischer Kohlenstoff; DOC — gelöster organischer Kohlenstoff; DC — gelöster Kohlenstoff (DAC + DOC); PC — partikulär transportierter Kohlenstoff in mg/l; Q — Durchfluß in m³/s

Am Beginn des Untersuchungsabschnitts in Kaulsdorf-Eichicht ist der Karbonatgehalt gering (m = 10 mg/l) und sinkt geringfügig bis Fischersdorf (m = 9 mg/l). Mit dem Eintritt der Saale in das Muschelkalkgebiet tritt eine stärkere Erhöhung des Karbonatgehalts ein, der zwischen Rothenstein und Großheringen auf 15—19 mg C/l steigt (Abb. 3).

Im Gegensatz zum anorganischen Kohlenstoff sind die höchsten Werte beim organischen Kohlenstoff in Kaulsdorf-Eichicht zu finden, was auf Abwasser aus der flußauf gelegenen Zellstoffindustrie zurückzuführen ist. Mit dem Flußlauf ist eine Abnahme der organisch gelösten Verbindungen von etwa 17 mg C/l auf 12 mg C/l festzustellen. Abwässer von Jena bewirken in Kunitz einen Anstieg von 2 mg C/l (Abb. 3). Gleiche Ergebnisse erhält auch Meissner (1965) für die Flußstrecke Kaulsdorf-Eichicht—Weißenfels.

Der partikulär transportierte Kohlenstoffanteil ist gering und beträgt in Kaulsdorf-Eichicht 0,4 mg C/l, steigt in Rothenstein auf 3 mg C/l und bleibt in dieser Größe bis Großheringen, wobei Kunitz mit 4,3 mg C/l herausragt (Abwassereinfluß).

Anorganischer sowie organischer Kohlenstoff schwanken um 50% des Kohlenstoffgehalts der Saale, der partikulär transportierte Anteil steigt von 1,3% in Kaulsdorf-Eichicht auf durchschnittlich 10% im weiteren Flußverlauf.

Der Untersuchungszeitraum ist charakterisiert durch eine Periode mit Normal- bis Niedrigwasserstand und einen Zeitraum mit extrem hohem Abfluß. Nach der Hochwasserperiode ist eine fallende Tendenz der Werte festzustellen (Abb. 4—6), bei DAC nur in Kaulsdorf-Eichicht und Fischersdorf. Für DOC ergeben sich über den gesamten Untersuchungsbereich signifikant niedrige Konzentrationen, wie aus einer Mittelwertbildung der Werte vor und nach der Hochwasserwelle hervorgeht (Abb. 7, 8).

Die Hochwasserwelle selbst weist keine Verdünnungseffekte auf. Die hohen Zuflüsse bewirkten eine Verdünnung der organischen Last

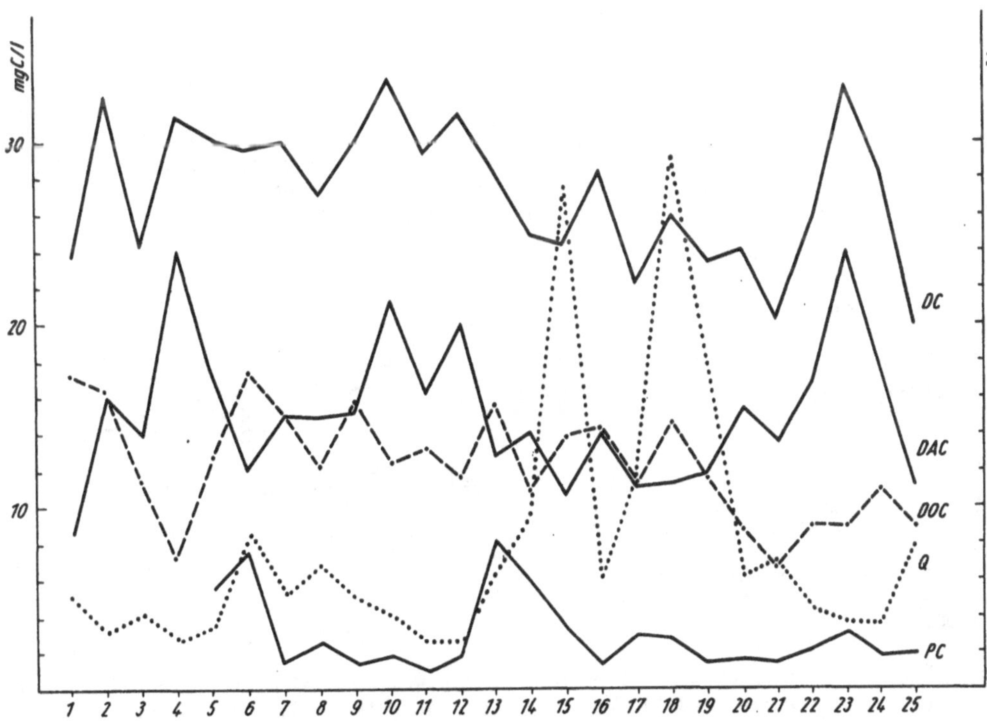

Abb. 5. Der C-Gehalt im Saalewasser in Rothenstein von April 1974 bis April 1975; Legende s. Abb. 4

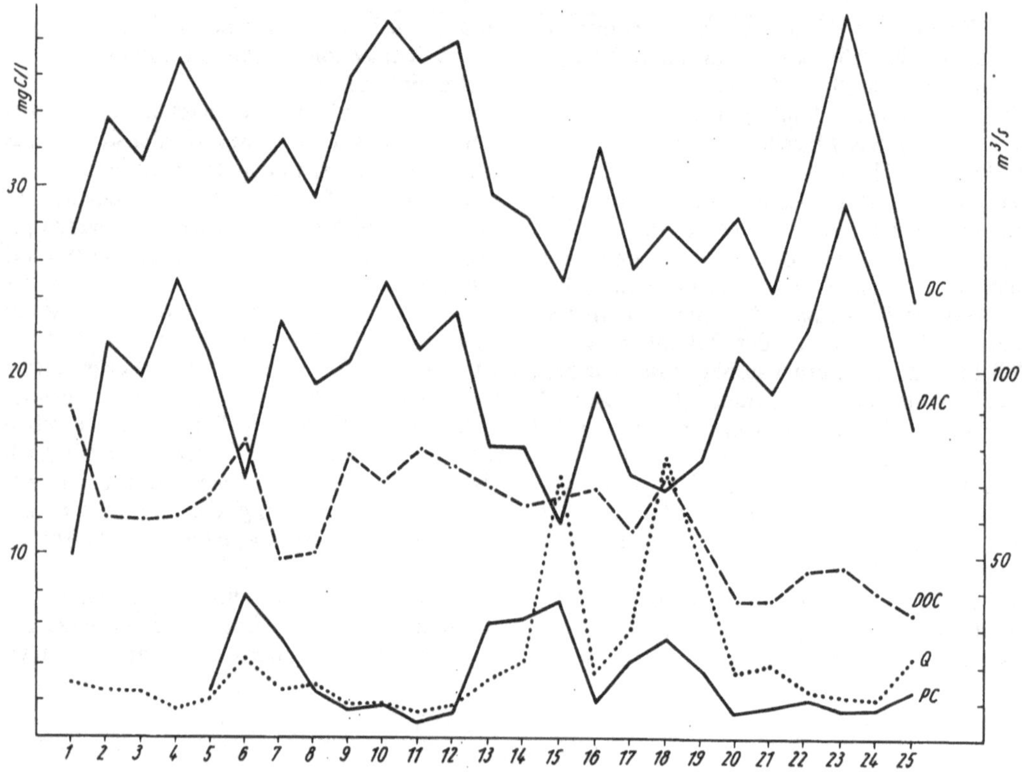

Abb. 6. Der C-Gehalt der Saale in Stöben von April 1974 bis April 1975; Leg. s. Abb. 4

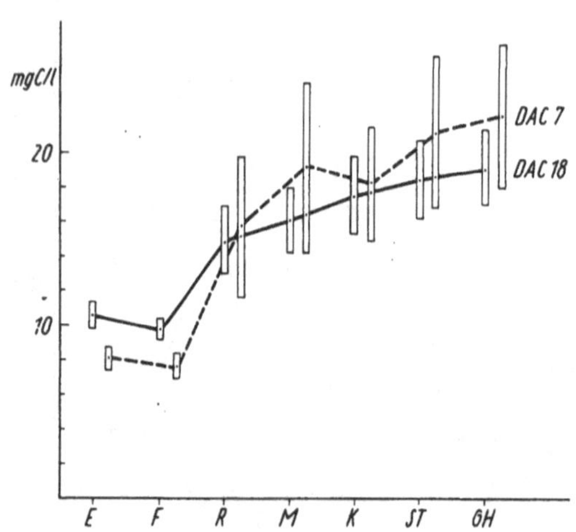

Abb. 7. Gelöster anorganischer Kohlenstoffgehalt der Saale vor (DAC 18) und nach (DAC 7) der Hochwasserwelle

in den Talsperren. Mit der Verweilzeit des Wassers in den Staubecken wird der Verdünnungseffekt über einen größeren Zeitraum gestreckt, über die Hochwasserperiode hinaus. Man kann daraus schließen, daß die Abwasserlast der Talsperren den gesamten Untersuchungsbereich beeinflußt.

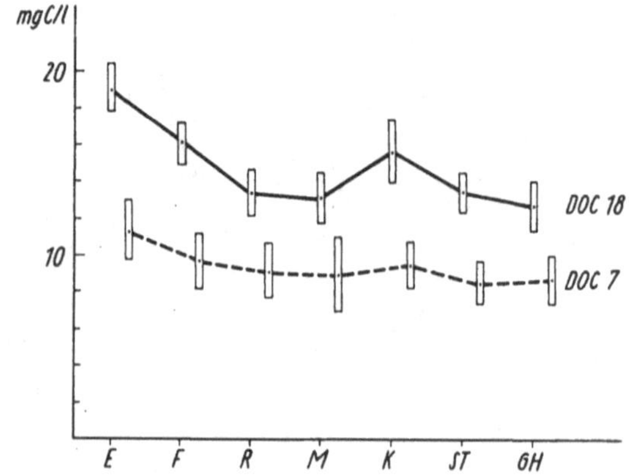

Abb. 8. Gelöster organischer Kohlenstoffgehalt der Saale vor (DOC 18) und nach (DOC 7) der Hochwasserwelle

3.2. Die Kohlenstofffracht

Mit dem Flußlauf steigt die Kohlenstofffracht von Kaulsdorf-Eichicht bis Großheringen um etwa 100 g/s DOC und um über 400 g/s DAC (Abb. 9, 10). Gegenüber den C-Konzentrationen in mg/l (V 25%) ist die Streubreite der Frachtwerte (V 100%) bedeutend größer, was aus den wechselnden Wasserführungen resultiert. Klammert man die Hochwasserwerte bei der Mittelwertbildung aus, verringert sich der Streubereich (Abb. 11). Da die C-Konzentration relativ konstant und unabhängig vom Q-Wert ist (Abb. 4—6), erscheint es sinnvoll, die Fracht aus langjährigen Abflußmittelwerten zu berechnen. Eine Gegenüberstellung der Fracht, berechnet aus Monatsmittelwerten des Untersuchungszeitraums und aus einem langjährigen Mittel, zeigt, daß selbst einige Monatsmittelwerte eine Größenordnung über dem langjährigen Mittel liegen (Abb. 12).

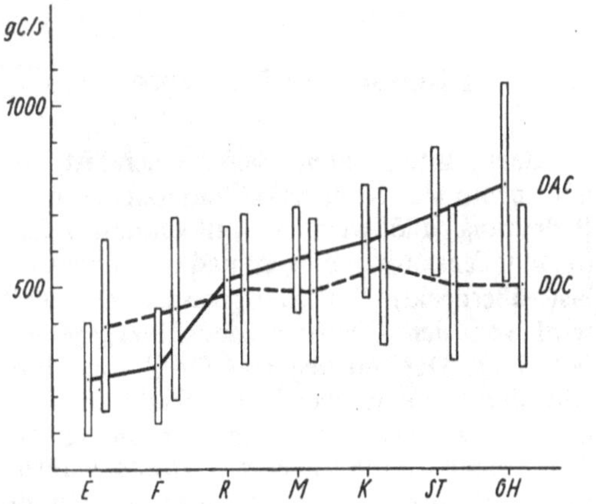

Abb. 9. Kohlenstofffracht der Saale anorganisch (DAC) und organisch (DOC) gelöst, Jahresmittelwerte mit Varianz in g C/s

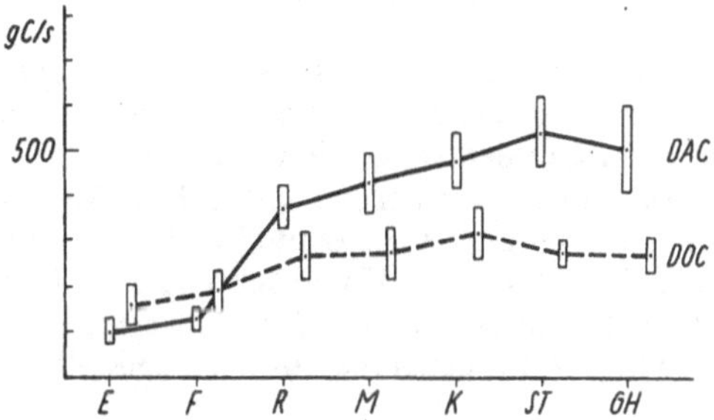

Abb. 11. Kohlenstofffracht der Saale ohne Hochwasserproben; anorganisch (DAC) und organisch (DOC) gelöster Teil; Jahresmittelwerte mit Varianz

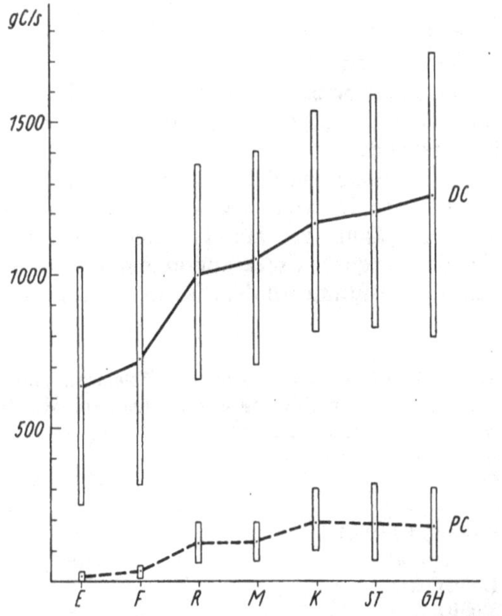

Abb. 10. Kohlenstofffracht der Saale; gesamter gelöster Anteil (DC) u. partikulär transportierter Teil; Jahresmittelwerte mit Varianz in g C/s

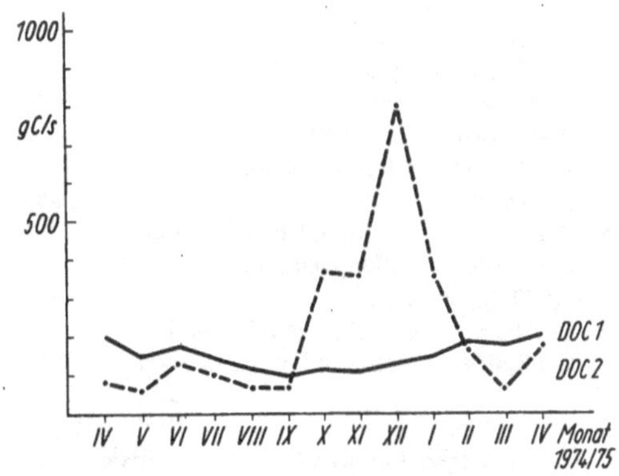

Abb. 12. Kohlenstofffracht der Saale berechnet mit 2 verschiedenen Abflußmittelwerten
DOC 1 — langjähriger Mittelwert; DOC 2 — Monatsmittelwert

Tab. 1. Jahresfracht für die Pegel Kaulsdorf-Eichicht (E) und Camburg-Stöben (St) (t/a)

	mL	mU
E DAC	$46,1 \cdot 10^2$	$75 \cdot 10^2$
E DOC	$78,4 \cdot 10^2$	$128 \cdot 10^2$
E PC	$1,5 \cdot 10^2$	$2,5 \cdot 10^2$
St DAC	$187 \cdot 10^2$	$259 \cdot 10^2$
St DOC	$116 \cdot 10^2$	$161 \cdot 10^2$
St PC	$31,8 \cdot 10^2$	$44,2 \cdot 10^2$

mL — langjähriges Abflußmittel; mU — Abfluß des Untersuchungszeitraums

3.3. Die Schwankungen im Kohlenstoffgehalt der Saale

Bei der Untersuchung des DOC-Gehalts über ein Jahr in 14tägigem Abstand ergab sich eine Varianz der DOC-Werte von etwa 25%. Es war nun von Interesse, die Schwankungsbreite für kürzere Zeitabstände zu bestimmen. In Tab. 2 sind die Untersuchungsergebnisse zusammen mit dem Fehler der Analysenmethode und der Probenahme zusammengestellt.

Tab. 2. Analysenfehler und C-Variation

		Varianz
10	Eichproben für DAC	1,06%
10	DAC-Analysen von einer Probe, filtriertes Saalewasser	3,0%
10	DOC-Analysen von einer Probe, filtriertes Saalewasser	7,4%
10	Wasserproben innerhalb von 10 Minuten geschöpft und auf DOC analysiert	12,0%
25	Wasserproben im stündlichen Abstand geschöpft und in Doppelbestimmung auf DOC analysiert	9,0%
5	Proben mit 24stündlichem Abstand in Großpürschütz geschöpft unt analysiert	
	DAC	6,9%
	DOC	16,8%
7 Proben zwischen Rudolstadt und Orlamünde auf der 17 km langen Flußstrecke mit der fließenden Welle in etwa 2,5 km Abständen		
	DAC	± 5,3%
	DOC	± 7,7%

Wie aus dem Ergebnis ersichtlich, kann der C-Gehalt der Saale als sehr konstant angesehen werden, was sich mit den Untersuchungen zum O_2-Gehalt der Saale deckt. Kurzzeitige Abwasserstöße wurden bei den stichpunktartigen Probenahmen nicht erfaßt.

4. Diskussion der Ergebnisse

In dem untersuchten Saalebereich ist die autotochthone Kohlenstoffkomponente ohne Bedeutung und wird von allochthonen Zuflüssen, Einschwemmungen und der Abwasserlast überdeckt. Der anorganische C-Gehalt wird von den Gesteinen des Einzugsgebiets bestimmt. Der Anstieg von DAC beim Eintritt der Saale in das Muschelkalkgebiet ist deutlich zu erkennen. Eine Erhöhung des CO_2-Gehalts durch Abbau von Abwasser dürfte unter 10% liegen. Eine Entgasung und Gleichgewichtseinstellung müßte bei einem gut durchmischten Fluß, wie der Saale, rasch erfolgen, wie die Untersuchungen zum Sauerstoffgehalt bereits gezeigt haben (PROFT 1976).
MEIER & MCCONNEL (1974) fanden für die großen Flüsse der USA eine Zunahme des DOC-Gehalts mit dem Flußlauf. Die Untersuchungen an der Saale ergaben für den Untersuchungsabschnitt bedingt durch die Abwasserlast ein gegenläufiges Bild (Abb. 3).
Für stehende Gewässer gibt WETZEL (WETZEL et al. 1977) ein Verhältnis DOC/PC von 10:1 an, bei produktiven Gewässern sinkt es auf 5:1 und kann bis auf 1:1 heruntergehen. Für den Augusta Creek konnte ein Verhältnis von 3:1 bestimmt werden, wobei die Schwan-

Tab. 3. Verhältnis von organisch gelöstem zu partikulär gebundenem Kohlenstoff (berechnet aus Mittelwerten) im Untersuchungsbereich

Ort	DOC/PC
Kaulsdorf-Eichicht	50,9
Fischersdorf	13,6
Rothenstein	4,2
Kunitz	3,3
Stöben	3,7
Großheringen	3,6

kungsbreite 5:1 bis 1,3:1 betrug. Bei der Saale fallen nur die Meßpunkte im unteren Teil des Untersuchungsabschnitts in den von WETZEL angegebenen Bereich (Tab. 3). Kaulsdorf-Eichicht und Fischersdorf weisen bedingt durch die Zellstoffabwässer eine starke Verschiebung auf, wie sie auch bei dystrophen Gewässern zu erwarten ist.

Vergleicht man das DOC/PC-Verhältnis mit dem Durchfluß, so ergibt sich eine Gegenläufigkeit, wobei Hochwasserwerte ein DOC/PC-Verhältnis von 2—3 aufweisen, Normal- und Niedrigwasserwerte in den Bereich von 4—17 fallen. Da die Schwebstofffracht nicht parallel Q ist, sondern innerhalb der Hochwasserwelle eine bestimmte Verteilung aufweist (vgl. BAUER & TILLE 1966), erklären sich hieraus die Unterschiede im DOC-Verhältnis bei gleichem Q-Wert.

Entgegen unseren Erwartungen tritt durch Niederschläge und die damit verbundene höhere Wasserführung des Flusses keine Verdünnung im gelösten organischen Kohlenstoffgehalt des Wassers auf. Somit ergeben Hochwassersituationen maximale C-Frachtwerte.

Der C-Gehalt des Saalewassers spiegelt nicht die Saprobieverhältnisse des Flusses wider. Im oligo- bis β-mesosaproben Bereich der oberen Fließstrecke sind die höchsten C-Werte im Wasser zu registrieren (m = 17,0 mg C/l), bedingt durch die Abwässer der Zellstoffindustrie. Diese huminsäureartigen Verbindungen sind schwer abbaubar und beeinflussen den BSB-Wert wenig (SCHÖNBORN 1976). Mit dem Lauf des Flusses treten diese Verbindungen im Kohlenstoffbudget zurück, leichter abbaubare Stoffe nehmen zu und es ändert sich die Zusammensetzung der Kohlenstofffracht, wie VOBACH (vgl. Kap. 5) mit Eliminierungsanalysen nachweisen konnte. Der Kohlenstoffgehalt sinkt auf Werte um 12 mg C/l und die Saprobie steigt in den α-mesosaproben Bereich (FLÖSSNER 1976). Gleiche Ergebnisse erhält man auch bei der Betrachtung des BSB; im Oberlauf werden die geringsten BSB-Werte bei den höchsten DOC-Werten gemessen, flußab bei höheren BSB-Werten dagegen geringere Kohlenstoffgehalte (vgl. SCHÖNBORN 1976). Diese Ergebnisse beweisen erneut, daß der Kohlenstoffgehalt einer Wasserprobe nicht allein als Maß für die organische Verunreinigung eines Gewässers gewertet werden darf.

5. Untersuchungen zur chemischen Charakterisierung des DOC

1971, 1972 und 1975 wurden von VOBACH eliminierungsanalytische Untersuchungen an der Saale, Pegel Kaulsdorf-Eichicht, Fischersdorf, Rothenstein, Maua und Stöben, durchgeführt.

Die Ergebnisse liegen in Form mehrerer Berichte vor. Es soll hier eine kurze Zusammenfassung gegeben werden.

Folgende Analysenmethoden wurden eingesetzt:

- CSV-Cr-Spezialmethode für kleine Meßwerte nach „Ausgewählte Methoden der Wasseruntersuchung (AMW)“, Bd. I, 3. Teil.
- UV-Ext. (λ = 240 nm, d = 1 cm) nach einer Methode des Instituts für Wasserwirtschaft (IfW) Berlin
- Kupplungsreaktion mit diazotiertem p-Nitranilin, Messung bei 495 nm, nach IfW-Methode
- Ninhydrin-Reaktion, Messung bei 570 nm, nach IfW-Methode
- Eliminierungsanalytische Trennungen an sieben stationären Phasen nach AMW, Bd. I, 3. Teil.

Die Untersuchungen sind jeweils einmalige Stichprobenanalysen.

In der Untersuchung 1972 nimmt der CSV-Cr vor Kaulsdorf-Eichicht (71,5 mg/l O_2) bis Rothenstein (50,6 mg/l O_2) stark ab und bleibt dann bis Stöben (50,0 mg/l O_2) nahezu konstant. Damit wird die abnehmende Tendenz der DOC-Belastung auch mittels CSV-Cr bestätigt.

Die Hauptstoffgruppe (hochmolekulare Ligninsulfonsäuren aus den Abwässern der Zellstoffindustrie) verursacht in der Saale, Pegel Kaulsdorf-Eichicht, ca. 90% des CSV-Cr bzw. des DOC. Diese Fraktion verringert sich bis Stöben um mehr als die Hälfte.

Da Ligninsäuren — wie bereits erwähnt — biochemisch schwer abbaubar sind, kommt für die Verminderung auch eine Ausflockung in Betracht, die durch Aufhärtung des Wassers bei Eintritt der Saale in das Muschelkalkgebiet eingeleitet wird.

Durch Zufuhr mehrwertiger Kationen erfolgt nach SCHLUNGBAUM & VOBACH (1976) eine elektrische Umladung, Assoziation und Ausflockung organischer Makromoleküle und Kolloide. Das scheint sich in der Saale auch am Anstieg des partikulären Kohlenstoffs (PC) bemerkbar zu machen.

Die Abnahme der Hauptstoffgruppe im betrachteten Flußabschnitt wirkt sich nur partiell auf die Verminderung der DOC- und CSV-Meßwerte aus, da neue organische Belastungskomponenten meist kommunaler Herkunft zugeführt werden.

Während der Organostoffkomplex am Pegel Kaulsdorf-Eichicht Kohlenstoff in überwiegend aromatisch gebundenem Zustand enthält, nehmen bis Stöben aromatische Verbindungen ab und gleichzeitig aliphatische Bindungsformen des Kohlenstoffs zu.

Ein Maß für den aromatischen Bindungszustand ist der $H_{\pi,n}$-Wert nach VOBACH et al. (1977). In Tab. 4 sind einige $H_{\pi,n}$-Werte aus den Jahren 1972—1975 zusammengestellt, aus denen die Veränderung des Stoffgemischs hervorgeht.

Tab. 4. $H_{\pi,n}$-Werte in der Saale

Pegel	1972	1975
Kaulsdorf-Eichicht	2,17	—
Fischersdorf	—	1,83
Rothenstein	1,92	—
Maua	—	1,35
Stöben	1,88	1,17

Obwohl die DOC-Werte eine Verminderung der Gesamtbelastung im betrachteten Flußabschnitt beweisen, zeigen die Stichprobenuntersuchungen, daß unabhängig davon unpolare und schwer oxidierbare unpolare Stoffe nach VOBACH et al. (1978) (≈ lipophile Stoffe) mit vorwiegender Umweltrelevanz im betrachteten Flußabschnitt zunehmen.

Tab. 5. Unpolare (uS) und schwer oxidierbare unpolare Stoffe (souS) in der Saale

Pegel	1972		1975	
	uS mg/l O_2	souS mg/l	uS mg/l O_2	souS mg/l
Kaulsdorf-Eichicht	3,1	0,3	—	—
Fischersdorf	—	—	0,7	0,1
Rothenstein	7,4	2,0	—	—
Maua	—	—	3,2	0,7
Stöben	8,6	2,3	4,6	1,1

Zusammenfassend kann festgestellt werden, daß die Veränderungen der Gemischzusammensetzung des Organostoffkomplexes in der Saale viel tiefgreifender sind, als es die Meßwerte und Tendenzen der Summenparameter DOC bzw. CSV-Cr erwarten lassen.

6. Zusammenfassung

Nach einem verbesserten konduktometrischen Analysenverfahren wurde der Kohlenstoffgehalt der mittleren Saale bestimmt. Die Bestimmung erfolgte getrennt nach organisch und anorganisch gelöstem Kohlenstoff und dem partikulär gebundenen Anteil. Die Schwankungen im Kohlenstoffgehalt sind relativ gering und betrugen im Jahr bei 2 Probenahmen im Monat etwa V = 25%. Innerhalb eines Tages bei stündlicher Probenahme konnte für DOC eine Varianz von 9% bestimmt werden. Hochwässer bringen keine Verdünnung der Kohlenstoffkonzentration im Wasser. Mit dem Durchfluß steigt die Kohlenstofffracht. Die Frachtwerte für den Pegel Camburg-Stöben betragen

$$DAC = 187 \cdot 10^2 \text{ t/a}, DOC = 116 \cdot 10^2 \text{ t/a}, PC = 31{,}8 \cdot 10^2 \text{ t/a},$$

berechnet mit einem langjährigen Abflußmittelwert. Das Verhältnis des gelösten zum partikulär gebundenen Kohlenstoffanteil beträgt ∅ 3,7 im unteren Untersuchungsbereich und 13—50 in dem mit Zelluloseabwässern belasteten oberen Bereich. Diese Abwasserlast ist auch die Ursache, daß Wasser mit dem höchsten organischen C-Gehalt die geringste Saprobie und den niedrigsten BSB-Wert aufweist.

Summary

Using an improved conductometric method the concentrations of particulate (PC), dissolved organic (DOC) and inorganic (DAC) carbon were determined in the river Saale. The variation of the C-content is V = 25% per year; the variation of DOC is V = 9% per day. Precipitations give no dilution in DOC concentrations. The transported C is correlated to the run off. At the water-gauge of Camburg-Stöben the yearly transported carbon loads are

$$DAC = 187 \cdot 10^2 \text{ t/a}, DOC = 116 \cdot 10^2 \text{ t/a}, \text{ and } PC = 31{,}8 \cdot 10^2 \text{ t/a}.$$

Dissolved to particulate organic carbon ratio is approximately 3,7; highest ratios from 13—50 are caused by paper mill wastes. This waste water gives a high DOC and a low BOD.

Резюме

Определено по улучшенному кондуктометрическому способу анализа содержание углерода средней реки Заале. Определение проведено отдельно, а именно по органически и анорганически растворенному углероду и партикулярно связанной части. Колебания в содержании углерода являются относительно маленькими и составляли в течение года при взятии проб два раза в месяц приблизительно V = 25%. Было определено в течение одного дня в отношении содержания растворенного органического углерода (DOC) отклонение в 9% при ежечасном взятии проб. Не наблюдается в разливах разведение концентрации углерода в воде. С протеканием груз углерода увеличивается. Величины груза для водомерного поста в Камбурге-Стёбене равняются:

DAC (растворенный анорганический углерод) = 187 · 10² т в год,
DOC = 116 · 10² т в год, PC (партикулярно связанный углерод) = 31,8 · 10² т в год,

вычисленные с помощью многолетним средним значением стока. Отношение органически растворенной к партикулярно связанной доле углерода составляет в среднем 3,7 в нижней области исследования и 13—50 в верхней области, нагруженной целлюлозными сточными водами. Эта нагрузка сточными водами является и причиной того, что вода с самым высоким содержанием органического углерода обладает низшей сапробией и самым маленьким значением БПК.

7. Literatur

ALLEN, H. L., 1976: Dissolved organic matter in lakewater: characteristics of molecular weight size-fractions and ecological implications. — Oikos **27** (1), 64—70.

BAKER, C. D., P. D. BARTLETT, I. S. FARR & G. I. WILLIAMS, 1974: Improved methods for the measurement of dissolved and particulate organic carbon in fresh water and their application to chalk streams. — Freshwat. Biol. **4**, 467—481.

BAUER, L., & W. TILLE, 1966: Die Sinkstofführung der Fließgewässer des Unstrutgebietes. — Petermanns geogr. Mitt. **110**, 97—110.

CRUZ, A. A. DE LA, & H. A. POST, 1977: Production and transport of organic matter in a woodland stream. — Arch. Hydrobiol. **80** (2), 227—238.

DUURSMA, E. K., 1961: Dissolved organic carbon, nitrogen and phosphorus in sea. — Neth. Journ. Sea Res. **1**, 1—148.

EFFENBERGER, M., 1962: Bestimmung des organischen Kohlenstoffs in Gewässern. — Sc. Papers Inst. Chem. Technol., Prague, Techn. Water **6** (1), 471—493.

FLÖSSNER, D., 1976: Allgemeine Charakteristik der Wassergüte der mittleren Saale. — *Limnologica* (Berlin) **10** (1), 45—55.

GANF, G. G., & T. R. MILBURN, 1971: A conductometric method for the determination of total inorganic and particulate organic carbon fractions in freshwater. — Arch. Hydrobiol. **69**, (1), 1—13.

Institut für Wasserwirtschaft, 1976: Ausgewählte Methoden der Wasseruntersuchung, Bd. I Chemische, physikalisch-chemische, physikalische und elektrochemische Methoden, Lief. 1—3. — VEB Gustav Fischer Verlag, Jena.

IVERSEN, T. M., & B. L. MADSEN, 1977: Allochthonous organic matter in streams. — Folia Limnol. Scandinavia **17**, 17—20.

KARLSTROM, V., & S. BACKLUND, 1977: Relationship between algal cell number, chlorophyll a and fine particulate organic matter in a river in Northern Sweden. — Arch. Hydrobiol. **80** (2), 192—199.

KREY, J., & K. H. SZEKIELDA, 1965: Bestimmung des organisch gebundenen Kohlenstoffs im Meerwasser mit einem neuen Gerät zur Analyse sehr kleiner Mengen CO_2. — Z. anal. Chem. **207** (5), 338—346.

ŁAWACZ, W., 1977: Dissolved and Particulate Organic Carbon (DOC and POC) in Ecological Studies. — Acta hydrochim. hydrobiol. **5** (4), 363—367.

LIAW, W. K., & H. T. MAC CRIMMON, 1977: Assessment of Particulate Matter in River Water. — Internat. Revue ges. Hydrobiol. **62** (4), 445—463.

MANNY, B. A., & R. G. WETZEL, 1973: Diurnal changes in dissolved organic and inorganic carbon and nitrogen in a hardwater stream. — Freshwat. Biol. **3**, 31—43.

MEIER, W. J., & H. L. MCCONNEL, 1974: Carbon measurements in water quality monitoring. — JWPCF **46** (4), 623—633.

MEISSNER, B., 1965: Sauerstoff-, Stickstoff- und Kohlenstoffhaushalt der Saale zwischen Eichicht und Groß-Rosenburg. — Fortschr. Wasserchemie **2**, 11—32.

MENZEL, D. W., & R. F. VACCARO, 1964: The measurement of dissolved and particulate organic carbon in seawater. — Limnolog. & Oceanogr. **9** (1), 138—142.

PROFT, G., 1976: Der Sauerstoffgehalt der mittleren Saale. — *Limnologica* (Berlin) **10** (1), 155—169.

SCHLUNGBAUM, G., & V. VOBACH, 1976: Beitrag zur Kenntnis der organischen Substanz in den Küstengewässern der DDR. I. Ergebnisse der Eliminierungsanalyse. — *Limnologica* (Berlin) **10** (2), 437 bis 451.

SCHÖNBORN, W., 1976: Biochemischer Sauerstoffbedarf (BSB_5) und zusätzliche Zehrung (ZZ) der mittleren Saale. — *Limnologica* (Berlin) **10** (1), 177—190.

STRICKLAND, J. D. H., & T. R. PARSONS, 1968: A Practical Handbook of Seawater analysis. — Fish. Res. Board Canada, Bull. 167.

VOBACH, V., & A. BEER, 1978: Ergebnisse der Eliminierungsanalyse, Teil 3. Beitrag zur Bestimmung und Charakterisierung der „lipophilen Spurenstoffe". — Acta hydrochim. et hydrobiol. **6** (2), 109—120.

VOBACH, V., N. GOTTSCHALDT, A. BEER & R. KLAUS, 1977: Ergebnisse der Eliminierungsanalyse, Teil 2. Ein Beitrag zur Theorie des organischen Stoffgemisches natürlicher Gewässer. — Acta hydrochim. et hydrobiol. **5** (4), 337—349.

WETZEL, R. G., et al., 1977: Seasonal changes in particulate and dissolved organic carbon and nitrogen in a hardwaterstream. — Arch. Hydrobiol. **80** (1), 20—39.

WETZEL, R. G., & P. H. RICH, 1973: Carbon in Freshwater Systems. — in: G. M. WOODWELLAND & E. V. PECAN (eds.): Carbon and the Biosphere. — Proc. 24th Brookhaven Symposium Biology. U.S. Atomic Energy Comm. Symposium Ser. CONF — 720510. Nat. Techn. Inform. Serv., Springfield, Virginia.

Eingegangen am 27. 6. 1978.

Anschriften der Verfasser:

Dr. GOTTFRIED PROFT
Akademie der Wissenschaften der DDR
Forschungszentrum f. Molekularbiologie u. Medizin
Zentralinstitut für Mikrobiologie
und experimentelle Therapie Jena
Abteilung Limnologie
DDR-69 Jena, Beutenbergstr. 11

Dipl.-Biol. VOLKER VOBACH
Institut für Wasserwirtschaft
DDR-1199 Berlin
Schnellerstr. 140

Limnologica (Berlin) **12** (2), 207–221, Juni 1980

DIETHELM RONNEBERGER

Untersuchungen zur Primärproduktion und zum Abbau des Biosestons in der mittleren Saale

Mit 12 Abbildungen und einer Tabelle

Inhalt

1. Einleitung

Über den Kohlenstoff und seine Umsetzungen liegen, was den Einbau in die Primärproduzenten betrifft, eine große Zahl von Untersuchungen vor. Die meisten Arbeiten behandeln aber die Primärproduktion der Seen, Boddengewässer und des marinen Bereichs. Untersuchungen in Fließgewässern wurden erst in den letzten 5 Jahren intensiver vorangetrieben (HEUSS 1975, NADIN-HURLEY & DUNCAN 1976, STOCKNER & SHORTREED 1976, TSUDA, UEDA, GOSE & MAKI 1975). Der Abbau der Algenzellen konnte erst in jüngster Zeit in die Untersuchungen einbezogen werden (CRANWELL 1976, DAFT, MCCORD & STEWART 1975, GOLTERMANN 1964, HENDRIKSON 1976, JONES 1976, OTSUKI & HANYA 1972a, b). Dabei zeigte sich, daß der Abbau der organischen Substanz in den Gewässern sehr verschieden sein kann, was vor allem auf Unterschiede in der Abbauleistung der Bakterienpopulationen und der Abbaubarkeit des Substrats zurückzuführen ist.

Bei unseren Untersuchungen im Gebiet der mittleren Saale lag das Schwergewicht der Forschungen auf der Erfassung der Primärproduktion, des heterotrophen Potentials, des aktuellen Kohlenstoffgehalts des Sestons und des Abbaus des Phytosestons innerhalb des Gewässers sowie unter Laborbedingungen. Die Untersuchungen beziehen sich auf den Zeitraum von Mai 1973 bis Juli 1977.

2. Methodik

Die Bestimmung der Primärproduktion erfolgte mittels der bekannten Radiokohlenstoffmethode nach der bei HÜBEL (1970) angegebenen Technik. Als Probengefäße wurden 120-ml-Sauerstoffflaschen verwendet. Die Messung der aktiven Präparate erfolgte zuerst mittels Glockenzählrohren, später durch Flüssigkeitsszintillation. Zur Bestimmung der Ampullenaktivität wurde die aktive Lösung direkt dem Szintillationsgemisch zugefügt und gemessen. Sowohl zur Auflösung der Membranfilter als auch zur direkten Aktivitätsbestimmung der zugefügten radioaktiven Lösung wurde ein Szintillator nach ROMINGER & POLLMANN (1972) folgender Zusammensetzung verwendet: 3 l Toluol, 2 l Äthylenmonomethyläther (Methylcellosolve), 2 g POPOP, 20 g PPO und 400 g Naphthalin.

Die Auflösung der Filter bringt eine bessere Meßgeometrie und umgeht die Nachteile des Dioxanszintillators. Außerdem ermöglicht der Szintillator, geringe Wassermengen aufzunehmen, ohne Äthanol zusetzen zu müssen, d. h., der Quench ist wesentlich geringer. Die Messung der zugegebenen Radioaktivität (Ampullenaktivität) kann damit direkt erfolgen.

Die Dauer der Exposition der Versuchsflaschen direkt unter der Wasseroberfläche betrug 3 Stunden (zwischen 6 und 12 Uhr je nach Jahreszeit). Unmittelbar nach der Expositionszeit erfolgte die Filtration, anschließend wurden die Membranfilter weiterbehandelt (HÜBEL 1970). Die heterotrophe CO_2-Assimilation wurde nach der Methode von ROMANENKO (1971) gemessen.

Die Untersuchungen zum Abbau des assimilierten Kohlenstoffs erfolgten als Laboruntersuchungen unter Bedingungen, die denen im Fluß angenähert waren. Unter konstanten Temperaturverhältnissen wurden Turbulenz und Lichtklima simuliert. Das Versuchsgerät

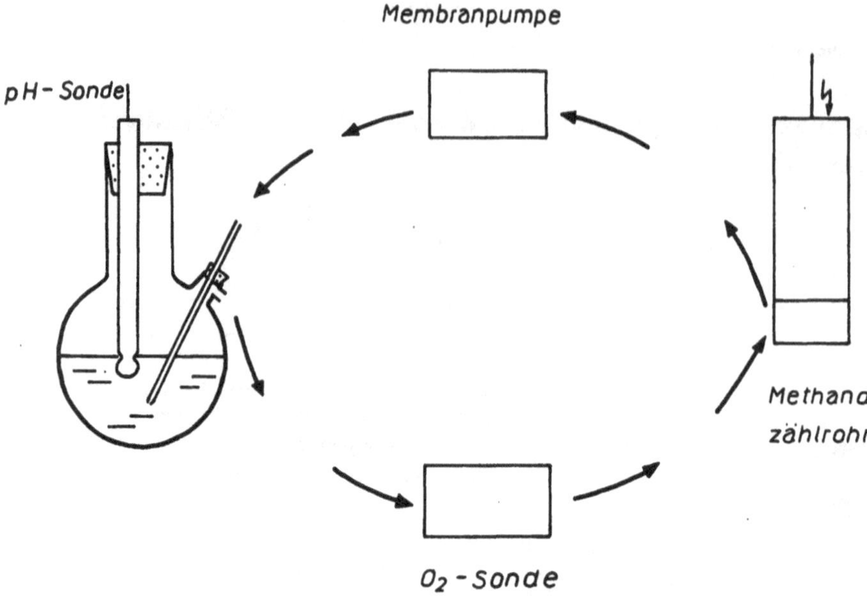

Abb. 1. Prinzipielle Versuchsanordnung der Abbauversuche

mit den Algen befand sich in einem Lichtklimaschrank vom Typ KPW-2 (Elektro-Physikalische Gerätefabrik „Mytron", Heilbad Heiligenstadt, 18 °C, 6000 Lux). Die Turbulenz erzeugte ein Luftstrom, der gleichzeitig den Kreislauf des CO_2 gewährleistete.

Die Versuche wurden sowohl an *Chlorella*-Reinkulturen als auch an Saalealgen unterschiedlicher Zusammensetzung in einem Kulturmedium nach KUHL (1962) durchgeführt.

Die Messung der Abbauaktivität erfolgte mittels Radiokohlenstoff, analog den Primärproduktionsuntersuchungen. Die prinzipielle Versuchsanordnung geht aus Abb. 1 hervor.

Zur Messung des assimilatorischen ^{14}C-Einbaus in die Algen wurden 5 l Saalewasser durch Nannoplanktongaze filtriert und die Algen anschließend in 600 ml Saalewasser wieder resuspendiert. In die Suspensionen wurden jeweils 4 ml einer starken ^{14}C-Lösung (ca. 6 µCi) zugegeben. Die Exponierung der Versuchsgefäße im Klimaschrank dauerte mehrere Stunden. Die Messung des $^{14}CO_2$ geschah in einem für diese Versuche umgebauten Meßkopf eines Methandurchflußzählrohres. Zur Trennung von Propankreislauf (Meßgas) und CO_2-Kreislauf diente eine graphitierte Fensterfolie.

In den Kreislauf des zu messenden Gases war eine Sauerstoffelektrode nach M. v. ARDENNE installiert, um den Sauerstoffgehalt ständig messen zu können. Neben diesen beiden Parametern wurden weiterhin pH und Temperatur im Klimaschrank simultan auf einen 6-Farben-Schreiber aufgezeichnet.

Die Assimilation bei Dauerlicht mußte solange fortgesetzt werden, bis keine wesentliche CO_2-Aufnahme durch die Algen mehr nachweisbar war (5 Stunden bis 3 Tage). Danach wurden die Algen durch Autoklavieren abgetötet, filtriert (Membranfilter 0,6 µm Porendurchmesser) und mit 600 ml nannoplanktonfiltriertem Saalewasser aufgefüllt, bei *Chlorella*-Versuchen mit 600 ml Bakteriensuspension in physiologischer Kochsalzlösung. Anschließend konnte dann im Dauerdunkel unter sonst gleichen Bedingungen die Zunahme des $^{14}CO_2$ durch den bakteriellen Abbau gemessen werden.

Zur Berechnung des Anteils von gelösten Abbauprodukten mußten in Abständen Proben entnommen werden. Nach Filtration über Membranfilter (0,3 µm Porendurchmesser) wurde das Filtrat im Szintillationszähler gemessen.

Die Zählung der Komponenten des Biosestons erfolgte nach der Filtrierung von 10 l Saalewasser durch ein Planktonnetz Nr. 25 in „SCHÄPERCLAUS-Kammern" nach einer 6stufigen Größenklassenskala (RONNEBERGER 1976). Es wurde dabei nur die Gruppenzugehörigkeit erfaßt, auf Artbestimmungen wurde weitgehend verzichtet. Das Trockengewicht ließ sich aus dem Volumen der Organismen berechnen.

Der Sestongehalt wurde gravimetrisch auf Membranfiltern bestimmt, sein Kohlenstoffgehalt durch Verglühen im Sauerstoffstrom (RONNEBERGER 1976). Die Untersuchungen erfolgten an 2 Probestellen unterschiedlicher Saprobie. In Kaulsdorf-Eichicht ist die

Saale oligo- bis schwach β-mesosaprob, während die Probestelle bei Maua im α-mesosaproben Bereich liegt (KREY 1976, FLÖSSNER 1976).
Die Primärproduktion wurde an den beiden Stationen in 14tägigem Abstand ab 1976 zusammen mit der heterotrophen CO_2-Fixierung gemessen. Der Abbau des Biosestons konnte nur an der Station Maua untersucht werden. Die Werte für die Globalstrahlung übernahmen wir von der Klimastation Weimar des Meteorologischen Dienstes.
Die Berechnung der äußeren und inneren Effektivität erfolgte nach den Formeln

$$\mathrm{Eff}_{\mathrm{äu}} = \frac{E}{P}\,\%\,, \tag{1}$$

$$\mathrm{Eff}_{\mathrm{inn}} = \frac{E}{P \cdot B}\,\%\ \mathrm{mg\ C}\,. \tag{2}$$

Es bedeuten:
E die Globalstrahlung
P die Primärproduktion in mg $C \cdot m^{-3} \cdot h^{-1}$
B die Phytoplanktonbiomasse auf C-Basis (mg $C \cdot m^{-3}$)

3. Ergebnisse

3.1. Kohlenstoffassimilation

Die Kohlenstoffassimilation an den beiden Stationen Kaulsdorf-Eichicht und Maua ist in Abb. 2—5 dargestellt. Beide Kurven zeigen analoge Jahresgänge der Produktion. An beiden Stellen wurden im Hochsommer die höchsten Produktionswerte gemessen (an der Station Maua 1973 im August 400 mg $C/m^3 \cdot d$, 1974 im Juli 379 mg $C/m^3 \cdot d$). Im Jahre 1975 kam es (offenbar durch den milden Winter beeinflußt) schon im Mai zu einer Kohlenstoffproduktion von 658 mg $C/m^3 \cdot d$. Die an der Station Kaulsdorf-Eichicht gemessenen Werte lagen z. T. niedriger, zeigen jedoch dieselbe Tendenz (177 mg $C/m^3 \cdot d$ im Jahre 1973, 45 mg $C/m^3 \cdot d$ 1974 und 966 mg $C/m^3 \cdot d$ 1975).

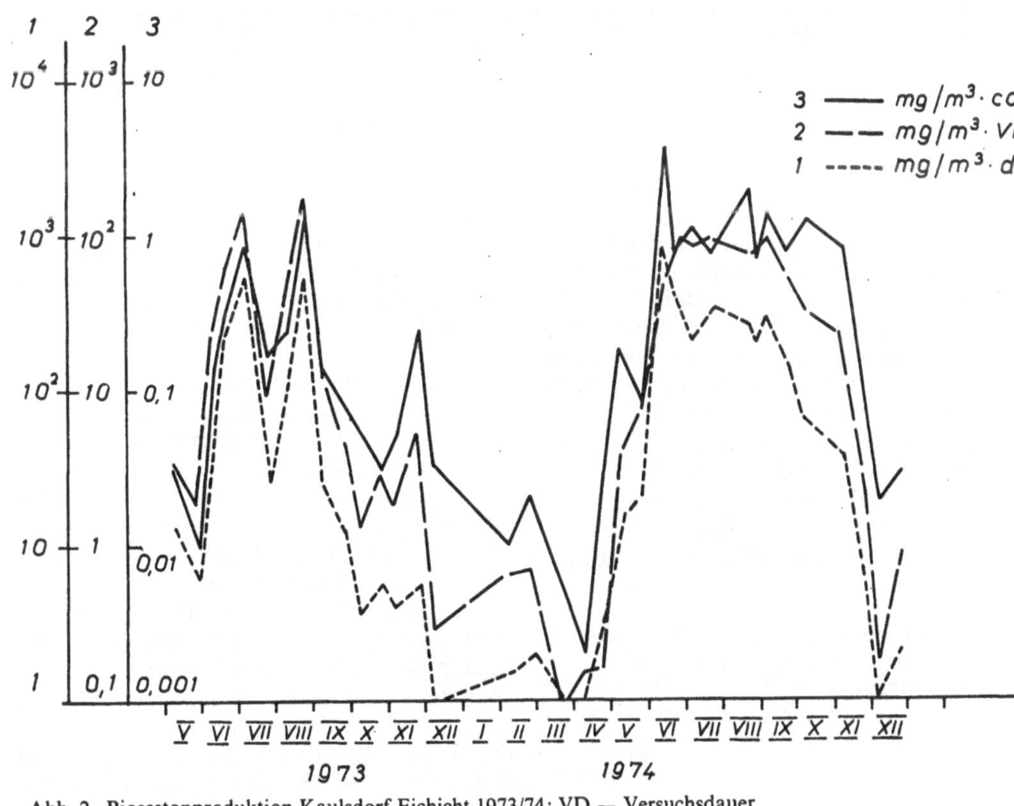

Abb. 2. Biosestonproduktion Kaulsdorf-Eichicht 1973/74; VD — Versuchsdauer

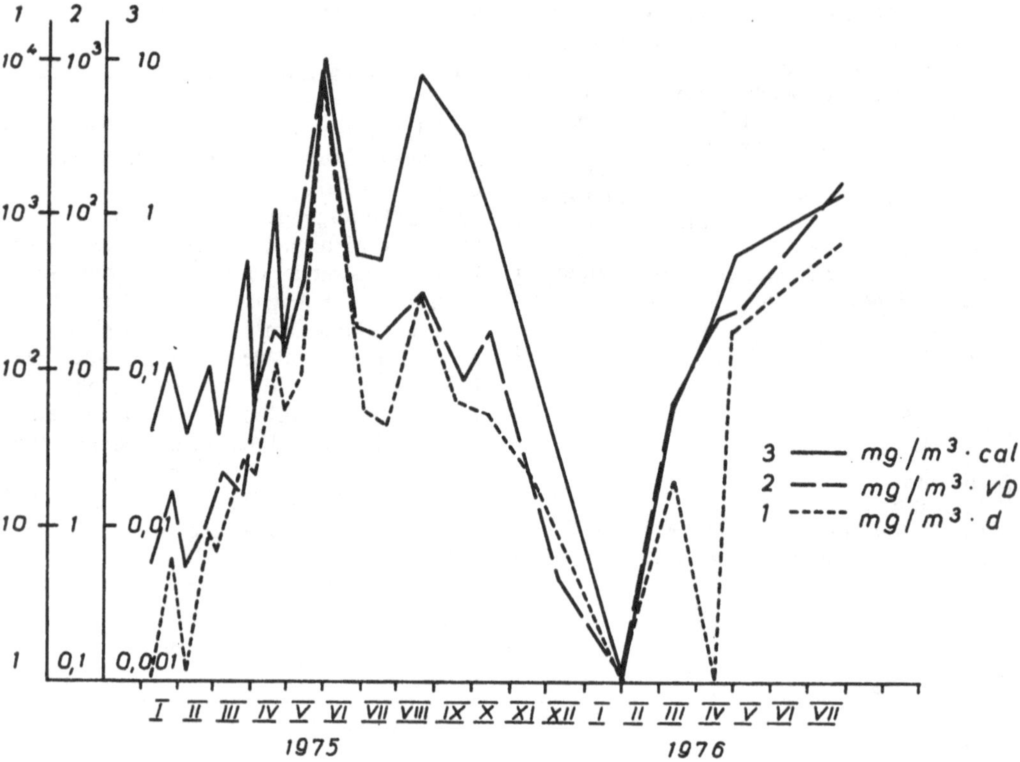

Abb. 3. Biosestonproduktion Kaulsdorf-Eichicht 1975/76; VD — Versuchsdauer

Die winterlichen Minima sind an der Station Kaulsdorf-Eichicht viel ausgeprägter als an der Station Maua, da die Staustufen der Talsperre wie Seen und große Klärgruben wirken. In Maua kann dagegen, bedingt durch den streckenweise sehr flachen Verlauf der Saale bis zu dieser Station, auch im Winter eine geringe Produktion auf Grund der besseren Durchlichtung stattfinden. An der Station Kaulsdorf-Eichicht sank die Tagesproduktion unter 0,1 mg $C/m^3 \cdot d$; in Maua 1973/74 auf 0,2 mg $C/m^3 \cdot d$ und 1974/75 auf 0,9 mg $C/m^3 \cdot d$.

Zur Erfassung des Einflusses der Strahlungsenergie wurden die gemessenen Produktionswerte auf die eingestrahlte Energie bezogen ($P \cdot cal^{-1}$). Die mögliche Tagesproduktion P_d ist an Hand der Tagessumme der Globalstrahlung nach der Formel

$$P_d = \frac{J_0 d}{J_0 \, \mathrm{Ex} \cdot t} P_{\mathrm{Ex}}$$

dargestellt, wobei $J_0 d$ die Tagesglobalstrahlung, J_0 $\mathrm{Ex} \cdot t$ die Globalstrahlung während der Versuchsdauer und P_{Ex} die Primärproduktion während der Versuchsdauer darstellt (SCHINDLER & COMITA 1972).

Die Ausnutzung der eingestrahlten Energie ist besonders in der strahlungsarmen Jahreszeit gegenüber der Gesamttagesproduktion höher als in der strahlungsreichen Jahreszeit. Bei einer Verdichtung der Planktonpopulation kommt es zu einer hohen Ausnutzung der eingestrahlten Energie. Dies ist besonders deutlich an der Station Kaulsdorf-Eichicht im Februar, April, November und Dezember 1974, sowie Januar bis März 1975 (Abb. 6). An der Station Maua, an der im Winter bereits Eisbedeckung sein kann (in Kaulsdorf-Eichicht gibt es infolge Abgabe von Tiefenwasser aus den Talsperren keine Eisbedeckung), kommt es bei Eisfreiheit ebenfalls in diesen Monaten zu hohen Energieausbeuten (Abb. 7).

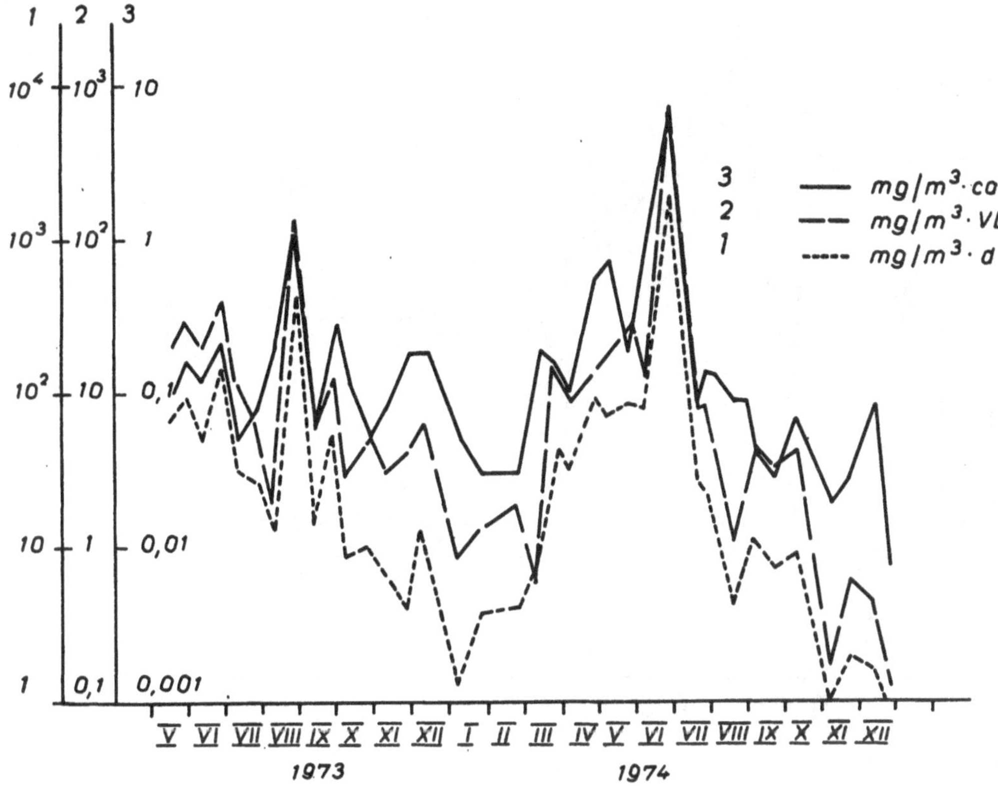

Abb. 4. Biosestonproduktion Maua 1973/74; VD — Versuchsdauer

3.2. Sestongehalt

Die Sestonfracht hängt naturgemäß mit dem gesamten Abflußgeschehen und der künstlichen Abflußsteuerung zusammen. Dabei liegen die Minimalwerte der Fracht, unter Berücksichtigung des stichprobenhaften Charakters der Untersuchungen, an der Station Maua 1973 bei 20 g/s (Abfluß 10 m^3/s), 1974 bei 120 g/s (Abfluß 14 m^3/s und 1975 bei 150 g/s (Abfluß 18 m^3/s). Die Maximalwerte können für die Saale erheblich sein. Sie liegen 1973 bei 3,5 kg/s (Abfluß 41,5 m^3/s), 1974 bei 11 kg/s (Abfluß 210 m^3/s) und 1975 bei 1 kg/s (Abfluß 87 m^3/s).

Die Werte der Station Kaulsdorf-Eichicht liegen wesentlich unter denen von Maua, da ausschließlich Talsperrenabfluß gemessen wird. Die Werte sind um eine Zehnerpotenz niedriger. Man muß allerdings dabei bedenken, daß die Proben nur im 14tägigen Rhythmus entnommen wurden, ohne dabei die Abflußmengen vorher zu kennen. Außerdem muß man berücksichtigen, daß im Spätherbst 1974 über einen längeren Zeitraum außerordentlich hohe Wassermengen aus den Talsperren abgegeben wurden, was zu Auswaschungen des Flußbettes führte. Daher wurden 1975 auch niedrigere Schwebstoffmengen gemessen.

Die gemessenen Werte der Schwebstofffracht sind in der Saale wesentlich geringer, als sie Hinrich (1971, 1973) für die Elbe und einige Flüsse der BRD angibt. Hier macht sich für die Saale die klärende Wirkung der Talsperren bemerkbar.

Der Kohlenstoffgehalt des Sestons deutet die organische Belastung des Flusses an. Er zeigt relativ geringe prozentuale Schwankungen, besonders in dem unteren Abschnitt.

In Maua beträgt die Schwankungsbreite maximal 10% (min. C-Gehalt 8%, maximaler C-Gehalt 18%), bedingt durch den höheren

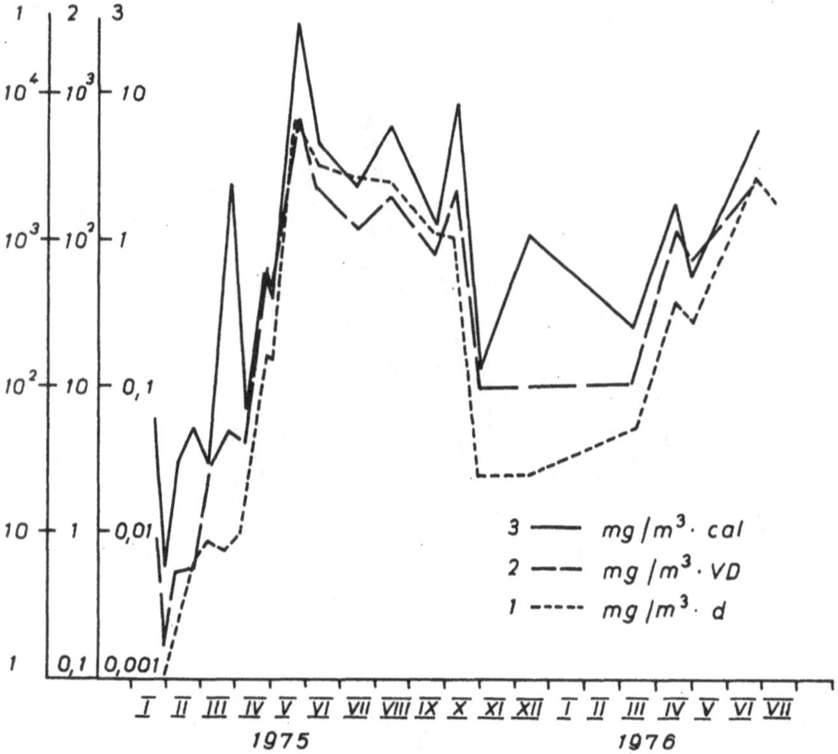

Abb. 5. Biosestonproduktion Maua 1975/76; VD — Versuchsdauer

Triptonanteil. Die größeren Schwankungen an der Station Kaulsdorf-Eichicht (minimal 6% C-Gehalt, maximal 30% C-Gehalt) sind auf eine geringere Abwasserbelastung und eine geringere Triptonmenge und den damit verbundenen höheren Anteil des Planktons und Biosestons zurückzuführen.

3.3. Bioseston

Biomasse und Individuendichte des Biosestons zeigen stärkere Schwankungen im Jahresverlauf als die Bioproduktion. Die Zellzahlen erlauben keine Aussage über die Produktivität. Erst die Kenntnis der artlichen Zusammensetzung und der Bioaktivität als ^{14}C-Assimilation lassen Rückschlüsse auf die Entwicklung der Biosestonsukzessionen zu. Die Erfassung der qualitativen Biosestonzusammensetzung konnte nur nach Gruppen erfolgen. Die oft erheblichen Schwankungen der Biomasse sind einerseits durch Sukzessionswechsel, andererseits durch die Regulierung des Abflußgeschehens geprägt. Die Plankter der Station Kaulsdorf-Eichicht stammen zu einem großen Teil aus den Talsperren und sind sicher in ihrer Aktivität teilweise durch die hohe Turbulenz in den Turbinen gehemmt. Nur das Bioseston (hauptsächlich Diatomeen), welches sich auf der kurzen Wegstrecke zwischen Turbinenhaus und Probenentnahmestelle im relativ wenig bewegten Wasser ausbilden kann, wird seine volle Aktivität entfalten. Im Jahre 1973 traten die höchsten Zellzahlen im Juli und August auf. Die Populationen setzen sich hauptsächlich aus Nannoplankton und Diatomeen (*Tabellaria*- und *Diatoma*-Arten) zusammen. 1974 blieben die Zellzahlen relativ niedriger als 1973, und das Maximum liegt erst im September bis Oktober. Im folgenden Jahr, offenbar begünstigt durch einen milden Winter, ist ein Nannoplanktonmaximum bereits im Februar zu verzeichnen. Diese Population bricht im März zusammen. Danach entwickeln sich im April fädige Grünalgen

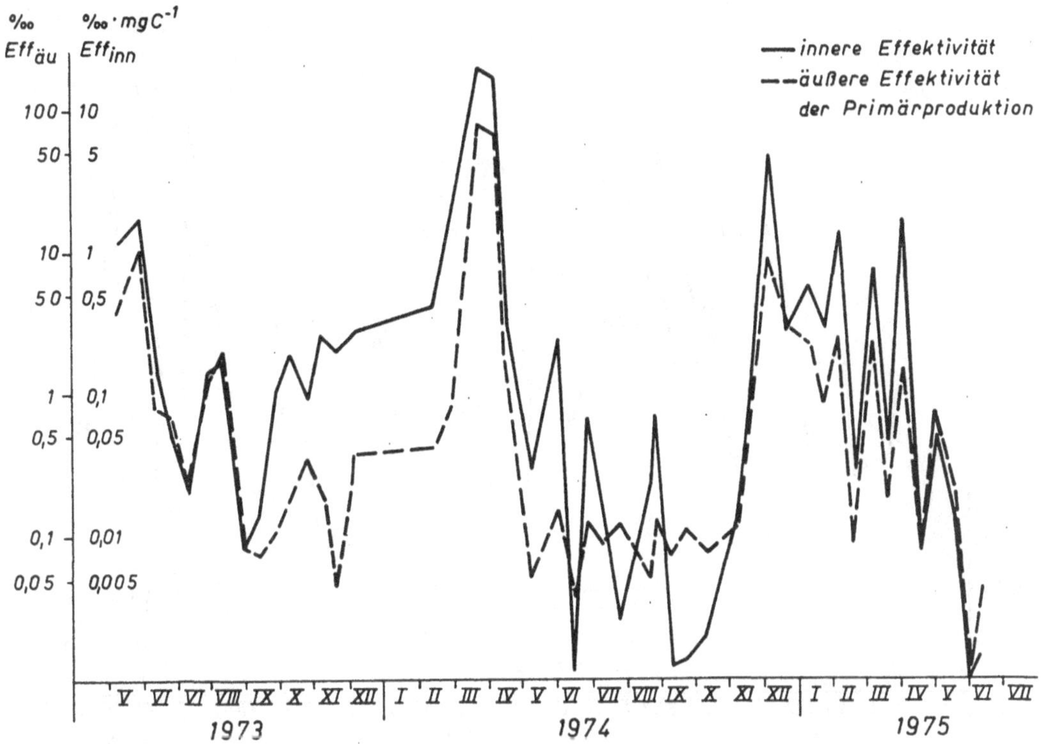

Abb. 6. Effektivitäten der Primärproduktion Kaulsdorf-Eichicht

sowie *Diatoma-* und *Tabellaria*-Arten. Das Zooplankton ist relativ gering entwickelt. Nur zeitweise treten vereinzelt Rotatorien und Krustazeen auf. Im Juli 1974 waren Heliozoen in großer Zahl vertreten.

Das Bioseston in Maua weist eine ähnliche Zusammensetzung wie in Kaulsdorf-Eichicht auf. Allerdings treten bei den Diatomeen die *Diatoma-* und *Tabellaria*-Arten zeitweise hinter *Navicula-* und *Nitzschia*-Arten zurück. Auch ist der Anteil der Zooplankter größer. Maxima der Phytosestonentwicklung waren 1973 im Mai (Nannoplankton, *Diatoma*-Arten); Juli (Nannoplankton, *Scenedesmus*, *Tabellaria*); August bis September (*Navicula-*, *Nitzschia*-Arten). Heuss (1975) fand im Rhein ähnliche Verteilungsmuster des Phytosestons. Die Häufigkeitsverteilung der Zellzahlen stimmt erstaunlich gut mit unseren Werten überein. 1974 entwickelte sich im März eine ausgeprägte Nannoplanktonpopulation, zu der im April *Nitzschia-* und *Navicula*-Arten hinzukamen. 1975 kommt es im Februar zu einer sehr starken Entwicklung des Nannoplanktons. Diese hält bis April an. Gleichzeitig beginnt im März eine *Navicula*-Population, die Anfang April noch durch fädige Grünalgen ergänzt wird. Nach dem Zusammenbruch dieser gemischten Populationen Ende April kommt es zu einer überaus starken Nannoplankton-*Tabellaria*-Entwicklung im Mai. Der gegenüber Kaulsdorf-Eichicht stärkere Anteil des Zoosestons besteht zu einem großen Teil aus Rotatorien. Hinzu kommt eine Verdriftung bodenbewohnender Arten aus den Gruppen der Rotatorien, Copepoden (vor allem Harpacticoidea) und Nematoden. Überhaupt ist der Anteil driftender Arten von Bodenpopulationen relativ hoch; besonders bei Hochwasser werden kleinere Insektenlarven und vor allem Nematoden mit verdriftet.

3.4. Heterotrophe CO_2-Assimilation

Zur Bestimmung der Bakterienaktivität wurde an der Station Maua die heterotrophe CO_2-

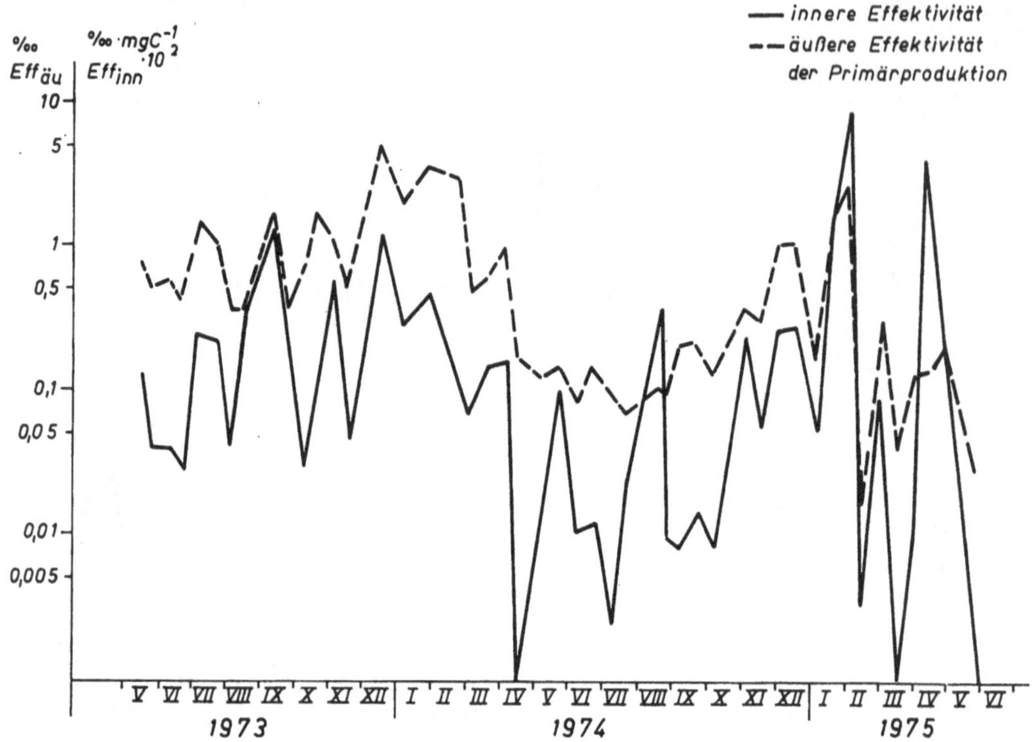

Abb. 7. Effektivitäten der Primärproduktion Maua

Assimilation nach ROMANENKO (1966) gemessen. Der sommerliche Mittelwert liegt hier bei 50 µg/l · d, dies entspricht 0,7% des Sestonkohlenstoffs und 6% der Primärproduktion, was als gering einzuschätzen ist. ROMANENKO (1971) fand im Rybinsker Stausee einen etwa gleich großen Anteil. Die heterotrophe CO_2-Assimilation hat im gesamten Flußlauf von Kaulsdorf-Eichicht bis Großheringen ein Maximum bei Maua. Innerhalb der Fließstrecken Kaulsdorf-Eichicht bis Weischwitz, Rothenstein bis Maua und Camburg-Stöben bis Großheringen sinkt die Produktion jedoch ab, sofern man in der fließenden Welle bleibt (Abb. 8). Die jahreszeitlichen Schwankungen an der Station Maua (Abb. 9) bringen hochsommerliche wie winterliche Maxima. Eine direkte Abhängigkeit kann nicht gegeben werden. Die winterlichen Maxima 1976/77 können durch einen niedrigen Abfluß bedingt sein.

3.5. Abbau des Biosestons

Über den Abbau des Biosestons informiert Abb. 10. Die Ergebnisse sind als Quotient der Impulse (I_0) der zugegebenen ^{14}C-Lösung und der Impulse (I_t) nach einer Versuchszeit t gegen die Zeit in Stunden graphisch aufgetragen.

Der Abbau von *Chlorella* geht sehr schnell vonstatten. Besonders in den ersten 5 Stunden ist die Abbaugeschwindigkeit sehr hoch; in der Versuchszeit wurden insgesamt rund 70% des assimilierten Kohlenstoffs wieder zu CO_2 abgebaut. Bei *Chlorella* werden 50% der abbaubaren Substanz in 3 Stunden mineralisiert. Nach dieser Zeit nimmt die Abbaugeschwindigkeit stark ab und nähert sich asymptotisch dem Nullpunkt. Dieser im Modellversuch erzielte Abbau wurde an natürlichen Algenpopulationen der Saale überprüft. Wie aus

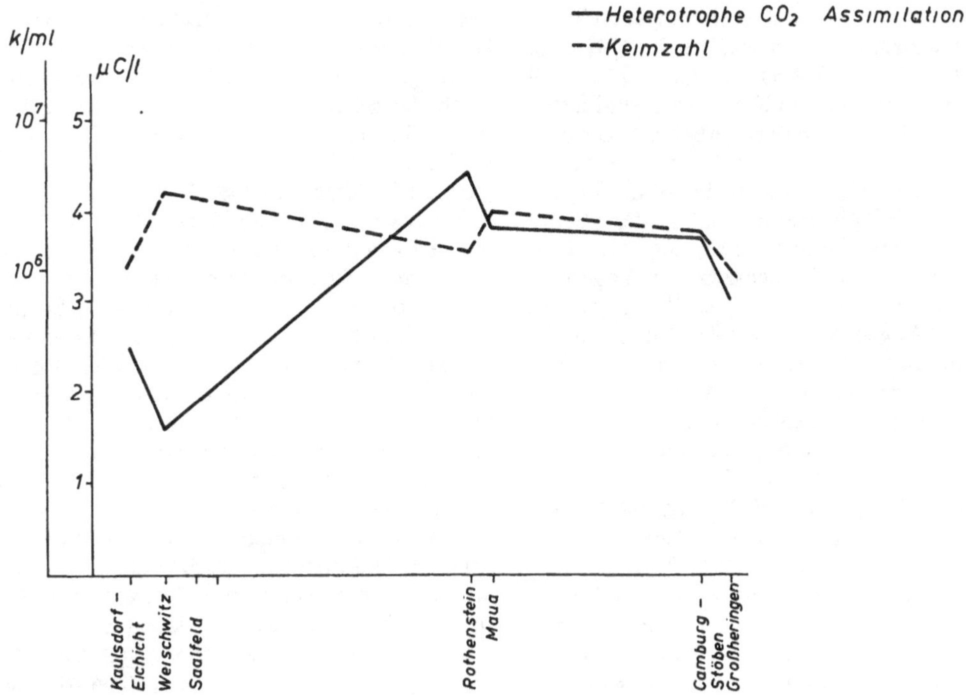

Abb. 8. Heterotrophe CO_2-Assimilation; fließende Welle

Abb. 9. Heterotrophe CO_2-Assimilation, Station Maua

Abb. 10 hervorgeht, ist die Abbaugeschwindigkeit wesentlich geringer. Die 50-%-Grenze der abbaubaren Substanz liegt bei 27—29 Stunden. Der Gesamtabbau des assimilierten Kohlenstoffs ist ebenfalls erheblich geringer als bei *Chlorella*, nur ca. 20% werden mineralisiert. Weitere 5% bleiben in Lösung, 25% des assimilierten Kohlenstoffs sind in der abbauenden Bakterienbiomasse festgelegt, der Rest wird während der Versuchszeit nicht abgebaut. Vergleicht man die gefundenen Werte mit den wenigen Angaben in der Literatur, so findet man ähnliche Werte, wie sie die *Chlorella*-Versuche ergaben. OTSUKI & HANYA (1972) untersuchten den Abbau von *Scenedesmus*-Reinkulturen, allerdings mit einer anderen als der hier dargelegten Methode. Der Zellkohlenstoffgehalt sinkt nach ihren Ergebnissen zuerst ebenfalls sehr schnell, später langsamer ab, bis zu einer Grenze von 70% mineralisiertem Kohlenstoff der abbaubaren Substanz. Der Anteil des gelösten Kohlenstoffs liegt zwischen 7 und 9%. Unterschiede zu den vorliegenden Ergebnissen ergeben sich nur in der Zeit des Abbaus. Die 50-%-Grenze des Abbaus liegt nach den genannten Autoren bei 5 Tagen, während die *Chlorella*-Untersuchungen diese bereits nach 3 Stunden ergaben. Auch die gegenüber *Chlorella* wesentlich längere Abbauzeit der Saalealgen (30 Stunden für den 50%igen Abbau) ist immer noch wesentlich kürzer als die Zeiten, die OTSUKI & HANYA (1972) fanden. Der Abbau ist deutlich temperaturabhängig. Abb. 11 zeigt die unterschiedlichen Abbaugeschwindigkeiten und -raten für 3 Temperaturbereiche. Solche Schwankungen kommen in jedem Gewässer in jahreszeitlicher Abhängigkeit vor. HENDRIKSON (1976) fand bei seinen Untersuchungen in der Kieler Bucht unterschiedliche Abbauraten bis ca. 50%. GOLTERMANN (1964) fand Abbauraten von max. 50% nach 2—3 Monaten bei N-Untersuchungen.

Die möglichen Gründe für die unterschiedlichen Abbauraten und -geschwindigkeiten sind im Aufbau der zellulären Substanz begründet. Im Saalebioseston ist der Anteil an Kieselalgen sehr hoch, vor allem kommen die Gattungen *Navicula*, *Nitzschia*, *Synedra* und *Tabellaria* vor. Sie sind sicher wesentlich schwe-

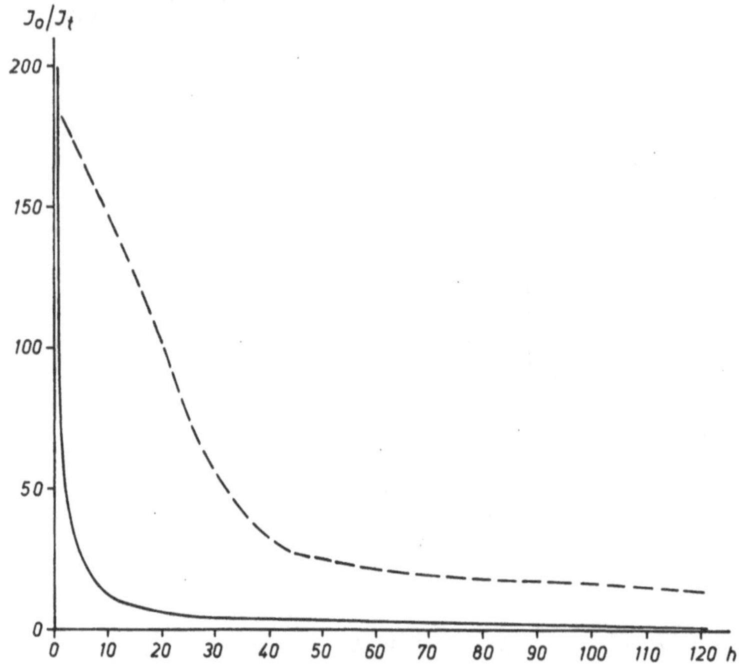

Abb. 10. Abbau *Chlorella* und Bioseston Maua; I_0 — Anfangsimpulse; I_t — Impulse nach Zeit t; ——— *Chlorella*; -------- Bioseston Maua

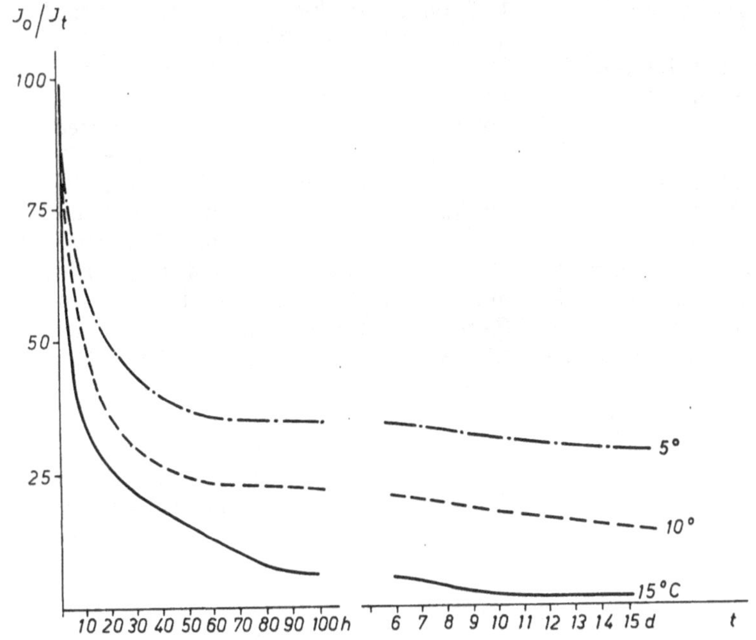

Abb. 11. Temperaturabhängigkeit Abbau *Chlorella*

rer abzubauen als die kleinen kugeligen Chlorellen. Die unterschiedlichen Abbaumengen an Kohlenstoff von 70% bei *Chlorella* und 20% bei Saalealgen lassen kaum eine andere Erklärung zu, da die Versuche unter gleichen pH- und Temperatur-Bedingungen sowie gleicher Bakterienkeimzahl durchgeführt wurden. Um die Geschwindigkeit des Abbaus genauer erfassen zu können, wurden die k-Werte als Konstanten für die Abbaugeschwindigkeit nach der Formel

$$k = \frac{\Delta S}{\Delta t} \cdot \frac{1}{S} = \frac{S_{i+1} - S_{i-1}}{2 \cdot 0{,}01} \cdot \frac{1}{S_i}$$

errechnet, wobei S_i der aktuelle Wert der Konzentration S zur Zeit t bedeutet und $S_{i\pm1}$ je ein Wert vor bzw. nach der Zeit t. Als Abbaukonstanten ergeben sich dabei deutlich unterschiedliche Werte sowohl für den Temperatureinfluß als auch für den unterschiedlichen Abbau von Saalealgen und Laborkulturen von *Chlorella*. Eine Temperaturerhöhung um 5 °C erbringt im untersuchten Temperaturbereich von 5—20 °C jeweils etwa eine Verdoppelung des k-Wertes. Bei *Chlorella*-Kulturen erreichen wir z. B. *k*-Werte von $3{,}8 \times 10^{-5}\ h^{-1}$ bei 10 °C und $7{,}16 \times 10^{-5}\ h^{-1}$ bei 15 °C Abbautemperatur.

Der langsamere Abbau an der Station Maua gegenüber den Laborkulturen wird durch den wesentlich niedrigeren k-Wert verdeutlicht. Bei gleicher Abbautemperatur haben wir einen k-Wert von $2{,}6 \times 10^{-5}\ h^{-1}$ für Maua und $7{,}16 \times 10^{-5}\ h^{-1}$ für die Laborkultur.

WRIGHT & HOBBIE (1966) fanden im Erken-See bei Eisbedeckung in 1 m Tiefe Glukoseaufnahmekonstanten von $1{,}37 \times 10^{-5}\ h^{-1}$. Für den Biosestonabbau an der Station Maua würden ähnliche Bedingungen eine Konstante von $1{,}32 \times 10^{-5}\ h^{-1}$ ergeben, was den Glukoseaufnahmekonstanten entsprechen würde.

BÖHME (1977) fand bei seinen Untersuchungen an der Pleiße andere k_1-Werte, die allerdings auch anders berechnet wurden (Mehrfachregression). Beim Abau des organischen Kohlenstoffs (auch gelöst) wurden 16% zu CO_2 umgesetzt. 70% des organischen Kohlenstoffs blieben unabgebaut. — Der CO_2-Anteil des Abbaus liegt also in einer ähnlichen Größenordnung wie bei unseren Versuchen. Hier wurden 20% der Primärproduktion zu CO_2 abgebaut.

3.6. Kohlenstoffbilanz des Sestons

Auf Grund vorliegender Untersuchungen wird ein Bilanzschema für die Station Maua entworfen (Abb. 12, Tab. 1). Geht man von einer durchschnittlichen Sestonfracht von 4000 t C/a an der Station Maua aus, so setzt sich diese Fracht aus verschiedenen Komponenten zusammen. Einflußgrößen sind in erster Linie die Abwässer aus den vielen Betrieben, Haushalten und Landwirtschaften längs der Saale, die, außer Großeinleitern, meist unkontrolliert zufließen und sich sehr stark akkumulieren. In Kaulsdorf-Eichicht haben wir nur ca. 8% der Sestonkohlenstofffracht der an der Station Maua (bei nur doppeltem Abfluß) gemessenen Fracht. Durchschnittlich 87% des Sestonkohlenstoffs an der Station Maua stammen aus den Abwässern und den Bakterienpopulationen, in Kaulsdorf-Eichicht sind es nur 50%. Die Zuführung aus der Primärproduktion des Biosestons zur Gesamtkohlenstofffracht beträgt für Kaulsdorf-Eichicht 42,0%, für Maua nur 6,6%. Ein geringer Anteil an zusätzlicher Bioproduktion entsteht durch die heterotrophe CO_2-Assimilation. Sie beträgt für Kaulsdorf-

Primärproduktion
266 t/a = 6,6%

C-Abbau zu CO_2
53,2 t/a = 1,9%
(20% der Primärproduktion)

Heterotrophe Assimilation
43 t/a = 1%

C-Gehalt Seston
4000 t/a = 100%

gelöster abgebauter Kohlenstoff
13,3 t/a = 0,33%
(5% der Primärproduktion)

restl. Bakterienbiomasse
und Tripton = 92,4%

Bakterienbiomasse vom Abbau
79,8 t/a = 2%
(30% der Primärproduktion)

Abb. 12. Kohlenstoffbilanz des Sestons an der Station Maua

Tab. 1. Kohlenstoffgehalt des Sestons und Kohlenstoffproduktion des Biosestons an den Stationen Kaulsdorf-Eichicht und Maua

	Kaulsdorf-Eichicht		Maua	
	Fracht (t)	Zuführung zur Sestonfracht (%)	Fracht (t)	Zuführung zur Sestonfracht (%)
Durchschnittliche Biosestonproduktion in den Jahren 1973—1977				
Sommer	158	49,9	471	10,0
Winter	2	0,6	6	0,15
Durchschnittliche Jahresproduktion (aus den Jahren 1973—1977)	134	42,0	266	6,60
Durchschnittliche heterotrophe CO_2-Assimilation (1976—1977)	7,5	2,4	43	1,0
Abgebauter C des Biosestons	26,8	8,5	53,2	1,30
Seston/C	316	100	4000	100

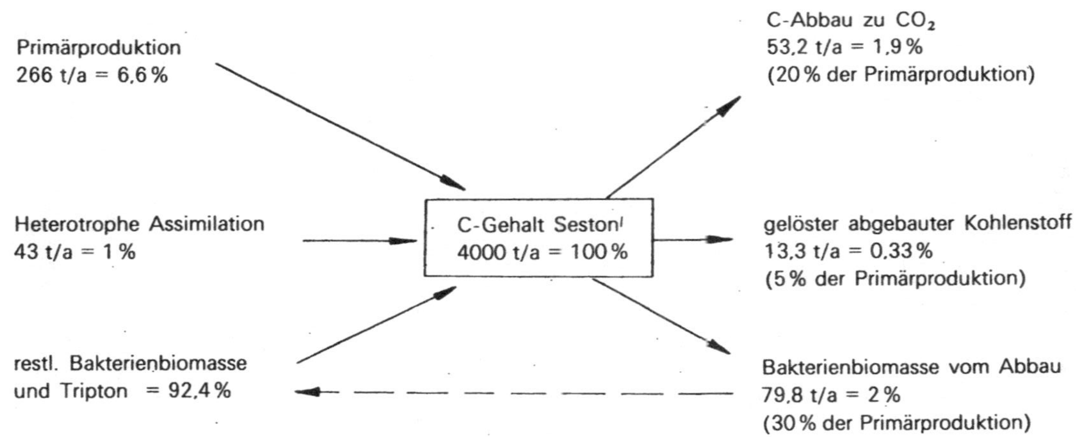

Abb. 12. Kohlenstoffbilanz des Sestons an der Station Maua

Eichicht 7,5 t/a (= 2,4% der Sestonkohlenstofffracht) und für Maua 43 t (= 1,0%). Trotz absoluter Erhöhung der heterotrophen Produktion zeigt sich hier der hohe Anteil eingeschwemmten organischen Materials an der Station Maua. Der Abbau organischen Materials ist gering. In Maua werden nur rund 55% des aufgebauten organischen Materials (Primärproduktion) wieder ab- oder umgebaut. Mineralisiert zu CO_2 und damit aus dem System entfernt werden nur 20% der Primärproduktion oder umgerechnet 1,9% der Sestonkohlenstofffracht. Unter Berücksichtigung der Abbauraten der lebenden organischen Substanz wird nach vorsichtiger Schätzung sicher nicht mehr als 5% des Sestonkohlenstoffs zu CO_2 abgebaut. Ein etwa gleich großer Anteil geht in die Bakterienbiomasse ein, also in lebende Substanz. Als gelöster Bestandteil bleiben etwa 2% des Kohlenstoffs im Gewässer.

4. Diskussion

Im vorliegenden Beitrag wird versucht, Teilaspekte des Kohlenstoffhaushalts des Sestons im Ökosystem der Saale zu erfassen. Die Primärproduktion schwankt jahreszeitlich in Abhängigkeit von Globalstrahlung, Abfluß und Sukzessionsfolgen.

Durch die künstliche Abflußsteuerung der Saale kann es jedoch zu Störungen der Sukzessionsfolgen kommen, wie schon Braune (1975) feststellte. Vor allem werden Diatomeen und Grünalgen sehr stark verdriftet. Trotzdem kommt es zu einer relativ gleichbleibenden Bioproduktion. Dies wird vermutlich durch das Nannoplankton und schnelles Aufblühen neuer Populationen nach der Abdrift (infolge erhöhter Abflußspende) bewirkt. Dieser Wechsel in den Populationen verursacht auch die Oszillation in der Bioaktivität (Abb. 2—5). Der Vergleich der beiden Stationen ergibt eine 1,6fach höhere Bioproduktion in Maua gegenüber Kaulsdorf-Eichicht. Trotz der in den einzelnen Jahren unterschiedlichen Biosestonmenge ist, abgesehen von einigen Maximalwerten, der Jahresrhythmus der Bioproduktion von 1973—1976 gleich. Da die Minima des Biosestons nicht auf die Wintermonate beschränkt bleiben (Braune 1975), können die Schwankungen in der Bioaktivität und damit in der Kohlenstoffproduktion von Globalstrahlung, Wasserführung und Temperatur des Gewässers abhängen. Die Abhängigkeit der Primärproduktion von Licht und Phytoplankton soll durch die Berechnung der inneren und äußeren Effektivität noch näher beleuchtet werden (Abb. 6 und 7). Das Lichtenergieangebot schafft die potentiellen Voraussetzungen für die Primärproduktion durch die Bereitstellung der für die Stoffwechselprozesse notwendigen Energie. Trotz der großen täglichen Schwankungen des Energieangebots ergibt sich ein charakteristischer Jahresgang. Maxima traten 1973 im Mai, 1974 im Januar—Februar und November—Dezember sowie 1975 im Januar und Anfang März an der Station Kaulsdorf-Eichicht auf. Die Werte der Station Maua erscheinen etwas ausgeglichener in der äußeren Effektivität. Die innere Effektivität zeigt keinen so ausgeprägten Zusammenhang mit der äußeren Effektivität wie in Kaulsdorf-Eichicht. Maxima treten sowohl im Dezember—Januar als auch im März—April und 1973/74 sogar im August auf. Die größeren Oszillationen sind auf stärkere Verschmutzung und Hemmung der Primärproduktion durch Abwässer unterschiedlicher Verdünnung zurückzuführen. Die Minima der äußeren Effektivität im Hochsommer entstehen wohl im wesentlichen durch eine Photosynthesehemmung bei starker Globalstrahlung (Harris & Lott 1973). Der geringe Anteil der Biosestonassimilation am Gesamtgehalt des partikulären Kohlenstoffs an der Station Maua hat seine Ursachen im Fehlen eines echten Flußplanktons, wie wir es aus den großen Strömen kennen. Die geringe Wassertiefe der mittleren Saale und die damit verbundene starke Turbulenz machen die Herausbildung eines echten Flußplanktons unmöglich. Im Gegensatz zu Uherkovich (1966) sollte man den Begriff „Potamoplankton" in seiner eigentlichen Bedeutung belassen und bei solchen Verhältnissen, wie wir sie in der Saale vorfinden, besser von Bioseston sprechen.

Welche allgemeine Schlußfolgerungen sind aus den vorgelegten Untersuchungen zu ziehen? Die Primärproduktion spielt mit 6,6% an der Station Maua im Verhältnis zum Gesamtkohlenstoff des Sestons nur eine untergeordnete Rolle. Der Quotient Produktion/Abbau be-

trägt 2, d. h., die Produktion ist doppelt so hoch wie der Abbau des Biosestons. Die Abbaugeschwindigkeit ist im Verhältnis zur mittleren Abflußgeschwindigkeit relativ klein.
Unter der Voraussetzung, daß saaleabwärts keine weiteren Einflußgrößen hinzukommen, was allerdings nicht der Fall ist, ergäbe sich für den 50%igen Abbau der abbaubaren Substanz eine Fließstrecke für MQ bis etwa in den Raum Naumburg—Weißenfels. Erst im Gebiet von Halle wären 90% der abbaubaren Substanz zu CO_2 mineralisiert. Dies bedeutet, daß trotz des relativ geringen Anteils der Bioproduktion am Seston-C eine ständige Akkumulation durch die nachfolgende Bioproduktion während der Fließzeit erfolgt. Da jedoch die Saale unterhalb Maua nicht ohne weitere Abwasserbelastung bleibt, erhöht sich die Belastung ständig (RONNEBERGER 1976), wobei die schwer abbaubaren Substanzen sich anteilmäßig kontinuierlich erhöhen.

5. Zusammenfassung

Der Sestongehalt, sein Kohlenstoffanteil sowie die Biomasse des Biosestons und ihre Kohlenstoffproduktion in der Saale wurden an den beiden Orten Kaulsdorf-Eichicht und Maua gemessen. Während die Sestonfracht vom Abfluß abhängig ist, ist der prozentuale Anteil des Kohlenstoffs relativ konstant (~15%). Biomasse und Bioproduktion zeigen eine Jahresperiodizität. Die Kohlenstoffproduktion des Biosestons hat nur einen geringen Anteil von maximal 6,6% am Kohlenstoffgehalt des Sestons im belasteten Flußabschnitt.
Die Maximalwerte der Kohlenstoffproduktion liegen im Hochsommer an der Station Maua bei 400—500 mg $C/m^3 \cdot d$, die winterlichen Minima bei 0,2—0,9 mg $C/m^3 \cdot d$. Die Bioproduktion ist oftmals ein Anzeiger von Sukzessionswechseln des Phytosestons. Sie ist abhängig von dem Energieangebot und der pflanzlichen Biomasse (äußere und innere Effektivität). Die Abbaukapazität des pflanzlichen Biosestons ist relativ gering, die Abbaugeschwindigkeit relativ hoch. Nach 27—29 Stunden waren 50% der abbaubaren Substanz mineralisiert. Der Gesamtabbau des assimilierten Kohlenstoffs liegt nur bei 20%. Weitere 5% abgebauten Kohlenstoffs verbleiben in Lösung. Erste Werte der Bakterienaktivität, gemessen als heterotrophe CO_2-Assimilation, liegen für die Station Maua vor. Der sommerliche Mittelwert beträgt 50 µg $C/l \cdot d$ (≙ 0,7% des Seston-Kohlenstoffs ≙ 6% der Primärproduktion). Für die Station Maua wurde eine Kohlenstoffbilanz des Sestons aufgestellt.

Summary

At Kaulsdorf-Eichicht and Maua in the river Saale sestondrift, biomass of bioseston and primary production were analyzed. The seston freight depends on the drain, the carbon fraction is relatively constant (~15%). The C-content of the bioseston runs to 5% of the C-content of the seston.
During summer the maxima of the carbon production run to 400—500 mg $C/m^3 \cdot d$, the winter minima run to 0,2—0,9 mg $C/m^3 \cdot d$ at Maua. The degradation capacity of phytoseston is relatively small, the degradation velocity is relatively high. 50% of the degradable substances of the phytoseston are mineralized after 27—29 hours. 20% of the assimilated C are mineralized to CO_2.
The bacterial activity was measured as heterotrophic assimilation (ROMANENKO 1966). At Maua the summer average runs to 50 µg $C/l \cdot d$ (adequate 0,7% of seston-C or 6% of primary production). A carbon balance of seston for the station Maua is given.

Резюме

Измерены в реке Заале содержание сестона, его часть углерода, а также биомасса биосестона и её продукция углерода в двух местах Каульсдорфе-Эйхихте и Мауа. В то время как груз сестона зависит от стока, процентная углеродная часть является относительно постоянной (~ 15%). Биомасса и биопродукция обнаруживают годовую периодичность. Доля продукции углерода биосестона в содержании углерода сестона в нагруженном участке реки является незначительной и составляет максимально 6,6%.
Максимальные значения продукции углерода лежат в середине лета на станции Мауа при 400—500 мг $C/м^3$ в день, минимальные значения в зиме при 0,2—0,9 мг $C/м^3$ в день. Биопродукция часто является указателем перемен последовательности фитосестона. Она зависит от имеющегося количества энергии и растительной биомассы (внешняя и внутренняя эффективность). Емкость разложения растительного биосестона является относительно маленькой, скорость разложения — относительно высокой. Через 27—29 часов 50% разлагаемого вещества было минерализовано. Общее разложение ассимилированного углерода лишь находится при 20%. Дальнейшие 5% разлагаемого углерода остаются в растворе. Имеются для станции Мауа первые данные активности бактерий, которые выражаются как гетеротрофная ассимиляция CO_2. Летнее среднее значение составляет 50 µг С/л в день (≙ 0,7% углерода сестона ≙ 6% первичной продукции). Для станции Мауа был определен углеродный баланс сестона.

6. Literatur

BÖHME, H., 1977: Einige Aspekte zum Stoffhaushalt eines Fließgewässers. — Acta hydrochim. et hydrobiol. **5** (2), 167—175.

BRAUNE, W., 1975: Studien zur Algenbesiedlung der Saale im Raum Jena. II. Vergleich der jahreszeitlichen Besiedlungsdynamik ober- und unterhalb der Stadt. — *Limnologica* (Berlin) **9** (3), 443—480.

CRANWELL, P. A., 1976: Decomposition of aquatic biota and sediment formation: organic compounds in detritus resulting from microbial attack on the algae *Ceratium hirundinella.* — Freshwater Biol. **6** (1), 41—48.

DAFT, M. I., S. B. MCCORD & W. D. STEWART, 1975: Ecological studies on algal-lysing bacteria in fresh waters. — Freshwater Biol. **5** (6), 577—596.

FLÖSSNER, D., 1976: Allgemeine Charakteristik der Wassergüte der mittleren Saale. — *Limnologica* (Berlin) **10** (1), 45—55.

GOLTERMANN, H. L., 1964: Mineralization of algae under sterile conditions or by bacterial breackdown. — Verh. internat. Ver. theor. angew. Limnol. **15**, 544—548.

GUTHKE, G., 1980: Quantitative mikrobiologische Untersuchungen in der mittleren Saale. — *Limnologica* (Berlin) **12** (2), 243—254.

HARRIS, G. P., & I. N. A. LOTT, 1973: Light intensity and photosynthetic rates by phytoplankton. — Fish. Res. Board Canada **30**, 1771—1778.

HENDRIKSON, P., 1976: Abbauraten von organischem Kohlenstoff im Seston und in Sinkstoffen der Kieler Bucht. — Kieler Meeresforsch. S.-H. 3, 105—119.

HEUSS, K., 1975: Das Phytoplankton der Ströme Rhein und Donau — ein Vergleich. — Internat. Arb.-Gem. Donauforsch. SIL, 18. Arb.-Tag., wiss. Kurzref., 1. Teil, 217—226.

HINRICH, H., 1971: Schwebstoffgehalt und Schwebstofffracht der Haupt- und einiger Nebenflüsse in der Bundesrepublik Deutschland. — Deutsch. gewässerkdl. Mitt. **15**, 113—129.

— 1973: Ermittlung von Schwebstoffgehalt und Schwebstofffracht der Elbe im Bereich Hitzacker in den Jahren 1963 bis 1971. — Wasser u. Boden **1973** (3), 69—72.

HÜBEL, H., 1970: Primärproduktion des Phytoplanktons. — In: Ausgew. Methoden Wasseruntersuch. **2**, 1—11.

KUHL, A., 1962: Zur Physiologie der Speicherung anorganischer Phosphate in *Chlorella.* — Vortr. Gesamtgeb. Bot. (Hrsg.: Deutsch. bot. Ges.), N. F. **1**, 157—166.

JONES, J. G., 1976: The microbiology and decomposition of seston in open waters and experimental enclosures in a productive lake. — J. Ecol. **64**, 241—278.

KREY, L., 1976: Zur Physiographie der mittleren Saale. — *Limnologica* (Berlin) **10** (1), 9—44.

NADIN-HURLEY, C. M., & A. DUNCAN, 1976: A comparison of daphnid gut particles with the sestonic particles present in two Thames Valley reservoirs throughout 1970 and 1971. — Freshwater Biol. **6**, 109—123.

OTSUKI, A., & T. HANYA, 1972a: Production of dissolved organic matter from dead green algal cells. I. Aerobic microbials decomposition. — Limnol. & Oceanogr. **17**, 248—257.

— 1972b: Production of dissolved organic matter from dead green algal cells. II. Anaerobic microbial decomposition. — Limnol. & Oceanogr. **17**, 258 to 264.

ROMANENKO, V. I., 1971: Ispol'zovanie geterotrofnoi assimilazii CO_2 v mikrobiologičeskich issledovanjach. — Isv. AN SSSR, ser. biol. **1971** (4), 565—572.

ROMINGER, K. L., & W. POLLMANN, 1972: Vergleichende Pharmakokinetik von Fenoterol-Hydrobromid bei Ratte, Hund und Mensch. — Arzneimittelforschung **22**, 1190—1196.

RONNEBERGER, D., 1976: Plankton, Seston und Sauerstoffeintrag des Phytoplanktons der mittleren Saale. — *Limnologica* (Berlin) **10** (1), 73—95.

SCHINDLER, D. W., & G. W. COMITA, 1972: The dependence of primary production upon physical and chemical factors in a small senescing lake, including the effects of complete winter oxygen depletion. — Arch. Hydrobiol. **69** (4), 413—451.

STOCKNER, J. G., & R. S. SHORTREED, 1976: Autotrophic production in carnation creek, a coastal rainforest stream on Vancouver Island, British Columbia. — J. Fish. Res. Bd. Canada **33**, 1553—1563.

TSUDA, M., K. UEDA, K. GOSE & I. MAKI, 1975: Productivity of the Yoshino river, Nara. — JIBP Synthesis **10**, 339—377.

UHERKOVICH, G., 1966: Das Leben der Tisza. XXVII. Zur Frage der Potamolimnologie und des Potamoplanktons. — Acta biol. (Szeged) N. S. **12**, 55—66.

WRIGHT, R. T., & J. E. HOBBIE, 1966: Use of glucose and acetate by bacteria and algae in aquatic ecosystems. — Ecology **47** (3), 447—464.

Eingegangen am 27. 6. 1978.

Anschrift des Verfassers:
Dr. DIETHELM RONNEBERGER
Akademie der Wissenschaften der DDR
Forschungszentrum f. Molekularbiologie u. Medizin
Zentralinstitut für Mikrobiologie
und experimentelle Therapie Jena
— Abteilung Limnologie —
DDR-69 Jena, Beutenbergstr. 11

Limnologica (Berlin) **12** (2), 223—233, Juni 1980

WILFRIED SCHÖNBORN

Der Kohlenstoffhaushalt des Periphytons der mittleren Saale

Mit 9 Abbildungen und 4 Tabellen

Inhalt

1. Einleitung

Das Periphyton belasteter Flüsse kann große Mengen an Biomasse produzieren (O'CONNEL, ASCE & THOMAS 1965, SCHÖNBORN 1976). Die stoffwechseldynamische Rolle des Periphytons in diesen Flüssen ist bisher sehr mangelhaft untersucht. In der mittleren Saale, in der die benthischen Algen bis über 600 g TS^1/m^2 bilden können (SCHÖNBORN 1976), wurden Primärproduktion und Abbau der Algen auf der Kohlenstoff-Basis erfaßt. Die Untersuchungen beziehen sich auf eine weniger und eine stärker belastete Strecke des Flusses. Neben der Belastung mit organischen Abwässern hat auch der Durchfluß, der mit Hilfe der Saaletalsperren reguliert wird, einen erheblichen Einfluß auf die Produktivität der Algen.

[1] TS = Trockensubstanz

2. Methodik

2.1. Bestimmung der Primärproduktion

Die Bestimmung der Primärproduktion wurde nach der Methode von BACKHAUS (1967) durchgeführt. An einem Stativ mit verstellbaren waagerechten Stangen sind beweglich übereinander zwei Röhrchen (Zentrifugierröhrchen) angebracht. Die zuvor ausgestanzten, algenbewachsenen Folieblättchen werden vorsichtig in die mit dem Wasser aus dem zu untersuchenden Gewässer aufgefüllten Versuchsgefäße gebracht. Bei starker Phytoplankton-Entfaltung muß das Auffüllwasser zuvor durch Membranfilter von 6—10 µm Porenweite filtriert werden. Ein Gefäß dient als Hell-, das andere als Dunkelgefäß (abgedunkelt mit mehreren Lagen Aluminiumfolie).

Das Stativ wird so in das Flußbett gestellt, daß die Versuchsgefäße sich in der Strömung bewegen. Mit Hilfe der Stellschrauben läßt sich die Stellung der Stangen der Wassertiefe anpassen. Einzelheiten der Methode finden sich bei BACKHAUS (1967) und SCHÖNBORN (1980).

Die Messungen wurden in 14tägigem Abstand durchgeführt. Für jeden Versuch dienten 6 Stative, die Expositionszeiten waren 1 Stunde, 3 und 24 Stunden. Das Wasservolumen in den Gefäßen betrug 40 cm^3; beimpft wurde mit einer 5 µCi $NaH^{14}CO_3$-Lösung (0,5 ml pro Gefäß). Bei der Bestimmung der ^{14}C-Assimilation der großfädigen *Cladophora*-Büschel wurden vorsichtig kleine Portionen abgeschnitten und in die Versuchsgefäße gebracht. Die Menge dieser Portionen betrug etwa 0,5 mg TS.

Nach Beendigung der Expositionszeit wurden die Algenstücke abfiltriert und zur Blockierung der Photosynthese auf Trockeneis gelegt. Nach der Lyophilisierung (Gefriertrocknung) kamen sie zur weiteren Verarbeitung in den HCl-Exsikkator (ADAMS & STONE 1973). Am Untersuchungsort müssen zur gleichen Zeit auf einer ausgewählten Fläche quantitativ Algen für die Probengewichtsbestimmung (Lyophilie) entnommen werden, um die gemessene ^{14}C-Assimilation auf eine Flächeneinheit umrechnen zu können. Die C-Assimilation berechnet sich nach der Formel:

$$\text{mg C/m}^2 \cdot \text{h} = \frac{(\text{HF} - \text{DF}) \cdot C_{\text{ges}} \cdot 10^4}{I_{\text{ges}} \cdot \text{cm}^2 \text{ der exponierten Fläche} \cdot \text{h}}.$$

Es bedeuten:
HF — Impulszahl/min im Algenmaterial der Hellflasche; DF — Impulszahl/min im Algenmaterial der Dunkelflasche; C_{ges} — Gesamt-Kohlenstoffmenge (mg) im Versuchsgefäß vor Versuchsbeginn; I_{ges} — Ampullenwert (anfängliche Gesamt-Impulszahl im Versuchsgefäß/min); 10^4 — Umrechnungsfaktor auf 1 m^2; h — Expositionszeit in Std.
Es wird angenommen, daß die einstündige Expositionszeit weitgehend Bruttowerte, die 24stündige weitgehend Nettowerte liefert.

2.2. Der Abbau der Algensubstanz

2.2.1. Substanzverlust, CO_2-Entwicklung und O_2-Verbrauch

10 Beutel aus gewebter Glasseide, nochmals eingebunden in Planktonnetz-Gaze (Nr. 25) wurden mit abgetöteten, abgewogenen Algen im Fluß exponiert. Die Algen kamen als Feucht- und Trockensubstanz (getrocknet bei +105 °C und lyophilisiertes Material) zum Abbau in den Fluß. Die Entnahme der Algen zum Wiegen und zur Messung der CO_2-Entwicklung geschah im zweiwöchigen Abstand. Die als Feuchtsubstanz ausgehängten Algen wurden 5 Minuten lang zwischen Filtrierpapier abgesaugt, die als TS exponierten mußten vor dem Wägen getrocknet werden. Nach dem Wägen kamen die Algen wieder zum weiteren Abbau in die Beutel und in den Fluß. Ein nicht zum Wägen benutzter Beutel diente der Ermittlung der CO_2-Entwicklung (Respirationsbeutel).
Eine abgewogene angefeuchtete Menge dieser Algen wurde in einem kleinen Beutel aus Planktongaze in einen Anaerobentopf gehängt. Unterhalb der Algen befand sich eine Petrischale mit 5 ml $^n/10$ KOH. Der Topf war luftdicht verschlossen und wurde 2 Minuten lang bei +20 °C abgedunkelt. 5 ml $\frac{n}{10}$ KOH wurden mit $\frac{n}{10}$ HCl titriert. Als Indikator diente Phenolphthalein (KOH_B). Nach der „Bebrütung" wurde auch die KOH aus dem Anaerobentopf gegen $^n/10$ HCl titriert (KOH_R). Zum Ausspülen der Petrischale, zum Verdünnen der KOH zur Titration und auch zum Ansetzen der KOH kam CO_2-freies Wasser zur Verwendung (2 Stunden kochen).
Es wurde bei Kälte und sehr langsam titriert. Die Titration bestimmt die Hälfte des Karbonatgehalts. Werden a ml verbraucht, benötigt K_2CO_3 2a ml $^n/10$ HCl.

Berechnung:
gebundenes CO_2 = 2,2 (Verbrauch KOH_B — Verbrauch KOH_R) mg

$$1 \text{ ml } \frac{n}{10} \text{HCl} \mathrel{\hat{=}} 2{,}2 \text{ mg } CO_2$$

Ein weiterer Beutel mit Algen wurde für die Bestimmung des O_2-Verbrauchs beim Abbau verwendet. Eine abgewogene Algenmenge (bei +105 °C getrocknet und auch lyophilisiertes Material), möglichst nicht über 0,1 g, wird angefeuchtet und mit Kieselgur 10 ... 20 min im Multivibrator (nach M. v. ARDENNE) zerkleinert. Anschließend wird die Suspension mit ausgezehrtem Quellwasser in 1-l-Abklärflaschen zur Bebrütung angesetzt (bei +20 °C, 5 Tage im Dunkeln). Die Flaschen müssen luftdicht verschlossen werden. Parallel hierzu wird der BSB_5 des unbeimpften Wassers sowie der O_2-Sofortgehalt ermittelt.
Nach 5tägiger Dunkelbebrütung wird aus der Abklärflasche eine Sauerstoffflasche Wasser derart abgefüllt, daß das zur O_2-Bestimmung kommende Wasser nicht mit der Luft in Berührung kommt. Nach der Fixierung und Titration ergibt sich:

$$BSB_5/\text{g/Substanz} = \frac{\text{mg } O_2 \text{ des Algenwassers} - \text{mg } O_2 \text{ des Parallelversuchs}}{\text{g eingewogene Algensubstanz}}$$

2.2.2. Sedimentation und in Lösung gehender Kohlenstoff

Zur Erfassung der Sedimentation wurde folgende Methode angewandt: In einem großen Standzylinder wird eine abgewogene Menge Algen im Flußwasser zum Faulen gebracht. Der Zylinder ist einem Vakuum angeschlossen, so daß Luft durchgesaugt wird (aerober Abbau).

Die eingesaugte Luft wird über 2 Waschflaschen (gefüllt mit H_2O und H_2SO_4) geleitet. Die Ermittlung des C-Gehalts der Ausgangssubstanz erfolgte elementaranalytisch. In regelmäßigen Abständen muß die noch vorhandene Substanz gewogen und ihr C-Gehalt wiederum elementaranalytisch bestimmt werden. Hieraus lassen sich dann Substanzverlust und der sedimentierte Rest erfassen. Mit der gleichen Versuchsanordnung läßt sich auch der beim Abbau zunächst in Lösung gehende Kohlenstoff ermitteln (OTSUKI & HANYA 1972).
Für den Abbauversuch ließen wir 0,5 ... 3,0 g lyophilisierte Algensubstanz in 200 ml Flußwasser bei Zimmertemperatur faulen. In wöchentlichen Abständen entnahmen wir aus dem Faulgefäß eine kleine Probe und bestimmten deren C-Gehalt, nachdem wir sie zuvor durch einen Bakterienfilter (0,2 µg Porenweite) filtriert hatten. Bei der Bestimmung des gelösten Kohlenstoffs wurde dieser in CO_2 überführt (durch Ansäuern bei Karbonaten und durch Oxydation mit Kaliumperoxidisulfat im Autoklav bei organischen Verbindungen). Das freigesetzte CO_2 wird mit CO_2freier Luft ausgetrieben und in NaOH absorbiert. Anschliessend wird die Leitfähigkeitsänderung der Lauge gemessen (PROFT 1980).

3. Ergebnisse

3.1. Die Algenbesiedlung an den Untersuchungsorten

Im Flußbereich der mittleren Saale untersuchten wir die Algenflora an den Probenorten Kaulsdorf-Eichicht und Rothenstein. Am Probenort Kaulsdorf-Eichicht ist die Saale β-meso- ... oligosaprob, in Rothenstein fast α-mesosaprob. In der oberen, weniger belasteten Flußstrecke dominieren neben Diatomeen Fa-

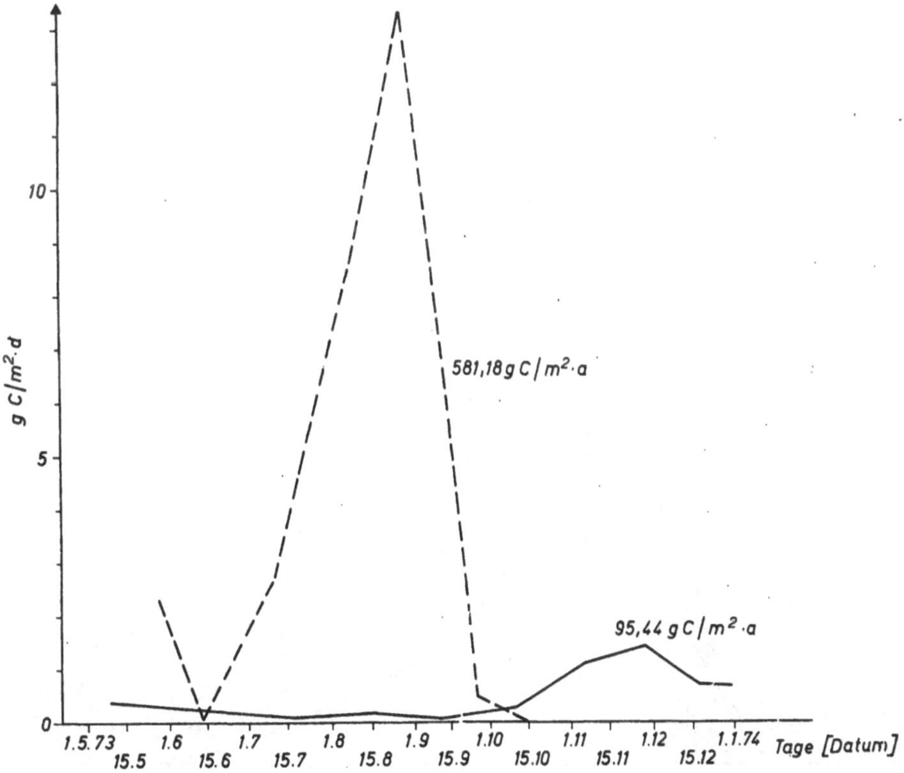

Abb. 1. ^{14}C-Assimilation des Periphytons der Saale 1973/74
——— Kaulsdorf-Eichicht; -------- Rothenstein

denalgen der Gattungen *Ulothrix*, *Microspora*, *Chantransia*, *Stigeoclonium* und *Vaucheria*; in Rothenstein dominiert ausschließlich *Cladophora* (SCHÖNBORN 1976).

3.2. Die ^{14}C-Assimilation des Periphytons

Die Abb. 1 u. 2 zeigen den Jahresverlauf der Primärproduktion des Periphytons an den beiden Untersuchungsorten für die Jahre 1973 und 1974. Die Expositionszeiten betrugen 1973 stets 3 Stunden, 1974 dagegen für jeden Versuch 1 Stunde, 3 und 24 Stunden. Die 1-Stundenwerte wurden zur Berechnung der Nettoproduktion benutzt. Es ergeben sich keine Korrelationen zwischen diesen und den 3-Stundenwerten. Das Verhältnis von Brutto- und Nettoproduktion ist starken Schwankungen unterworfen.

Im Jahre 1973 betrug die jährliche Primärproduktion am Probenort Kaulsdorf-Eichicht über 95 g C/m² · a, die am Probenort Rothenstein (*Cladophora*) über 580 g C/m² · a. Der Kurvenverlauf entspricht den langjährigen Beobachtungen der Algenentwicklung in der Saale (SCHÖNBORN 1976). In der oberen, weniger belasteten Flußstrecke ist die Produktion geringer, dafür aber das ganze Jahr über ausgeglichener. Zwei Maxima lassen sich feststellen: im Mai und im Spätsommer oder Herbst. Im unteren, stärker belasteten Teil der mittleren Saale entwickelt sich ein geringes Frühjahrsmaximum (Diatomeen, *Stigeoclonium*, *Vaucheria*), das durch Hochwasserstöße regelmäßig abgedriftet wird. Ab Juni kommt es zu einem sprunghaft einsetzenden *Cladophora*-Wachstum. In relativ kurzer Zeit werden große Mengen an Biomasse produziert (bis 27 g C/m² · d). Die *Cladophora*-Büschel sind sehr durchflußgefährdet. Bei einer Erhöhung des Durchflusses auf 30 m³/s in der mittleren Saale reißen sie von der Unterlage ab und werden abgedriftet. Im September werden fast

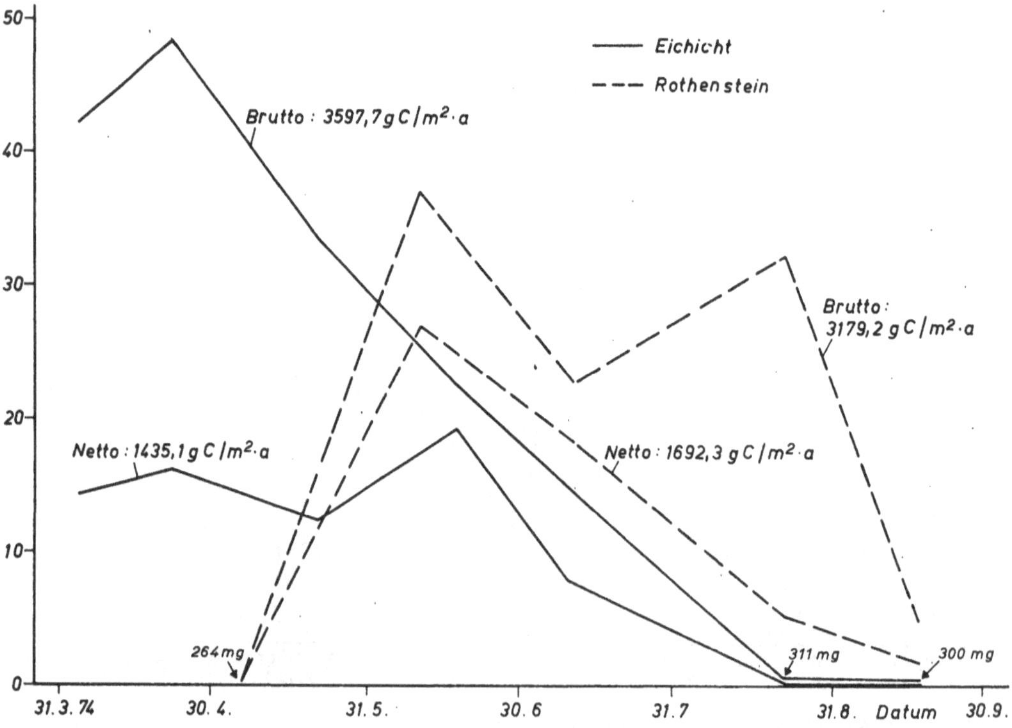

Abb. 2. ^{14}C-Assimilation des Periphytons der Saale 1974

regelmäßig große Mengen an *Cladophora* abgeschwemmt. Im Herbst kann es bei niedrigem Wasserstand nochmals zu einer geringen *Cladophora*-Entwicklung kommen (BRAUNE 1969; SCHÖNBORN 1976). Im Jahre 1974 zeigte sich eine Abweichung von dem geschilderten jahreszeitlichen Ablauf der Algenentfaltung. Es kam zu einer starken Steigerung der Produktion, die Nettowerte in Kaulsdorf-Eichicht erreichten 1435 g C/m² · a. Auch bei Rothenstein war eine Zunahme der Produktion zu verzeichnen (Netto: 1692 g C/m² · a), allerdings nicht so extrem wie in Kaulsdorf-Eichicht, so daß sich die Produktionsbilanz an beiden Standorten einander annäherte. Infolge des extrem trokkenen Frühjahrs 1974 kam es in Kaulsdorf-Eichicht zu einer ungewöhnlich starken Entfaltung der benthischen Algen. Auch in Rothenstein begann die *Cladophora*-Produktion bereits Anfang Mai und nahm kontinuierlich bis Mitte Juni zu, ohne (wie in den Vorjahren) durch erhöhten Durchfluß unterbrochen zu werden. Diese gesteigerte Produktion im Frühjahr erhöhte die Gesamtbilanz. Im Oktober setzten dann extrem hohe Abflüsse ein. Durch Geschiebetransport des Wassers wurden auch in Kaulsdorf-Eichicht die Algen teilweise völlig vernichtet. Im Jahresdurchschnitt betrug 1974 die Nettoproduktion in Kaulsdorf-Eichicht 40% der Bruttoproduktion, in Rothenstein dagegen 53%.

3.3. Der Abbau der Algensubstanz

3.3.1. Substanzverlust, CO_2-Entwicklung und O_2-Verbrauch

Nach 30 Tagen ist die Algensubstanz bei lyophilisiertem Ausgangsmaterial um 50% abgebaut, bei unbehandelten Algen bereits um 70%. Infolge des schwankenden Wassergehalts der nichtgetrockneten Algen ist dieser Wert jedoch nicht repräsentativ. Exponierte Trockensubstanz (getrocknet bei +105 °C) erreicht dagegen erst einen Substanzverlust von 40%. Nach diesen 30 Tagen erfolgt der weitere Abbau nur sehr langsam (Abb. 3). Die Temperatur während der Abbauzeit schwankte zwischen 16,5 °C und 21,2 °C (Flußtemperaturen).

Die CO_2-Entwicklung beim Abbau ist bei der Feuchtsubstanz am größten und bei den Trockensubstanzen am geringsten (Abb. 4). Zu Beginn des Abbaus werden 70 mg CO_2/d · g Substanz gebildet. Nach 30 Tagen läßt die Entwicklung deutlich nach. Der O_2-Verbrauch liegt zu Beginn des Abbaus bei 10 mg BSB_5/d · g Substanz und nimmt ständig ab. Bei Verwendung von ofengetrockneten Algen kann es nach ca. 10 Tagen zu einem plötzlichen Anstieg im O_2-Verbrauch kommen. Jedoch tritt diese Erscheinung nicht regelmäßig auf; eine Deutung ist bisher nicht möglich (Abb. 5).

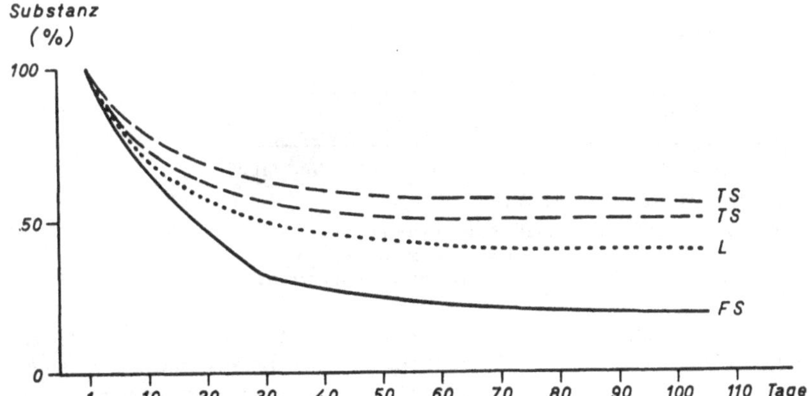

Abb. 3. Substanzverlust der benthischen Algen (*Cladophora* und *Vaucheria*) beim Abbau
TS — Trockensubstanz (getrocknet bei +105 °C); L — lyophilisierte Substanz; FS — Feuchtsubstanz; Abbautemperatur 20 °C (±2 °C)

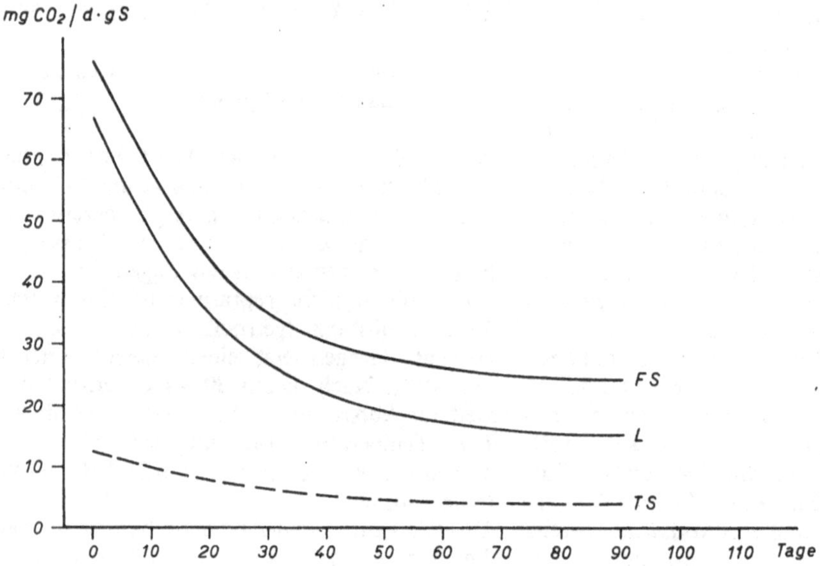

Abb. 4. CO_2-Entwicklung beim Abbau der benthischen Algen (*Cladophora* und *Vaucheria*)

S — Substanz; FS — Feuchtsubstanz; L — Lyophilisierte Substanz; TS — Trockensubstanz (getrocknet bei +105 °C); Abbautemperatur 20 °C (±2 °C)

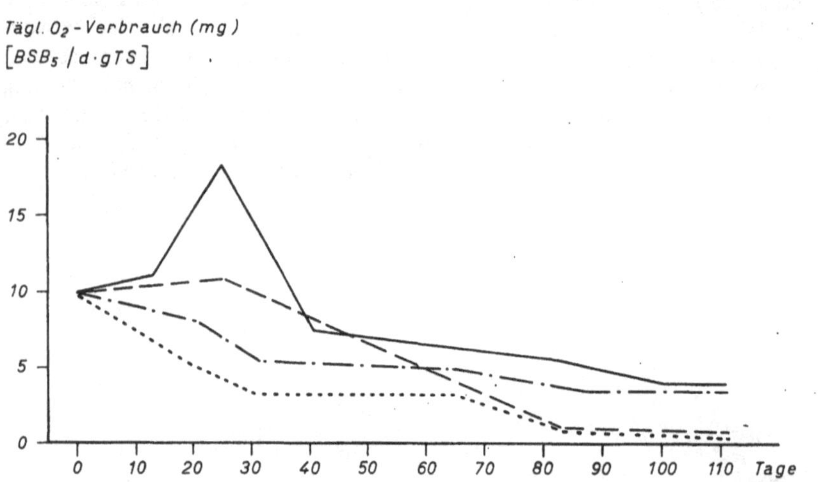

Abb. 5. O_2-Verbrauch beim Abbau der benthischen Algen

——— Trockensubstanz (getrocknet bei +105 °C) ohne einkalkulierten Gewichtsverlust; -------- Trockensubstanz mit einkalkuliertem Gewichtsverlust; -·-·-·-· Lyophilisierte Substanz ohne einkalkulierten Gewichtsverlust; ········· Lyophilisierte Substanz mit einkalkuliertem Gewichtsverlust

3.3.2. Sedimentation und in Lösung gehender Kohlenstoff

Nach 50 Tagen Abbauzeit beträgt die sedimentierte Menge an Kohlenstoff aus den Algen 30%. Auch nach 70 Tagen ist kaum eine weitere Abnahme festzustellen. In einigen Versuchen erfolgte bereits nach 30 Tagen Abbauzeit keine Abnahme an sedimentiertem Kohlenstoff mehr (Tab. 1).

Der größte Teil der 70% des Kohlenstoffs, der bei der Dekomposition der Algensubstanz

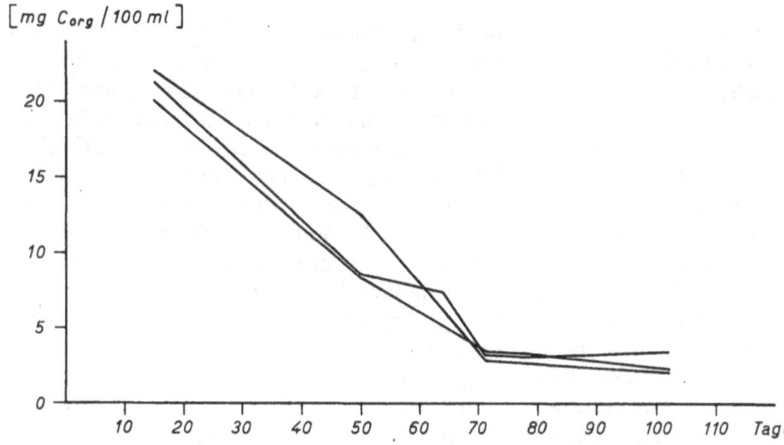

Abb. 6. Beim Abbau der benthischen Algen (*Cladophora*) in Lösung gehender Kohlenstoff und seine Abnahme infolge Mineralisierung. Abbautemperatur +20 °C, Anfangs-pH 6,0

nicht sedimentiert, wird sofort zu CO_2 mineralisiert; nur etwa 7% gehen in Lösung, von denen jedoch nach 70 Tagen nur noch 1,4% in Lösung verbleiben (Tab. 2).

Tab. 1. Kohlenstoffsedimentation aus Algen in Abhängigkeit von der Zeit

Versuch	Sedimentierter Kohlenstoff (%)		
	30 Tage	50 Tage	70 Tage
1	35	30	28
2	30	29	35
3	51	30	30
4	40	25	20

Temperatur: +20 °C

Tab. 2. In Lösung gehender Kohlenstoff (%)

Versuch	Zunächst in Lösung gehend	Nach 70 Tagen in Lösung
1	7,0	1,4
2	6,6	1,4
3	7,3	1,0
4	7,0	1,3

Otsuki & Hanya (1972) ermittelten bei der Dekomposition von *Scenedesmus*-Algen nach 30 Tagen 7% gelösten Kohlenstoff. Dieser Wert änderte sich auch später kaum noch. Von diesen Algen wurden 63% des Kohlenstoffs mineralisiert und 30% sedimentiert. Die Abnahme bei der Dekomposition gelösten Kohlenstoffs zeigt Abb. 7. Die Abnahme erfolgt stetig; erst nach 70 Tagen erfolgt keine weitere Mineralisierung mehr.

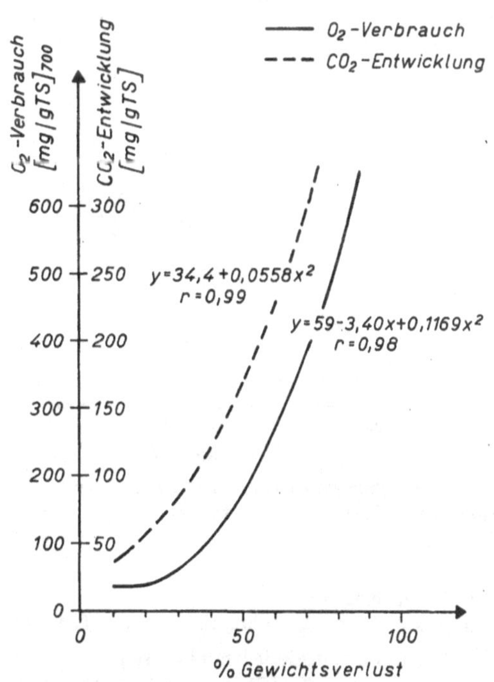

Abb. 7. Beziehungen zwischen Gewichtsverlust beim Abbau benthischer Algen, O_2-Verbrauch und CO_2-Entwicklung; Regressionsanalyse

3.4. Korrelationen zwischen dem Sauerstoff- und Kohlenstoffhaushalt des Periphytons

Zwischen Substanzverlust an Algenmasse, verbrauchtem Sauerstoff und der CO_2-Entwicklung bestehen mathematisch erfaßbare Beziehungen. Sie erlauben, aus einer bekannten Biomasse an Algen bei Berücksichtigung der Sedimentation den für ihren Abbau nötigen Sauerstoff und die dabei produzierte CO_2-Menge zu berechnen. Der Zusammenhang zwischen Substanzverlust, O_2-Verbrauch und CO_2-Entwicklung läßt sich in Form einer quadratischen Gleichung beschreiben (Abb. 7).

O_2-Verbrauch [mg/g TS] = 59 − 3,40 x + 0,1169 x^2
[r = 0,98] (1)
CO_2-Entwickl. [mg/g TS] = 34,4 + 0,0558 x^2
[r = 0,99] (2)

Die Beziehung zwischen O_2-Verbrauch und CO_2-Entwicklung läßt sich bereits mit einer einfachen linearen Regression darstellen (Abb. 8):

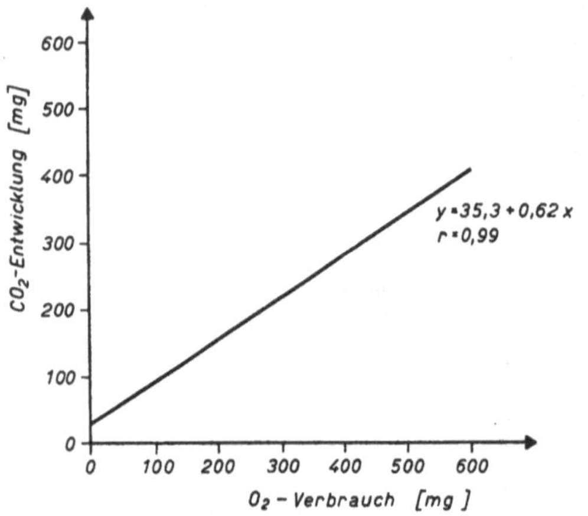

Abb. 8. Beziehungen zwischen O_2-Verbrauch und CO_2-Entwicklung beim Abbau benthischer Algen; Regressionsanalyse

CO_2-Entwicklung [mg]
= 35,3 + 0,62 · mg O_2-Verbrauch [r = 0,99] (3)

Die Regressionsmodelle beziehen sich auf Trokkensubstanz (+105 °C). Sie gelten für *Ulothrix*, *Chantransia* und *Cladophora*. Die Algenarten weichen nicht signifikant in den Parametern ihres Abbaus ab. In beiden Regressionsmodellen gibt es einen CO_2-Wert, der weder mit dem Substanzverlust noch mit dem O_2-Verbrauch zu korrelieren ist. Diese CO_2-Menge stammt aus der Luft und haftet den Algen an, wenn sie in das KOH-Gefäß überführt werden. Auch läßt sich ein O_2-Verbrauch feststellen, bevor es zu einem meßbaren Substanzverlust kommt. Hier wird es sich um den Abbau von organischen Schmutzpartikeln handeln, die den Algen noch anhaften. Für diese Deutung spricht auch, daß der O_2-Verbrauch nach Ansetzen des Versuchs zunächst wieder zurückgeht und erst bei zunehmendem Substanzverlust ansteigt.

Die für die Saale an *Ulothrix* und *Chantransia* festgestellte O_2-Bilanz zeigt die folgenden Werte:

O_2-Produktion (Netto): 1,92 g O_2/30 d · 1 g TS (Durchschnittswert aus 5 Labormessungen)

O_2-Verbrauch (beim Abbau): 0,18 g O_2/30 d · 1 g TS (r = 0,98)

Nach 30 Tagen kommt es beim Abbau nur noch zu einem sehr allmählichen Substanzverlust. Der Substanzverlust beträgt nach dieser Zeit 50%. Von den lebenden Algen wird mehr Sauerstoff produziert, als später beim Abbau benötigt wird. Werden jedoch die *Cladophora*-Massen durch hohen Sestontransport stark verschlammt, kommt es zu keiner nennenswerten Assimilation mehr. In diesen Fällen halten sich O_2-Produktion und O_2-Verbrauch die Waage. Dies ist für die stärker belastete Flußstrecke sehr häufig der Fall (SCHÖNBORN 1976).

Die Tab. 3 und 4 informieren über den durchschnittlichen C_{org}-Gehalt und die Glühverluste der benthischen Algen der Saale. Der durchschnittliche C_{org}-Gehalt liegt bei 23,8% (~ 24%). Er kann erheblich schwanken und muß für jeden Versuch neu bestimmt werden.

Tab. 3. Durchschnittlicher C_{org}-Gehalt benthischer Algen der Saale (elementaranalytisch ermittelt) in % bezogen auf TS

Ulothrix *Chantransia*	*Cladophora*	*Vaucheria*
22,1	24,5	24,0
11,2 min	13,4 min	
32,8 max	39,3 max	

Tab. 4. Glühverluste der benthischen Algen der Saale

	% Glühverlust	Zahl der Messungen
Ulothrix und *Chantransia*	46	10
Cladophora	59	10
Diatomeen	40	4

3.5. Ein Kohlenstoff-Budget des Periphytons

In Abb. 9 ist eine C-Bilanz der benthischen Algen der mittleren Saale für das Jahr 1974 dargestellt. Sie bezieht sich auf die obere, weniger belastete und die untere, stärker belastete Flußstrecke. In beiden Strecken sind die Werte für die Bruttoproduktion einander genähert. 1973 dagegen betrug die Produktion (Wert zwischen Brutto- und Nettoproduktion liegend) für die obere Strecke 95 g $C/m^2 \cdot a$ und für die untere (*Cladophora*) 581 g $C/m^2 \cdot a$; auch für die Vorjahre war ein erheblicher Unterschied in der Produktion zwischen oberer und unterer Flußstrecke zu verzeichnen.

Die Produktion ist stark abhängig vom Durchfluß, der künstlich reguliert werden kann. Der Durchfluß war im Frühjahr und Frühsommer 1974 extrem gering.

Die Hälfte der Bruttoproduktion geht durch Respiration und Exkretion verloren. Die abgestorbenen Algen sedimentieren etwa 30% ihres Kohlenstoffgehalts, der übrige wird wieder mineralisiert oder bleibt in Lösung (1,4%). Die im Bilanz-Schema angegebenen Abbauwerte beziehen sich auf eine Kontrollperiode von 70 Tagen; aber auch bei einer noch längeren Abbauzeit dürften sich diese Werte nur sehr langsam verändern.

4. Diskussion der Ergebnisse

Die Saale zeigt eine hohe Produktion benthischer Algenbiomasse. Sie liegt weit höher als die bisher an Seen bekannten Produktions-

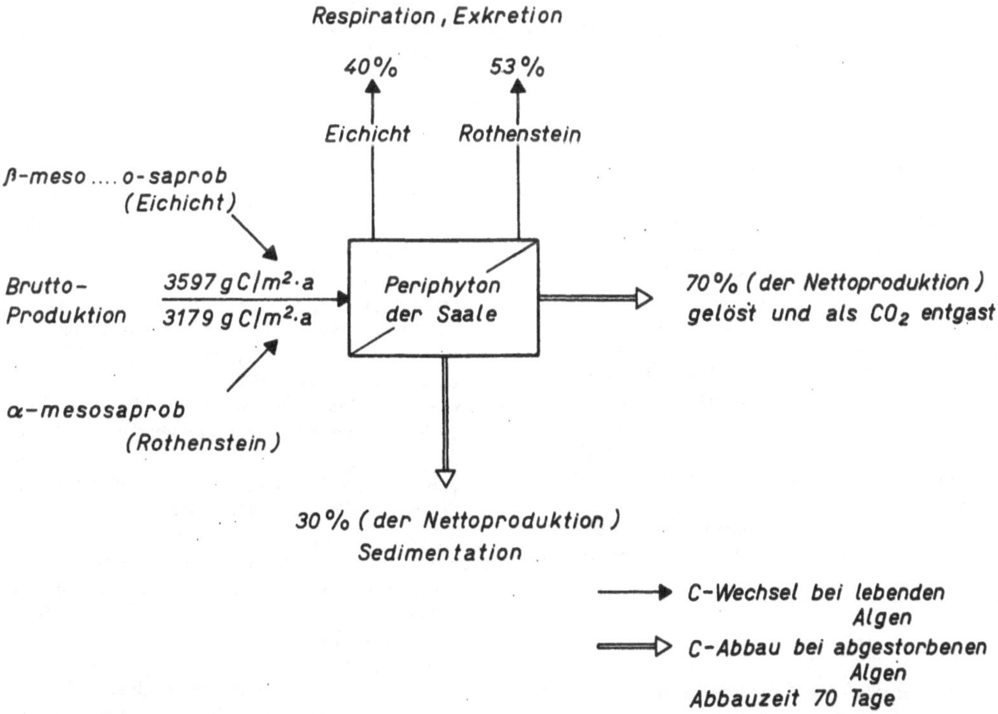

Abb. 9. Kohlenstoff-Budget des Periphytons der Saale 1974

werte. Wetzel (1964) stellte in alkalischen Seen Kaliforniens eine durchschnittliche Produktionsrate von 731,5 mg $C/m^2 \cdot d$ fest. Dies ist bereits ein extremer Wert für die periphytische Produktion in Seen.

In der Literatur gibt es fast keine Produktionsangaben, die am Periphyton belasteter Flüsse erzielt wurden. Bekannt ist aber, daß Cladophora eine hohe Produktionsleistung zeigt. So ermittelten Adams & Stone (1973) in Seen in Michigan (USA) einen maximalen Produktionswert bei *Cladophora glomerata* von 15 mg C/g TS · h. In der Saale wurde eine maximale ^{14}C-Fixierung am 10. 7. 1973 in Rothenstein von 16,6 mg C/g TS · h gemessen. Das Periphyton spielt im Stoffhaushalt der Saale eine dominierende Rolle. Die hohe Turbulenz dieses Flusses verhindert eine stärkere phytoplanktische Entfaltung (Casper & Schönborn 1976). Nicht nur durch die enormen *Cladophora*-Massen steigt die periphytische Produktion an, auch in der weniger belasteten Strecke kann bei hohen Außentemperaturen und niederem Wasserstand eine Produktion erreicht werden, die der von *Cladophora* kaum nachsteht. Doch lag in den Vorjahren die Produktion in der weniger belasteten Strecke (Kaulsdorf-Eichicht) weit unter der von *Cladophora*.

5. Zusammenfassung

Für die mittlere Saale wurde eine Kohlenstoffbilanz des Periphytons ermittelt. Untersuchungsorte waren die Saale bei Kaulsdorf-Eichicht (β-meso- ... oligosaprob) und Rothenstein (α-mesosaprob). Die Nettoproduktion beträgt 50% der Bruttoproduktion. An den abgestorbenen Algen wurden Substanzverlust, korreliert mit CO_2-Entwicklung und O_2-Verbrauch, gemessen. Es bestehen enge mathematische Beziehungen zwischen diesen Größen. Der größte Teil des Kohlenstoffs (~ 70%) der Algen wird als CO_2 mineralisiert; 30% werden für längere Zeit sedimentiert und nur 1,4% verbleiben in Lösung.

Die O_2-Bilanz der Algen ist positiv. Bei starker Verschmutzung der *Cladophora*-Massen ist die Assimilation gehemmt.

Summary

For the river Saale, a C-budget of periphyton was elaborated. The investigations were carried out near the stations Kaulsdorf-Eichicht (β-meso- ... oligosaprobic) and Rothenstein (α-mesosaprobic). The net production amounted to 50% of gross production. The loss of substance of the dead algae in correlation to CO_2-development and O_2-consumption were measured. Nearly 70% of dead algal material was mineralized as CO_2, 30% remained as particulate matter and 1,4% was transformed into dissolved organic carbon.

The O_2-balance of algae (O_2-production of green algae, O_2-consumption by decomposition) shows positive values. In *Cladophora*-bunchs, which are dirtied, the assimilation is stoped.

Резюме

Обнаружен для средней реки Заале углеродный баланс перифитона. Местом исследований была река Заале у Каульсдорфа-Эйхихта (β-мезо- ... олигосапроб) и Ротенштейна (α-мезосапроб). Чистая продукция составляет 50% валовой продукции. Измерена на погибших водорослях потеря субстанции, в корреляции с образованием CO_2 и потреблением O_2. Имеются тесные математические отношения между этими величинами. Наибольшая часть углерода (~70%) водорослей минерализуется в форме CO_2; 30% осаждаются в течение продолжительного времени и только 1,4% остаются в растворе.

Баланс O_2 водорослей является положительной. При сильном загрязнении масс *Cladophora* ассимиляция подавляется.

6. Literatur

Adams, M. S., & W. Stone, 1973: Flied Studies on Phytosynthesis of *Cladophora glomerata* (Chlorophyta) in Green Bay, Lake Michigan. — Ecology **54** (4), 853—862.

Backhaus, D., 1967: Ökologische Untersuchungen an den Aufwuchsalgen der obersten Donau und ihrer Quellflüsse. — Arch. Hydrobiol. Suppl. **30** (Donauforschung **2**), 364—399.

Braune, W., 1969: Ökologisch-physiologische Untersuchungen an Algen zur biologischen Beurteilung des Stoffumsatzes in Fließgewässern — Studien zum Einfluß der Stadt Jena auf Vorkommen und Stoffwechselleistung von Algen im Saalewasser. — Habil.-Schr., Friedrich-Schiller-Univ., Jena.

Casper, J., & W. Schönborn, 1976: Ansätze für eine Bilanzierung und Berechnung des Sauerstoffhaushaltes der mittleren Saale. — *Limnologica* (Berlin) **10** (1), 191—195.

O'Connel, R. L., A. M. Asce & N. A. Thomas, 1965: Effect of benthic algae on stream dissolved oxygen. — J. Sanit. Engng. Dir. Proc. Am. Soc. civ. Engr. SA **3**, 1—99.

OTSUKI, A., & T. HANYA, 1972: Production of dissolved organic matter from dead green algal cells. I. Aerobic microbial decomposition. — Limnol. & Oceanogr. **17** (2), 248—257.

PROFT, G., 1980: Der Kohlenstoffgehalt im Freiwasser der mittleren Saale. — *Limnologica* (Berlin) **12** (2).

SCHÖNBORN, W., 1976: Das Periphyton der mittleren Saale. — *Limnologica* (Berlin) **10** (1), 97—122.

— 1980: Primärproduktion des Periphytons. — In: Ausgewählte Methoden der Wasseruntersuchung (Hrsg.: Inst. Wasserwirtschaft, Berlin). Im Druck.

WETZEL, R. G., 1964: A comparative study of the primary productivity of higher aquatic plants, periphyton, and phytoplancton in a large shallow lake. — Internat. Rev. ges. Hydrobiol. **49**, 1—64.

Eingegangen am 27. 6. 1978.

Anschrift des Verfassers:

Dr. habil. WILFRIED SCHÖNBORN
Akademie der Wissenschaften der DDR
Forschungszentrum für Molekularbiologie u. Medizin
Zentralinstitut für Mikrobiologie
und experimentelle Therapie Jena
Abteilung Limnologie
DDR-69 Jena, Beutenbergstr. 11

Limnologica (Berlin) **12** (2), 235—242, Juni 1980

DIETRICH FLÖSSNER

Kohlenstoffproduktion und Respiration des lithalen Makrozoobenthos der mittleren Saale

Mit 9 Abbildungen und 2 Tabellen

Inhalt

1. Einleitung

In mäßig bis stark belasteten Fließgewässern vom Typ der Saale bildet das Makrozoobenthos auf Grund des hohen Nahrungsangebots und des für resistente Organismen ausreichenden Sauerstoffgehalts einen bedeutenden Anteil der biogenen Stoffproduktion (FLÖSSNER 1976). Seine trophische Struktur umfaßt, wenngleich mit deutlich verminderter Artenmannigfaltigkeit, noch alle wesentlichen Glieder von den Filtrierern und Detritusfressern bis zu den Karnivoren.

Um einen ersten Einblick in die stoffwechseldynamische Rolle der Sekundärproduzenten auf der Basis des Kohlenstoffhaushalts zu erhalten, wurde die Produktion an organischem Kohlenstoff (C_{org}) des Makrozoobenthos an fünf ausgewählten Probestationen im Flußabschnitt Kaulsdorf-Eichicht bis Großheringen untersucht. Von den biomassemäßig dominierenden Besiedlern der Steine wurde die Atmungsgröße im Labor gemessen.

Der bearbeitete Flußabschnitt läßt sich in eine obere wenig belastete (oligo- ... β-mesosaprobe) Strecke zwischen Kaulsdorf-Eichicht und Fischersdorf und in eine untere, stärker verunreinigte (schwach α-mesosaprobe) Strecke mit den Stationen Rothenstein, Stöben und Großheringen einteilen. Organische Belastung und künstliche Regulierung des Abflusses durch zwei Großtalsperren im Oberlauf der Saale führen zu weitgehend instabilen Besiedlungsverhältnissen für das Benthos.

2. Methodik

Die Proben zur Untersuchung der Steinfauna wurden in 14tägigem Abstand von März 1974 bis Juni 1975 auf den oben genannten Stationen entnommen. Die Ermittlung von Abundanz, Trockengewicht und Besiedlungsfläche geschah nach der bei FLÖSSNER (1976) beschriebenen Methode. Längere Probenausfälle traten durch Hochwasserführung der Saale im Herbst und Frühwinter des Untersuchungsjahres ein, die an der Station Fischersdorf im November zu einer nahezu totalen Abdrift des Makrozoobenthos führte.

Als sich Monate später die Bestände noch nicht wieder regeneriert hatten, mußte auf eine weitere Untersuchung an dieser Station verzichtet werden.

Zur Berechnung der Sekundärproduktion wurde die Methode nach HYNES & COLEMANN (1968), modifiziert nach HAMILTON (1969), angewendet.

Der organische Kohlenstoffgehalt des bei +105 °C bis zur Gewichtskonstanz getrockneten Makrozoobenthos wurde elementaranalytisch bestimmt.

Die Bestimmung der Respirationsraten erfolgte nach der von PROFT (1980) beschriebenen Methode, bei der das von den Tieren freigesetzte Kohlendioxid mit im Kreislauf geführter CO_2-freier Luft ausgetrieben, in NaOH absorbiert und anschließend die Leitfähigkeitsänderung der Lauge gemessen wird. Je 3 Messungen wurden an den zu den Hauptbesiedlern der Saale zählenden Arten *Gammarus pulex*, *Asellus aquaticus*, *Hydropsyche angustipennis* und *Herpobdella octoculata* durchgeführt. Dazu überführten wir die Tiere 1—4 Stunden nach der Entnahme aus dem Gewässer in mit zehrungsfreiem Quellwasser gefüllte Glaskolben von etwa 50 ml Inhalt. Der Sauerstoffgehalt des Versuchswassers war mit etwa 80% Sättigung weitgehend dem des natürlichen Standortes angepaßt. Die Dauer der von einem Schreiber aufgezeichneten kontinuierlichen Messungen betrug 3—4 Stunden. Da die Tiere nach dem Einsetzen in das Meßgefäß erhöhte Bewegungsaktivitäten zeigten, wurden die Meßwerte während dieser Anfangsphase nicht mit berücksichtigt. Die angegebenen Meßdaten stellen Mittelwerte über die gesamte restliche Meßzeit dar. Für die Bilanzierung der Atmungsgröße des Makrozoobenthos wurden zusätzlich verschiedene Literaturangaben über Insektenlarven und Mollusken herangezogen (BERG 1952, BERG & JONASSON 1965, BERG & OCKELMANN 1959, FOX & BALDES 1935, LUMBYE & OCKELMANN 1958, WINBERG & BELJAZKAJA 1959).

Für die Bereitstellung der Meßapparatur und für die wertvolle Hilfe bei der Durchführung der Messungen möchte ich Herrn Dr. G. PROFT auch an dieser Stelle herzlich danken.

3. Ergebnisse

3.1. Charakteristik der makrozoobenthischen Besiedlung der mittleren Saale

In der oberen schwach β-mesosaproben Flußstrecke Kaulsdorf-Eichicht—Fischersdorf werden Steine und Moosbestände überwiegend von *Gammarus pulex* und Chironomiden besiedelt. Der Anteil beider Gruppen an der gesamten Biomasse beträgt durchschnittlich 90—95%. An der Station Fischersdorf geht er auf 60—70% zurück, da hier der Bestand an rheophilen oligothermen Trichoptera, Ephemeroptera und Plecoptera zunimmt. Im unteren schwach α-mesosaproben Saaleabschnitt hat sich die Zusammensetzung der Steinfauna durch den Anstieg der organischen Belastung und die geänderten physiographischen Bedingungen grundlegend gewandelt. An die Stelle des völlig fehlenden *Gammarus* sind *Hydropsyche angustipennis*, *Herpobdella octoculata*, *Asellus aquaticus* und *A. coxalis* mit durchschnittlich 80—85% Biomasseanteil getreten. Die zahlenmäßig zwar weiterhin vorherrschenden Chironomiden bilden demgegenüber nur einen geringen Teil der Gesamtbiomasse.

3.2. Biomasse und organischer Kohlenstoffgehalt des Makrozoobenthos

Das Jahresmittel des C_{org}-Anteils an der Trockensubstanz des Markozoobenthos beträgt 43,8—49,0% (Tab. 1), wobei ein leichter Anstieg der Werte flußabwärts festzustellen ist. Die jährliche Schwankungsbreite liegt an den unteren Stationen ziemlich einheitlich bei etwa 10%, während sie in der oberen Flußstrecke mit 10,5% (Kaulsdorf-Eichicht) und 7,5% (Fischersdorf) stärker voneinander abweicht. Im Jahresgang läßt der prozentuale C_{org}-Gehalt an der von *Gammarus pulex* beherrschten Flußstrecke ein deutliches Frühjahrsmaximum

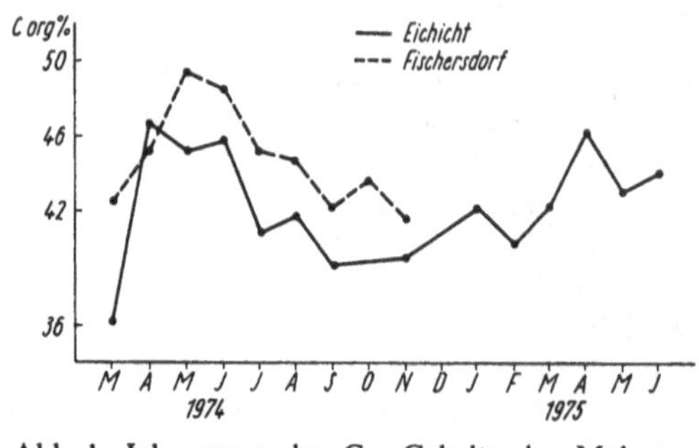

Abb. 1. Jahresgang des C_{org}-Gehalts des Makrozoobenthos in % des TG an den Stationen Eichicht und Fischersdorf

Tab. 1. Durchschnittlicher C_{org}-Gehalt des Makrozoobenthos der mittleren Saale in % bezogen auf TG

	Kaulsdorf-Eichicht	Fischersdorf	Rothenstein	Stöben	Großheringen
Ø	43,8	45,0	49,0	47,9	48,2
Min.	36,3	41,7	42,0	42,9	45,2
Max.	46,8	49,2	51,2	52,7	54,0

(April—Juni) erkennen (Abb. 1), während an den unteren Stationen keine deutliche Jahresrhythmik erkennbar ist, offenbar weil hier die drei Hauptbesiedler *Hydropsyche*, *Herpobdella* und *Asellus* mit unterschiedlichem Jahresgang in die Messung eingehen (Abb. 2).

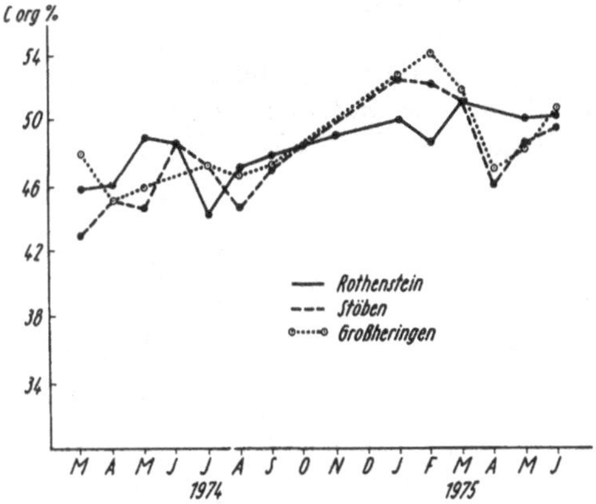

Abb. 2. Jahresgang des C_{org}-Gehalts des Makrozoobenthos in % des TG an den Stationen Rothenstein bis Großheringen

Die absoluten Werte des Jahresmittels der Biomasse (TG) und des C_{org}-Gehalts der Steinfauna (Abb. 3) steigen vom Minimum in Kaulsdorf-Eichicht auf fast das Doppelte in Fischersdorf und Rothenstein an, fallen in Stöben auf ein mittleres Niveau ab und erreichen in Großheringen das Maximum. Der Rückgang in Stöben, der nicht nur für das Untersuchungsjahr gilt, ist vor allem auf die geringe Abundanz

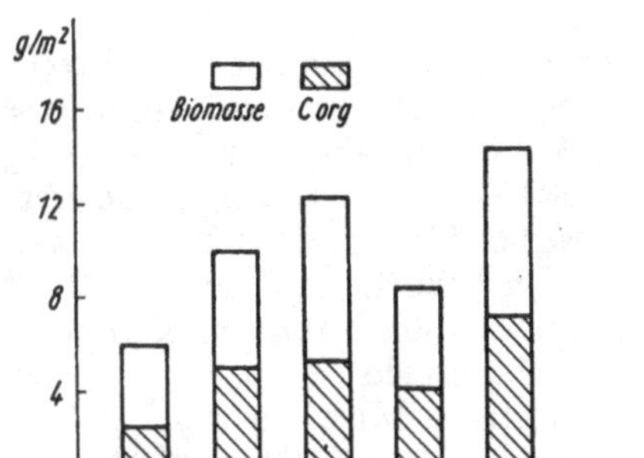

Abb. 3. Jahresmittel (März 1974—Februar 1975) der Biomasse und des C_{org}-Gehalts des Makrozoobenthos der mittleren Saale

von *Hydropsyche* zurückzuführen, die auf den glatten Steinen der Probestelle nicht genügend Unterschlupfmöglichkeiten findet. An der benachbarten Station Großheringen bewirkt umgekehrt gerade eine winterliche Massenentwicklung dieser Art das Jahresmaximum an organischem Kohlenstoff des Makrozoobenthos der mittleren Saale. Aus dem Vergleich der Biomassewerte verschiedener Jahre (Abb. 4), die sich allerdings nur auf die Monate März-Oktober beziehen, ergeben sich neben weitgehend ausgeglichenen Bestandsentwicklungen in Kaulsdorf-Eichicht und Stöben größere Schwankungen an den übrigen Stationen, die eine Verallgemeinerung der Werte einzelner Untersuchungsjahre nur bedingt zulassen. Allgemein läßt sich lediglich feststellen, daß die Biomasse des Makrozoobenthos der mittleren Saale mit der Erhöhung der Abwasserlast nicht wesentlich zurückgeht. Der mittlere Biomassewert der Jahre 1971—1974 liegt in Rothenstein mit 12,2 g/m² sogar noch etwas höher als in dem fast oligosaproben Abschnitt bei Fischersdorf, wo im gleichen Zeitraum durchschnittlich 11,1 g/m² Makrozoobenthos vorhanden waren.

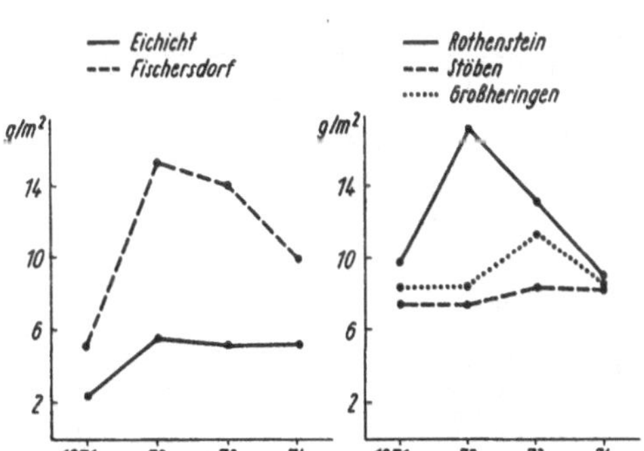

Abb. 4. Durchschnittliche Biomasse des Makrozoobenthos der mittleren Saale, 1971—1974

Der Jahresgang des zoobenthischen C_{org}-Gehalts wird von der Populationsdynamik der jeweiligen Hauptbesiedler bestimmt. So tritt in Kaulsdorf-Eichicht (Abb. 5) ein dreigipfliger Kurvenverlauf mit Maxima im Juni/Juli, September/Oktober und Januar/Februar auf, der durch das Erscheinen der Frühjahrs- und Herbstgenerationen von *Gammarus pulex* und den hohen Anteil der höheren Größenklassen dieser Art in den Wintermonaten bedingt ist.

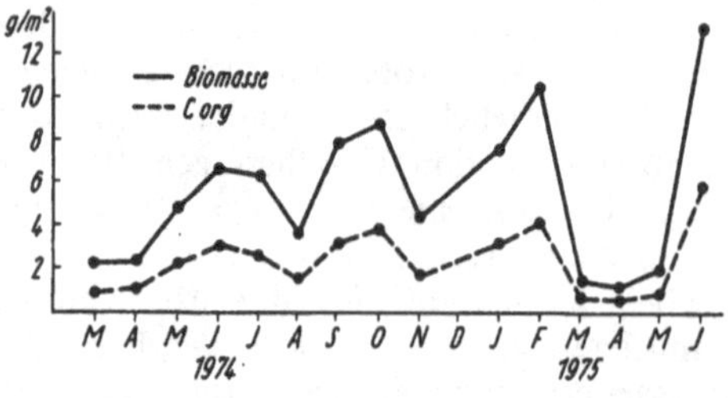

Abb. 5. Jahresgang von Biomasse und C_{org}-Gehalt des Makrozoobenthos, Eichicht

Auf Grund der veränderten Besiedlungsverhältnisse treten von Rothenstein bis Großheringen (Abb. 6—8) nur zwei Jahresgipfel des C_{org}-Gehalts auf, von denen das Frühjahrsmaximum auf die jetzt hohen Besiedlungsanteile von *Hydropsyche* und *Herpobdella* zurückzuführen ist, die im Mai und Juni kurz vor dem Schlüpfen der Imagines bzw. der Ablage der Eikokons hohe Wachstumsraten erreichen, während der Gipfel im Winter durch das allmähliche Heranwachsen der Jungegel der diesjährigen Generation bedingt ist.

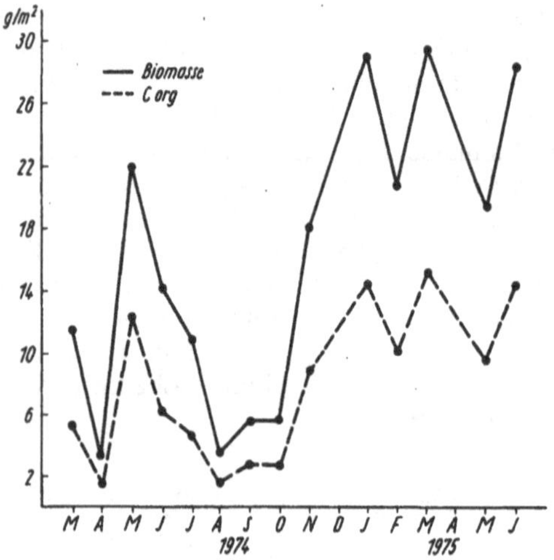

Abb. 6. Jahresgang von Biomasse und C_{org}-Gehalt des Makrozoobenthos, Rothenstein

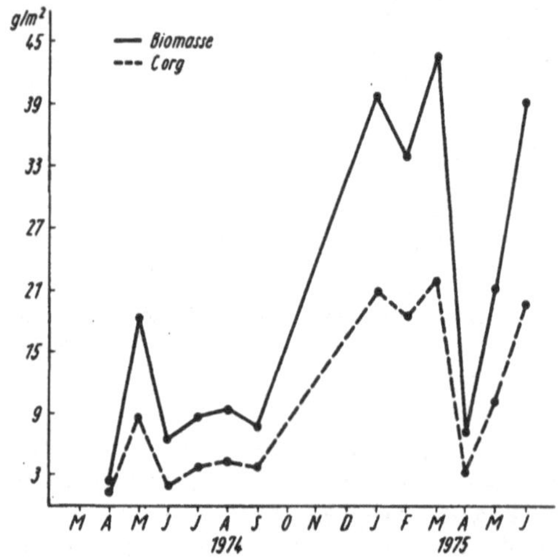

Abb. 8. Jahresgang von Biomasse und C_{org}-Gehalt des Makrozoobenthos, Großheringen

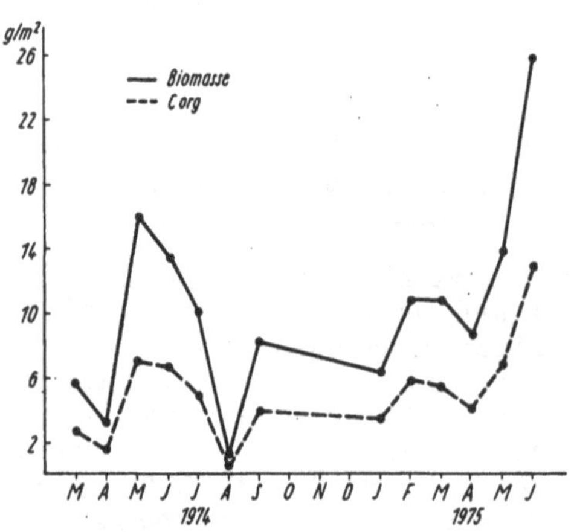

Abb. 7. Jahresgang von Biomasse und C_{org}-Gehalt des Makrozoobenthos, Stöben

3.3. Die Kohlenstoffproduktion (C_{org}) des Makrozoobenthos

In der oberen wenig verunreinigten Strecke Kaulsdorf-Eichicht—Fischersdorf wurde eine Jahresproduktion von 14,0 g C/m² und 39,6 g C/m² ermittelt (Abb. 9 und Tab. 2). Im unteren, stärker belasteten Flußabschnitt liegt sie zwischen 25,4 g C/m² und 45,1 g C/m². Der Anteil der Sommerproduktion beträgt in Kaulsdorf-Eichicht und Fischersdorf etwa 75%, an den unteren Stationen im Mittel nur rund 60%.
Als repräsentativ für den Oberlaufcharakter tragenden Schiefergebirgsabschnitt der Saale haben die Verhältnisse am Probenort Fischersdorf zu gelten, da in Kaulsdorf-Eichicht mit seinen weitgehend künstlich beeinflußten Bedingungen dicht unterhalb des Talsperrenaus-

Tab. 2. Produktion des Makrozoobenthos (g C/m²) der mittleren Saale, 1974

Station	C_{org}			Biomasse		
	Sommer	Winter	Jahr	Sommer	Winter	Jahr
Kaulsdorf-Eichicht	10,2	3,8	14,0	24,4	8,7	33,1
Fischersdorf	30,9	8,7	39,6	62,8	25,1	87,9
Rothenstein	24,8	20,3	45,1	49,2	45,3	94,5
Stöben	16,0	9,4	25,4	32,2	20,9	53,1
Großheringen	20,1	13,2	33,3	42,7	28,5	71,2

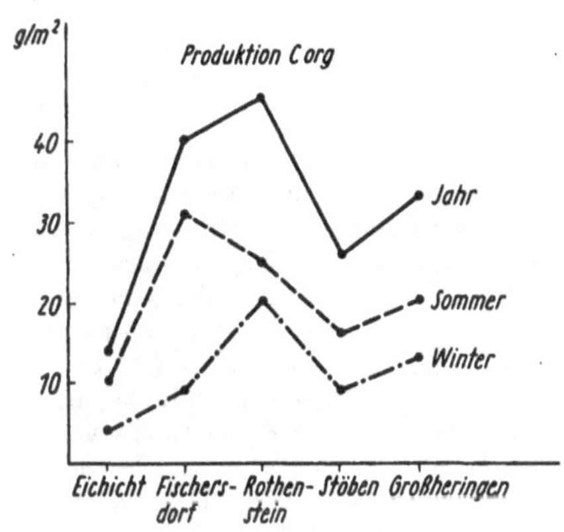

Abb. 9. Produktion (C_{org}) des Makrozoobenthos in der mittleren Saale

flusses durch den fast völligen Ausfall rheophiler Organismen, wie Trichoptera, Ephemeroptera, Plecoptera und *Euplanaria gonocephala*, zu geringe Biomasse- und Kohlenstoffwerte gefunden werden. Unter Berücksichtigung dieser Tatsache läßt sich im Bereich der mittleren Saale mit zunehmender organischer Belastung auf schwach α-mesosaprobe Verhältnisse ein leichter Anstieg (Rothenstein) und erstmals unterhalb Jenas mit seinen starken Verschmutzungsquellen ein schwacher Abfall der zoobenthischen Kohlenstoffproduktion feststellen.

3.4. Respiration des Makrozoobenthos

Für die Einschätzung tierischer Leistungen bei dem Stoff- und Energiefluß in limnischen Ökosystemen, besonders des Kohlenstoffumsatzes, ist die Kenntnis der Respirationsraten eine wichtige Voraussetzung. Die hierzu nötigen Daten wurden durch Labormessungen an den jeweiligen Hauptproduzenten des Makrozoobenthos gewonnen und durch Literaturangaben über die Atmungsgrößen verschiedener Insektenlarven und Mollusken ergänzt. Für die Bilanzierung der zoobenthischen Respiration in ausgewählten Fließstrecken wurden die im Labor bei ±14 °C gemessenen Werte nach der KROGHschen Kurve der Temperaturabhängigkeit der Atmung auf die langjährigen Jahresmitteltemperaturen der entsprechenden Flußabschnitte umgerechnet. Als Berechnungsunterlagen dienten außerdem eigene Werte der Biomasse des Makrozoobenthos sowie die entsprechenden morphometrischen und hydrologischen Daten (KREY 1976).
Folgende Respirationsraten wurden im Labor gemessen (Mittel aus 3 Messungen; O_2-Verbrauch errechnet nach RQ = 1):

	O_2-Verbrauch	CO_2-Produktion
Gammarus pulex	3,29 mg/h · g TG	3,84 mg/h · g TG
Asellus aquaticus	3,15 mg/h · g TG	3,82 mg/h · g TG
Hydropsyche angustipennis	2,20 mg/h · g TG	2,57 mg/h · g TG
Herpobdella octoculata	1,88 mg/h · g TG	2,20 mg/h · g TG

Die Bilanzierung des O_2-Verbrauchs und CO_2-Eintrags durch das Makrozoobenthos wurde für die oligo- ... β-mesosaprobe Strecke Kaulsdorf-Eichicht—Fischersdorf (1) und die schwach α-mesosaprobe Strecke Stöben—Großheringen (2) vorgenommen. Die Ergebnisse sind in folgender Übersicht zusammengestellt:

Strecke 1	0,37 g $O_2/m^2 \cdot d$	0,42 g $CO_2/m^2 \cdot d$
	= 56,5 kg O_2/Flußstrecke · d	= 66 kg CO_2/Flußstrecke · d
	= 0,12 mg $O_2/l \cdot d$	= 0,15 mg $CO_2/l \cdot d$
Strecke 2	0,29 g $O_2/m^2 \cdot d$	0,34 g $CO_2/m^2 \cdot d$
	= 15,1 kg O_2/Flußstrecke · d	= 18 kg CO_2/Flußstrecke · d
	= 0,006 mg $O_2/l \cdot d$	= 0,008 mg $CO_2/l \cdot d$

In der kaum verunreinigten Flußstrecke 1 beträgt der tägliche Sauerstoffverbrauch durch das Makrozoobenthos 24% des BSB_5/d. In der stärker belasteten Strecke 2 sinkt er, selbst bei einer überschlägigen Einbeziehung der nicht näher untersuchten Schlammfauna, auf etwa 2% des BSB_5/d ab. Diese Tendenz ist nicht nur auf die zunehmend von mikrobiellen Abbauprozessen beherrschten Stoffumsätze im α-mesosaproben Bereich zurückzuführen, sondern auch durch das mit steigendem Durchfluß immer ungünstiger werdende Verhältnis von zoobenthischer Produktion zum darüber hinfließenden Wasserkörper bedingt.

4. Diskussion

Stoffwechseldynamische Untersuchungen in Fließgewässern werden allgemein auf die Energiebilanz und den Energiefluß im System bezogen (Cummins 1969, Schwoerbel 1969). Ein direkter Vergleich der Kohlenstoffproduktion des lithalen Makrozoobenthos der mittleren Saale mit Werten aus anderen Fließgewässern ist somit nicht möglich. Bei Umrechnung auf Energiegehalte beträgt die tägliche Produktionsrate des Makrozoobenthos der mittleren Saale (Jahresproduktion 1974) 0,4 bis 1,2 kcal/m^2. Sie stimmt annähernd mit dem Wert für die ebenfalls organisch belastete Themse überein (0,9 kcal/$m^2 \cdot d$: Mann et al. 1970), während in nicht abwasserbelasteten Quellen und Fließgewässern Nordamerikas (Coffmann et al. 1971, Nelson & Scott 1962, Odum 1957, Teal 1957, Tilly 1968) mit 1,8—4,9 kcal/$m^2 \cdot d$ deutlich höhere Produktionsraten ermittelt wurden.

5. Zusammenfassung

Die Untersuchungen zum Kohlenstoffhaushalt des Makrozoobenthos der mittleren Saale umfaßten die Ermittlung des C_{org}-Gehalts und der organischen Kohlenstoffproduktion im Gewässer. Im Labor wurde die Atmungsgröße der Hauptbesiedler bestimmt. Der C_{org}-Gehalt der Trockensubstanz des Makrozoobenthos beträgt im Jahresmittel 43,8—49,0%. Im unteren Flußabschnitt tritt eine leichte Erhöhung der Kohlenstoffanteile um 3—5% ein. Der absolute C_{org}-Gehalt der zoobenthischen Biomasse liegt zwischen 2,42 g/m^2 (Kaulsdorf-Eichicht) und 7,10 g/m^2 (Großheringen). Der Jahresgang wird durch die Populationsdynamik der jeweiligen Hauptbesiedler bestimmt. Er besitzt in der oberen Flußstrecke einen dreigipfligen, im unteren Abschnitt einen zweigipfligen Verlauf.

Die Bestandsdynamik des Makrozoobenthos zeigt im Lauf von 4 Jahren (1971—1974) neben weitgehend ausgeglichenem Verlauf an den Stationen Kaulsdorf-Eichicht und Großheringen starke jährliche Schwankungen an den Probeorten Fischersdorf und Rothenstein. Die Jahresproduktion an organischem Kohlenstoff schwankt zwischen 14,0 g/m^2 (Kaulsdorf-Eichicht) und 45,1 g/m^2 (Rothenstein). Davon entfallen 60—75% auf das Sommerhalbjahr.

In der mittleren Saale läßt sich mit zunehmender Abwasserbelastung bis auf α-mesosaprobe Verhältnisse, von lokalen Schwankungen abgesehen, keine Verringerung der Kohlenstoffproduktion durch das Makrozoobenthos feststellen.

Die Bilanzierung der Respirationsraten ergibt für die obere kaum verunreinigte Flußstrecke einen Sauerstoffverbrauch des Makrozoobenthos von 24% des BSB_5/d. Im unteren abwasserbelasteten Abschnitt ist der zoobenthische Sauerstoffverbrauch mit 2% des BSB_5/d für den Stoffumsatz in der fließenden Welle praktisch bedeutungslos.

Summary

In the river Saale content and production of organic carbon of the benthos of stones were investigated. The investigations were carried out in the course of one year at 2 upper stations (β-meso- ... oligosaprobic) and 3 lower stations (α-mesosaprobic). Measurements of respiration of the main inhabitants were obtained by laboratory methods. The average content of organic carbon of benthos is 43,8 ... 49,0% of the dry weight or 2,42 ... 7,10 g/m². The annual production of benthos ranged from 14,0 to 45,1 g C_{org}/m^2, independently of the amount of pollution. The oxygen consumption of the benthos by respiration yielded 4% of BOD_5/d in the upper moderately contaminated region and 2% of BOD_5/d in the lower heavily contaminated region.

Резюме

В рамках исследований по углеродному балансу макрозообентоса средней реки Заале проведено определение содержания органического углерода ($C_{орг}$) и продукции $C_{орг}$ в водах. В лаборатории определена величина дыхания главных обитателей.

Содержание $C_{орг}$ сухого вещества макрозообентоса имеет среднегодовое значение равно 43,8 до 49,0%. В нижней области реки наблюдается незначительное повышение части углерода на 3—5%. Абсолютное содержание $C_{орг}$ зообентической биомассы лежит в пределах 2,42 г/м² (в Эйхихте) и 7,10 г/м2 (в Гроссхерингене). Годовой цикл определяется популяционной динамикой соответствующих главных обитателей. Он имеет в верхнем участке реки трехвершинное течение и в нижнем штреке — двухвершинное протекание. Динамика состава макрозообентоса обнаруживает в течение 4 лет (с 1971 до 1974 гг.) сильные годовые колебания в местах испытаний Фишерсдорфе и Ротенштейне, наряду с почти выравненным ходом на станциях Эйхихте и Гроссхерингене.

Годовая продукция $C_{орг}$ находится в пределах 14,0 г/м² (в Эйхихте) и 45,1 г/м² (в Ротенштейне). При этом приходутся 60—75% на летнее полугодие. В средней области реки Заале с увеличением нагрузки сточными водами до α-мезосапробных условий, не считая при этом местные колебания, не наблюдалось уменьшения продукции углерода макрозообентосом.

Балансирование норм дыхания дает для верхнего почти незагрязнённого участка реки потребление кислорода макрозообентоса 24% $БПК_5$/в день. В нижнем участке, нагруженном сточными водами, зообентическое потребление кислорода в 2% $БПК_5$/в день не имеет практического значения для обмена веществ в текучей волне.

6. Literatur

Berg, K., 1952: On the oxygen consumption of Ancylidae (Gastropoda) from an ecological point of view. — Hydrobiologia **4**, 225—267.

Berg, K., & P. M. Jónasson, 1965: Oxygen consumption of profundal lake animals at low oxygen content of the water. — Hydrobiologia **26**, 131—143.

Berg, K., & K. W. Ockelmann, 1959: The respiration of freshwater snail. — J. exp. Biol. **36**, 690—708.

Coffmann, W. P., K. W. Cummins & J. C. Wuyceck, 1971: Energy flow in a woodland stream ecosystem I. Tissue support trophic structure of the autumnal community. — Arch. Hydrobiol. **68** (2), 232—276.

Cummins, K. W., 1969: Energy budgets. — Mich. State Univ. Inst. Water Res. Techn. Rep. No. 7, 31—37.

Flössner, D., 1976: Biomasse und Produktion des Makrozoobenthos der mittleren Saale. — *Limnologica* (Berlin) **10** (1), 123—153.

Fox, H. M., & E. J. Baldes, 1935: Oxygen consumption and habitat; Arthropoda. — J. exp. Biol. **12**, 174 bis 178.

Hamilton, A. L., 1969: On estimating annual production. — Limnol. & Oceanogr. **14**, 771—782.

Hynes, H. B. N., & M. J. Coleman, 1968: A simple method of assessing the annual production of stream benthos. — Limnol. & Oceanogr. **13**, 569 bis 573.

Krey, L., 1976: Zur Physiographie der mittleren Saale. — *Limnologica* (Berlin) **10** (1), 9—44.

Krogh, A., 1914: The quantitative relation between temperature and standard metabolism in animals. — Internat. Z. phys.-chem. Biol. **1**, 491—508.

Lumbye, J., & K. W. Ockelmann, 1958: Seasonal and experimental variations of the oxygen consumption of the limpet *Ancylus fluviatilis* (O. F. Müller). — J. exp. Biol. **35**, 43—73.

Mann, K. H., B. H. Britton, A. Kowalczewski, T. J. Lake, C. P. Matthews & J. McDonald, 1970: Productivity and energy flow at all trophic levels in the River Thames, England. — Prelim. Pap. UNESCO-IBP Symposium Prod. Probl. Freshwater, Warszawa, 251—264.

Nelson, D. J., & D. C. Scott, 1962: Role of detritus in the productivity of a rock-outcrop community in a Piedmont stream. — Limnol. & Oceanogr. **7**, 396—413.

Odum, H. T., 1957: Trophic structure and productivity of Silver Springs, Florida. — Ecol. Monogr. **27**, 55—112.

Proft, G., 1980: Der Kohlenstoffgehalt und die Kohlenstofffracht der mittleren Saale. — *Limnologica* (Berlin) **12** (2), 195—206.

Schönborn, W., & G. Proft, 1976: Periphyton und Sauerstoffhaushalt in der mittleren Saale. — *Limnologica* (Berlin) **10** (1), 171—176.

Schwoerbel, J., 1969: Ökologie der Süßwassertiere. Fortschr. Zool. **20**, 173—206.

Teal, J. M., 1957: Community metabolism in a temperature cold spring. — Ecol. Monogr. **27**, 283—302.

Tilly, L. J., 1968: The structure and dynamics of Cone Spring. — Ecol. Monogr. **38**, 169—197.

Winberg, G. G., & J. S. Beljazkaja, 1959: Relations between metabolic rate and body weight in freshwater gastropods. — Zool. Ž. **38**, 1146—1151.

Eingegangen am 27. 6. 1978.

Anschrift des Verfassers:
Dr. Dietrich Flössner
Akademie der Wissenschaften der DDR
Forschungszentrum f. Molekularbiologie u. Medizin
Zentralinstitut für Mikrobiologie
und experimentelle Therapie Jena
Abteilung Limnologie
DDR-69 Jena, Beutenbergstr. 11

Limnologica (Berlin) **12** (2), 243—254, Juni 1980

GISELA GUTHKE

Quantitative mikrobiologische Untersuchungen in der mittleren Saale

Mit 13 Abbildungen und einer Tabelle

Inhalt

1. Einleitung

Abwasserbelastete Flüsse wie die Saale verlangen neben botanischen und zoologischen vor allem mikrobiologische Untersuchungen, um bakterielle Umsetzungs- und Abbauprozesse zu erkennen und zukünftig auch zu steuern.
Zwischen Dezember 1973 und August 1976 wurden der Gesamtkeimgehalt und die Biomasse der heterotrophen Mikroorganismen an mehreren Probeorten zwischen Kaulsdorf-Eichicht und Großheringen ermittelt. Der Einfluß des mit kohlenwasserstoffoxydierenden Bakterien angereicherten Weirabachs, der in Saalfeld in einen Nebenarm der Saale (Lache) mündet, auf die bis oberhalb Saalfeld von diesen Keimen nur gering beeinflußte Saale wurde untersucht. Versuche zur Abbauintensität und -variabilität werden vorbereitet. Die Untersuchungsstrecke gliedert sich in einen oligo- bis β-mesosaproben (Kaulsdorf-Eichicht bis Saalfeld) und einen α-mesosaproben (unterhalb Saalfeld) Flußabschnitt.

2. Material und Methoden

2.1. Probenahme und Kultivierung der heterotrophen saprophytischen Keime

Mit Hilfe steriler 200-ml-Standkolben wurde an vier Stellen im Flußquerschnitt Wasser ca. 0,5 m unter der Oberfläche entnommen. Die daraus hergestellte Mischprobe wurde auf der Schüttelmaschine bei 22 °C 10 min geschüttelt, anschließend mit Pufferlösung verdünnt und in vorbereitete Kulturröhrchen mit steriler Traubenzuckernährbouillon eingefüllt (MPN-Methode nach SCHLIEPER 1968). Die Kultivierungsdauer der Standkulturen betrug bei 22 °C vier Tage. Der Keimzahlberechnung lag die Tabelle von BUSWELL et al. (1951) zugrunde. Zur Keimgehaltsbestimmung wurden zwei Parallelreihen mit jeweils 5 Parallelröhrchen pro Verdünnungsschritt herangezogen.

2.2. Probenahme und Kultivierung der kohlenwasserstoffabbauenden Mikroorganismen

Die Probenahme erfolgte wie unter 2.1. angegeben. Die Versuche wurden ebenfalls nach der MPN-Methode mit zwei Parallelreihen durchgeführt. Dabei diente als Nährmedium eine Nährsalzlösung nach LUCHTER (1974) sowie pro Röhrchen ein Tropfen steriles Paraffin. Da die Kohlenwasserstoffoxydierer eine längere Anwuchszeit benötigen, wurden die Standkulturen mindestens 14 Tage bei 30 °C aufbewahrt und mehrmals manuell geschüttelt. Mittels der oben angegebenen Berechnungstabelle konnte die Keimzahl ermittelt werden.

3. Ergebnisse der quantitativen Mikrobenerfassung

3.1. Heterotrophen-Keimzahlen der mittleren Saale in den Jahreszyklen 1974/75 und 1975/76

Zwischen Dezember 1973 und Juli 1975 wurden an fünf Untersuchungsorten zwischen Kaulsdorf-Eichicht und Großheringen in etwa zweiwöchigem Abstand Proben entnommen. In diesem Zeitraum traten Titerschwankungen von zwei (im Extremfall von drei) Zehnerpotenzen an allen Probepunkten auf. Die durchschnittlichen Keimzahlen betrugen in Kaulsdorf-Eichicht (Abb. 1) $1{,}7 \cdot 10^4$ K/ml, in Rothenstein und Maua (Abb. 2) $2 \cdot 10^6$ K/ml sowie in Camburg und Großheringen (Abb. 3) $4 \cdot 10^6$ K/ml. In den Streckenabschnitten zwischen Rothenstein und Maua sowie zwischen Camburg und Großheringen war jeweils eine annähernde Konstanz im Keimgehalt erkennbar. Sowohl erhöhte als auch erniedrigte Titerwerte konnten ab Rothenstein meistenteils gleichzeitig an allen weiteren Probeorten beobachtet werden. Es war keine Korrelation zwischen den Extremwerten und den jeweiligen Abflußwerten erkennbar.

Ein verändertes Bild des Gewässerkeimgehalts zeigte sich im Jahreszyklus 1975/76 (Abb. 4). Gegenüber dem ersteren Zeitraum wurde in Kaulsdorf-Eichicht eine unbedeutende Veränderung des Keimgehalts beobachtet (ca. $2 \cdot 10^4$ K/ml), während an den Probepunkten Rothenstein bis Großheringen der Keimgehalt um ein bis zwei Zehnerpotenzen zurückging (Rothenstein und Maua mit $1 \cdot 10^5$ K/ml, Camburg und Großheringen mit 2,3 bzw. $2{,}7 \times 10^5$ K/ml). Die zwischen Kaulsdorf-Eichicht und Rothenstein neu hinzugenommenen Untersuchungsorte (oberhalb Saalfeld mit durchschnittlich $4 \cdot 10^4$ K/ml und Remschütz mit durchschnittlich $7 \cdot 10^4$ K/ml) fügten sich in das Gesamtbild des Keimgehalts der Saale ein, vgl. Tab. 1. Im Zeitraum 1975/76 wurden keine Extremwerte ermittelt, Keimgehalte und

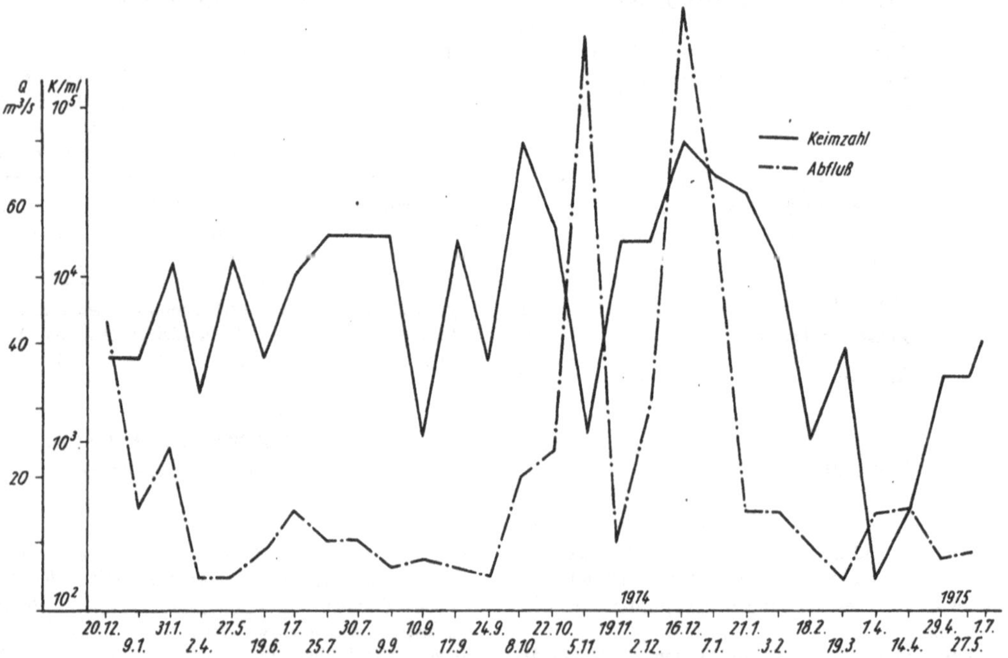

Abb. 1. Keimgehalt an heterotrophen saprophytischen Keimen und Durchflußwerte in Kaulsdorf-Eichicht 1974/75

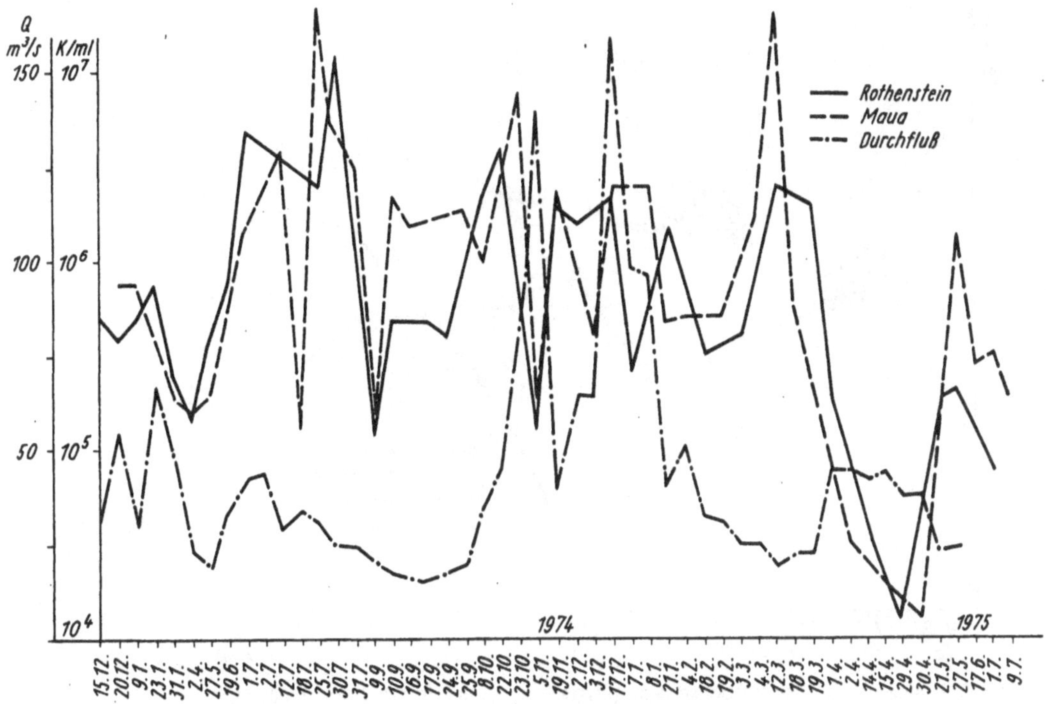

Abb. 2. Keimgehalt an heterotrophen saprophytischen Keimen und Durchflußwerte in Rothenstein und Maua 1974/75

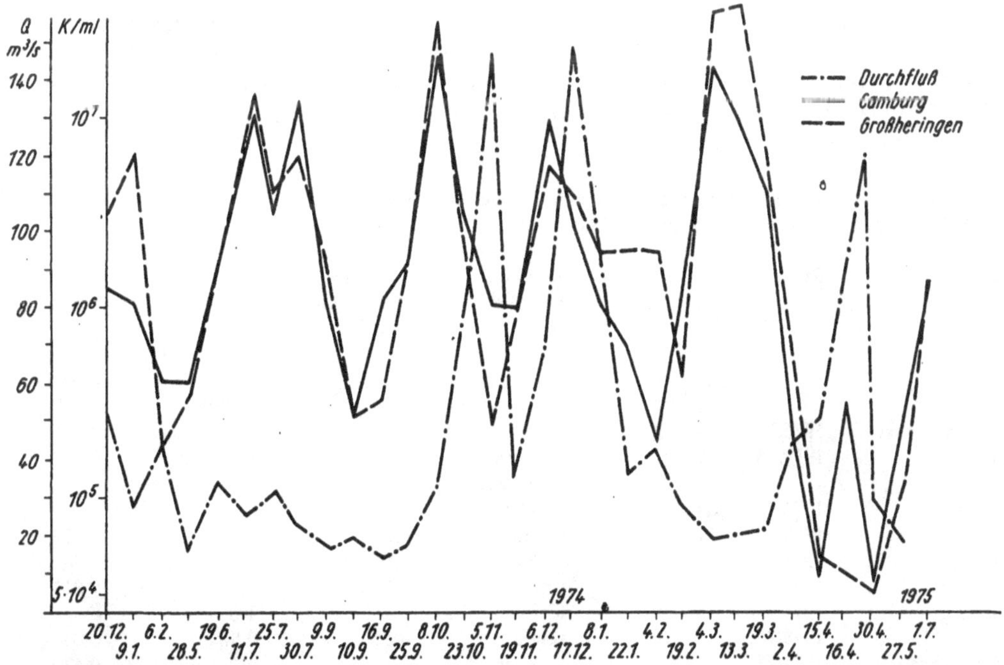

Abb. 3. Keimgehalt an heterotrophen saprophytischen Keimen und Durchflußwerte in Camburg-Stöben und Großheringen 1974/75

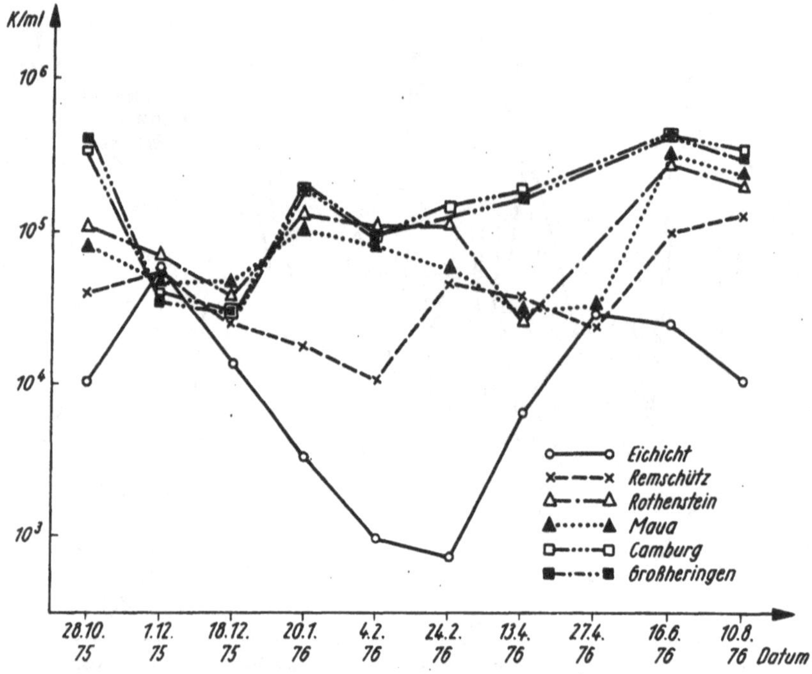

Abb. 4. Keimgehalt an heterotrophen saprophytischen Keimen in Kaulsdorf-Eichicht, Remschütz, Rothenstein, Maua, Camburg und Großheringen 1975/76

Abflußwerte zeigten keine Korrelation. Auffallend ist lediglich Anfang Dezember ein hoher Keimgehalt in Kaulsdorf-Eichicht, der ohne wesentliche Erhöhung bis Großheringen auftrat. Wiederum zeigten Wasserproben aus Rothenstein und Maua sowie aus Camburg und Großheringen jeweils recht gute Übereinstimmung im Keimgehalt.

Tab. 1. Biomasse und C-Berechnung der Gesamtzahl an heterotrophen saprophytischen Keimen der Saale 1974/75 und 1975/76 von Kaulsdorf-Eichicht bis Großheringen

Ort	Zeit	durchschn. Keimzahl (K/ml)	Verhältnis Stäbchen zu Kokken	Biomasse Feuchtgew. (mg/l)	Biomasse Trockengew. (mg/l)	C-Gehalt (mg/l)
Kaulsdorf-Eichicht	1974/75	$1,7 \cdot 10^4$	1:1	0,015	0,003	0,002
	1975/76	$2 \cdot 10^4$	3:1	0,022	0,004	0,002
oberhalb Saalfeld	1975/76	$4 \cdot 10^4$	5:1	0,054	0,01	0,005
Remschütz	1975/76	$7 \cdot 10^4$	Kokken vereinzelt	0,1	0,02	0,01
Rothenstein	1974/75	$1,4 \cdot 10^6$	Kokken	2,0	0,4	0,2
	1975/76	$1 \cdot 10^5$	vereinzelt	0,14	0,03	0,014
Maua	1974/75	$2 \cdot 10^6$	Kokken	2,8	0,56	0,28
	1975/76	$1 \cdot 10^5$	vereinzelt	0,14	0,03	0,014
Camburg	1974/75	$3,6 \cdot 10^6$	Kokken	5,0	1,0	0,5
	1975/76	$2,3 \cdot 10^5$	vereinzelt	0,32	0,06	0,03
Großheringen	1974/75	$4,1 \cdot 10^6$	Kokken	5,7	1,1	0,57
	1975/76	$2,7 \cdot 10^5$	vereinzelt	0,37	0,07	0,04

3.2. Mikrobielle Biomasse und partikulär-bakterieller Kohlenstoffgehalt der Saale

Die ermittelten durchschnittlichen Keimgehalte im Jahreszyklus 1974/75 lagen der Biomasseberechnung nach DAUBNER (1972) zugrunde (Tab. 1). Dabei betrug das Verhältnis von Stäbchen zu Kokken in Kaulsdorf-Eichicht 1:1, während ab Rothenstein Kokken nur noch vereinzelt auftraten. Das Trockengewicht wurde nach SCHLEGEL (1972) mit 20% des Feuchtgewichts und der partikuläre C-Gehalt der Bakterien mit 50% des Trockengewichts angegeben. Die mikrobielle Biomasse nahm zwischen Kaulsdorf-Eichicht und Rothenstein um das Hundertfache zu und verdoppelte sich nochmals zwischen den Probeorten Maua und Camburg. Innerhalb der Fließstrecken Rothenstein bis Maua und Camburg bis Großheringen wurden geringe Zunahmen verzeichnet.
Die Zunahme der bakteriellen Biomasse zwischen Kaulsdorf-Eichicht und Großheringen war im Zeitraum 1975/76 erheblich geringer als im vorhergehenden Jahreszyklus. Während auf der Fließstrecke zwischen Rothenstein und Camburg wiederum eine Biomasseverdopplung auftrat, erhöhte sich die Biomasse zwischen Kaulsdorf-Eichicht und Remschütz auf das Fünffache.

3.3. Keimgehalt der Kohlenwasserstoffoxidierer zwischen Saalfeld und Großheringen

An mehreren Probetagen im Zeitraum Dezember 1974 bis März 1975 wurde oberhalb Saalfeld ein geringer Keimgehalt von durchschnittlich $3 \cdot 10^2$ K/ml ermittelt (Abb. 5). Er erhöhte sich in Remschütz auf 10^3—10^4 K/ml, im Extremfall auf 10^6 K/ml im März 1975. Erst unterhalb von Maua traten Abweichungen von den in Remschütz erhaltenen Titerwerten auf (Abb. 6 bis 10).

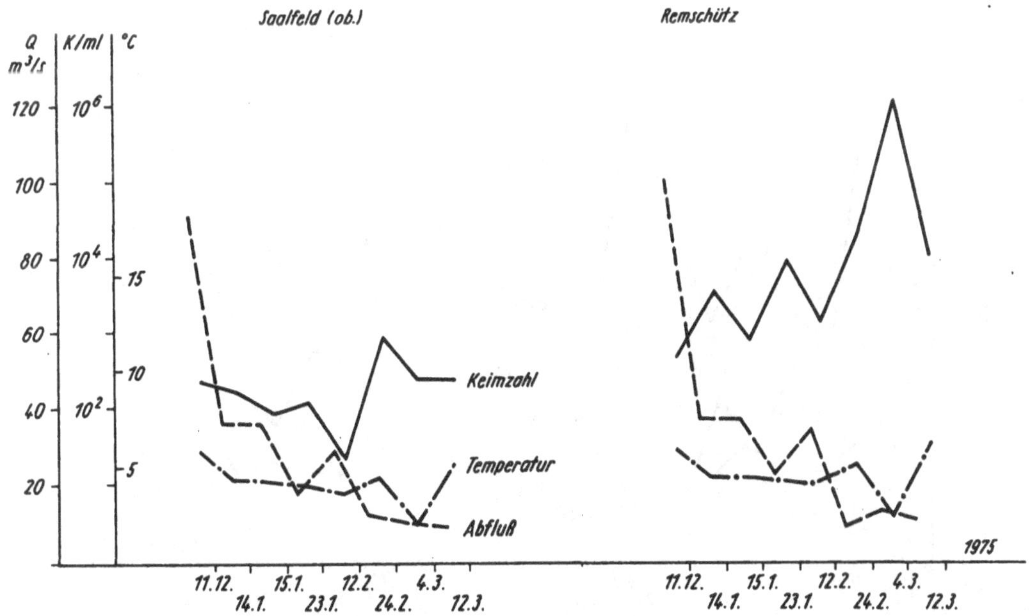

Abb. 5. Keimzahlen der Kohlenwasserstoffoxydierer, Durchflußmenge und Wassertemperatur oberhalb Saalfeld und Remschütz

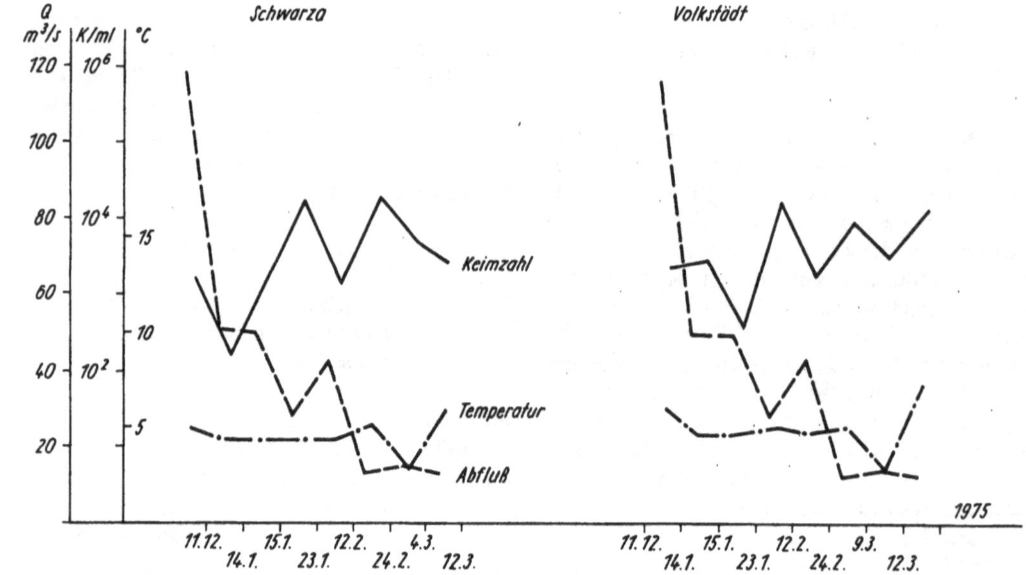

Abb. 6. Keimzahlen der Kohlenwasserstoffoxydierer, Durchflußmenge und Wassertemperatur in Rudolstadt-Schwarza und Volkstädt

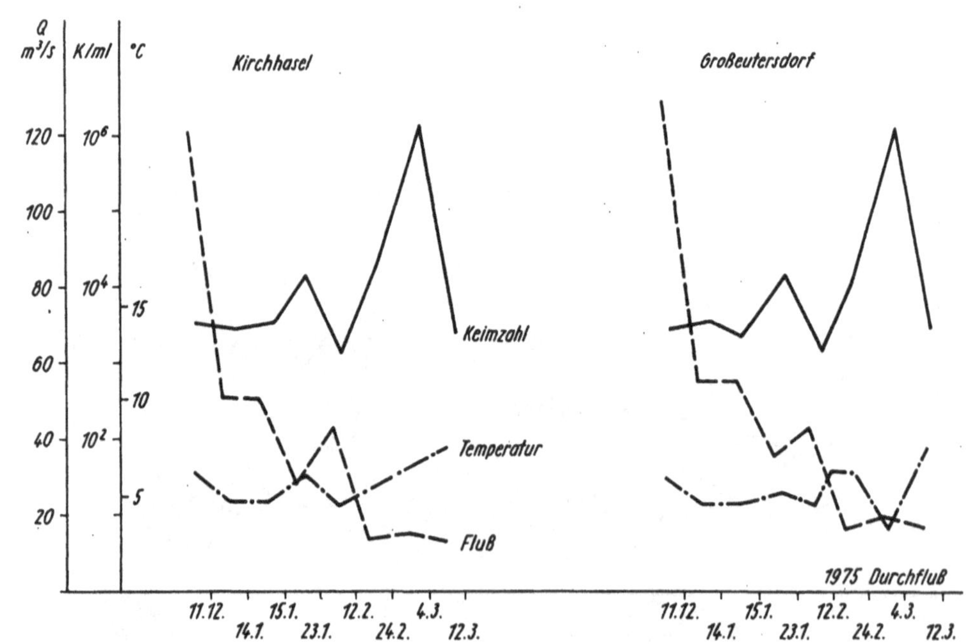

Abb. 7. Keimzahlen der Kohlenwasserstoffoxydierer, Durchflußmenge und Wassertemperatur in Kirchhasel und Großeutersdorf

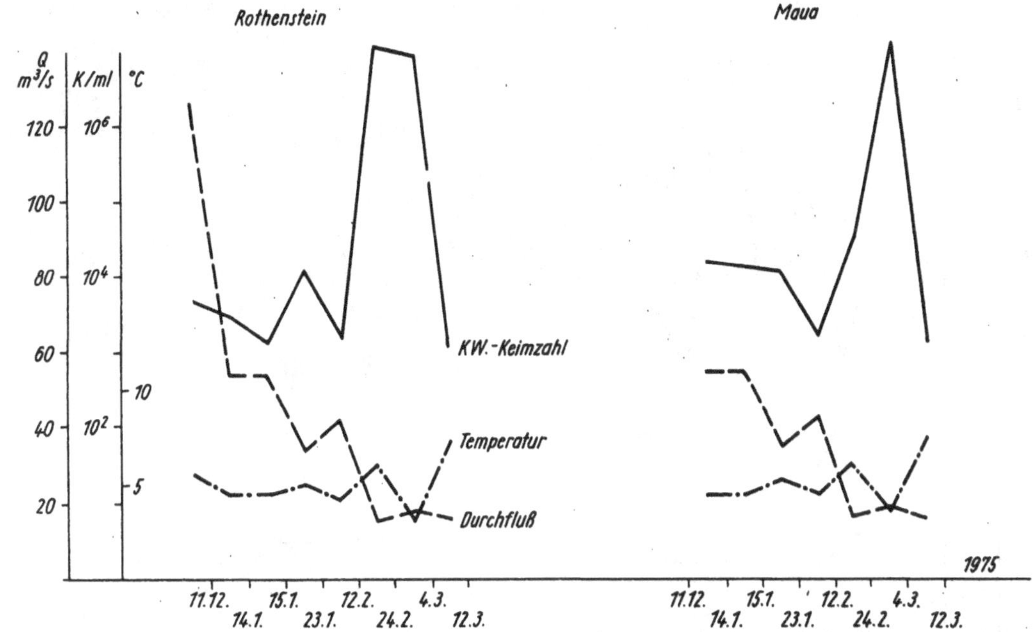

Abb. 8. Keimzahlen der Kohlenwasserstoffoxydierer, Durchflußmenge und Wassertemperatur in Rothenstein und Maua

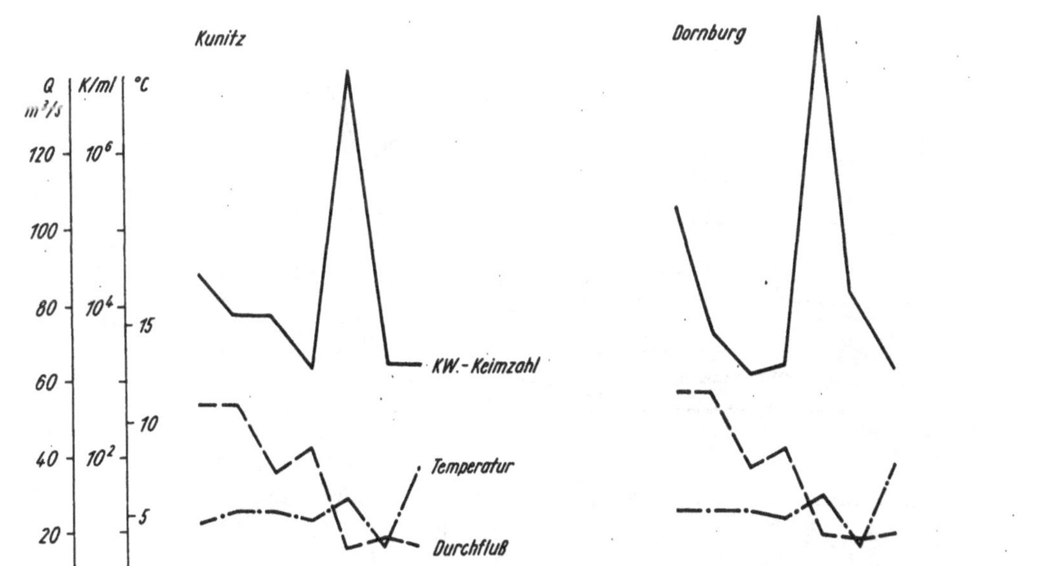

Abb. 9. Keimzahlen der Kohlenwasserstoffoxydierer, Durchflußmenge und Wassertemperatur in Kunitz und Dornburg

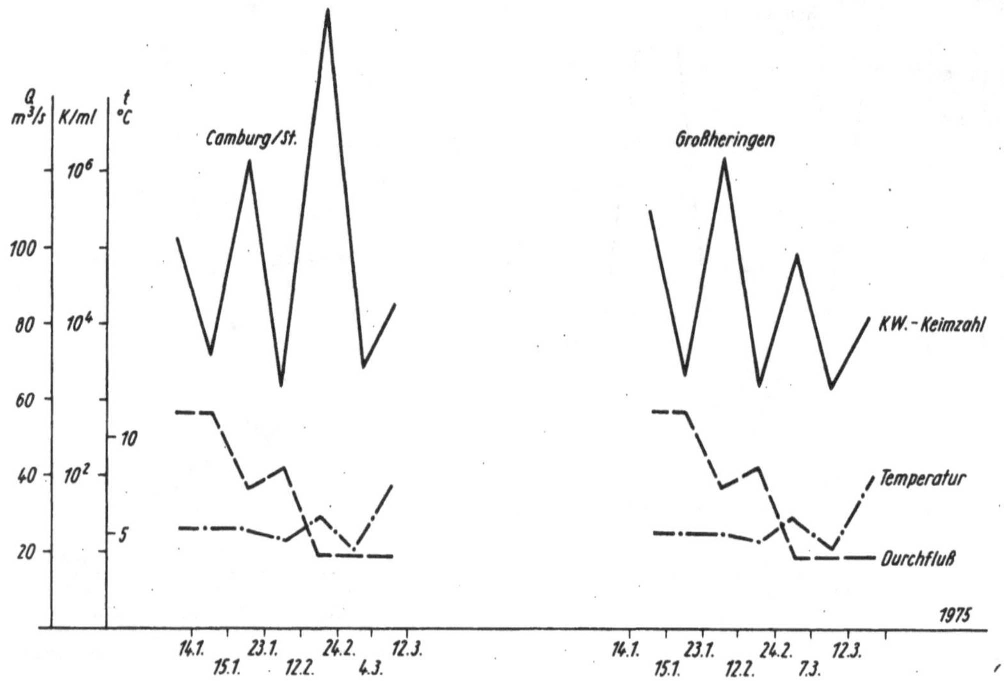

Abb. 10. Keimzahlen der Kohlenwasserstoffoxydierer, Durchflußmenge und Wassertemperatur in Camburg-Stöben und Großheringen

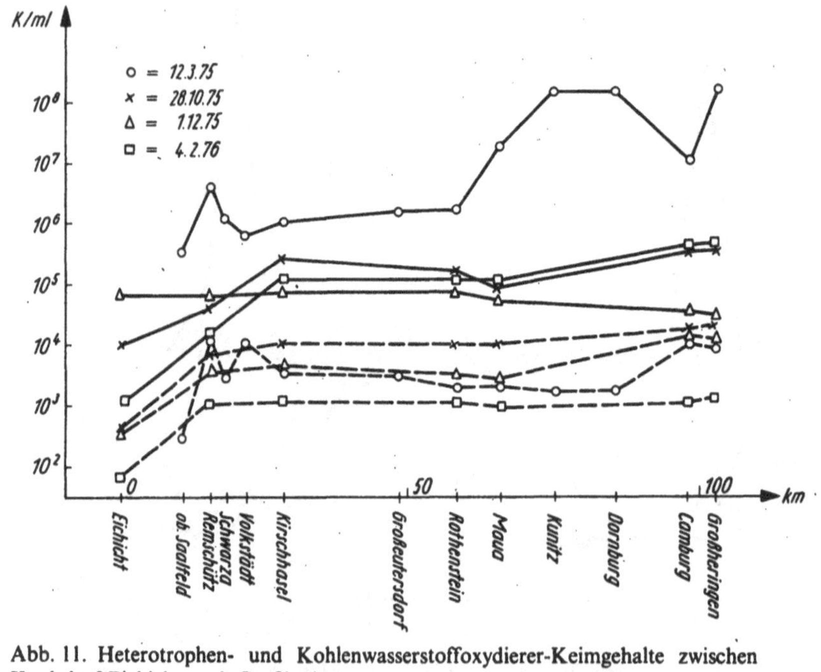

Abb. 11. Heterotrophen- und Kohlenwasserstoffoxydierer-Keimgehalte zwischen Kaulsdorf-Eichicht und Großheringen

——— = K/ml Heterotrophe — — — = K/ml Kohlenwasserstoffoxydierer

3.4. Titer der heterotrophen saprophytischen Keime und der Kohlenwasserstoffoxydierer in der Saale zwischen Kaulsdorf-Eichicht und Großheringen im Vergleich zueinander

An vier Tagen wurden parallel beide Keimkonzentrationen ermittelt (Abb. 11). Aus dem Talsperrenausgleichbecken Eichicht wurden an den Probetagen im März, Oktober und Dezember 1975 jeweils 10 m^3/s Wasser abgegeben, im Februar betrug der Durchfluß 90 m^3/s. Generell war in einer Probe der Gehalt an Kohlenwasserstoffoxydierern gering gegenüber dem Gehalt an heterotrophen saprophytischen Keimen. Ihr Verhältnis zueinander schwankte jedoch. So konnte im März 1975 eine Differenz bis zu vier Zehnerpotenzen beobachtet werden, während an den anderen Versuchstagen diese Differenz etwa 1,5 Zehnerpotenzen betrug. Die Keimgehalte sowohl der heterotrophen saprophytischen als auch der kohlenwasserstoffoxydierenden Mikroorganismen erhöhen sich auf der Strecke zwischen Kaulsdorf-Eichicht und Remschütz beträchtlich, während im weiteren Flußlauf für beide Keimarten nur ein geringfügiger Anstieg zu verzeichnen war.

3.5. Titer der heterotrophen saprophytischen Keime und der Kohlenwasserstoffoxydierer in der Saale zwischen Saalfeld und Remschütz

Verstärkter Nährstoffeintrag und Keimzufluß veränderten die Wasserqualität zwischen Saalfeld und Remschütz. Deshalb wurde diese Fließstrecke näher untersucht. In Abb. 12 u. 13 sind im Versuchszeitraum März bis Mai 1975 beide Keimkonzentrationen an den Probeentnahmepunkten oberhalb Saalfeld, Saalfeld/Lache, Saalfeld/Stadt (unterhalb einer Stadtabwassereinleitung und oberhalb der Weirabacheinmündung), Weirabach nahe der Einmündung sowie Saale bei Remschütz dargestellt. Die Keimgehalte der Kohlenwasserstoffoxydierer der Lache (10^2—10^3 K/ml) ent-

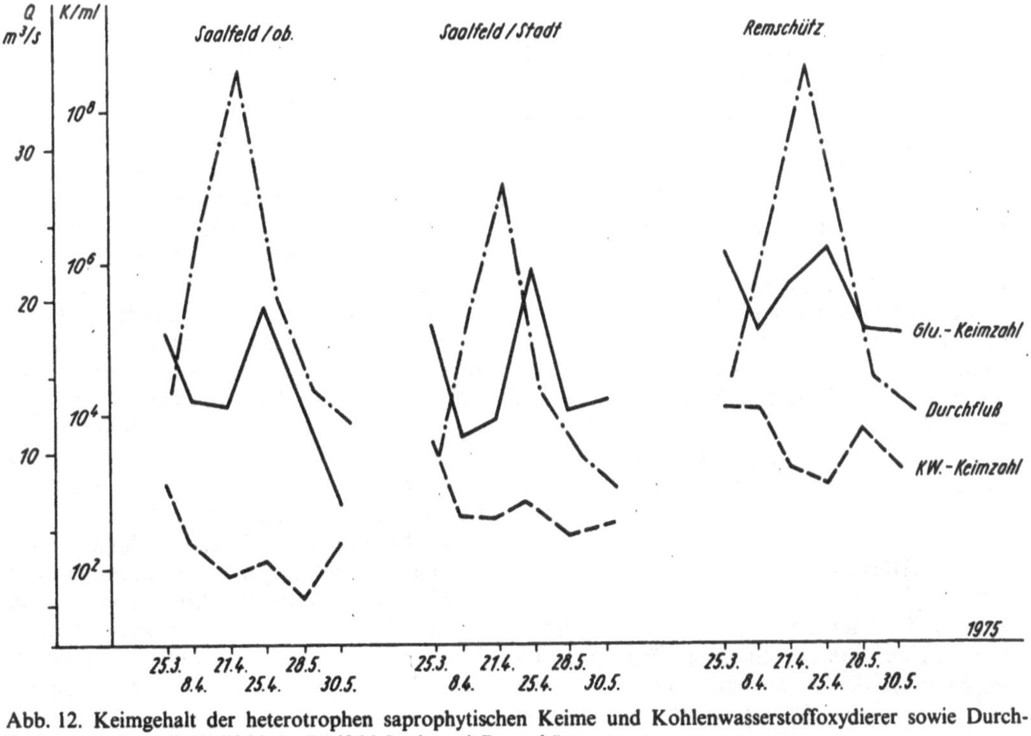

Abb. 12. Keimgehalt der heterotrophen saprophytischen Keime und Kohlenwasserstoffoxydierer sowie Durchflußmenge oberhalb Saalfeld, in Saalfeld-Stadt und Remschütz

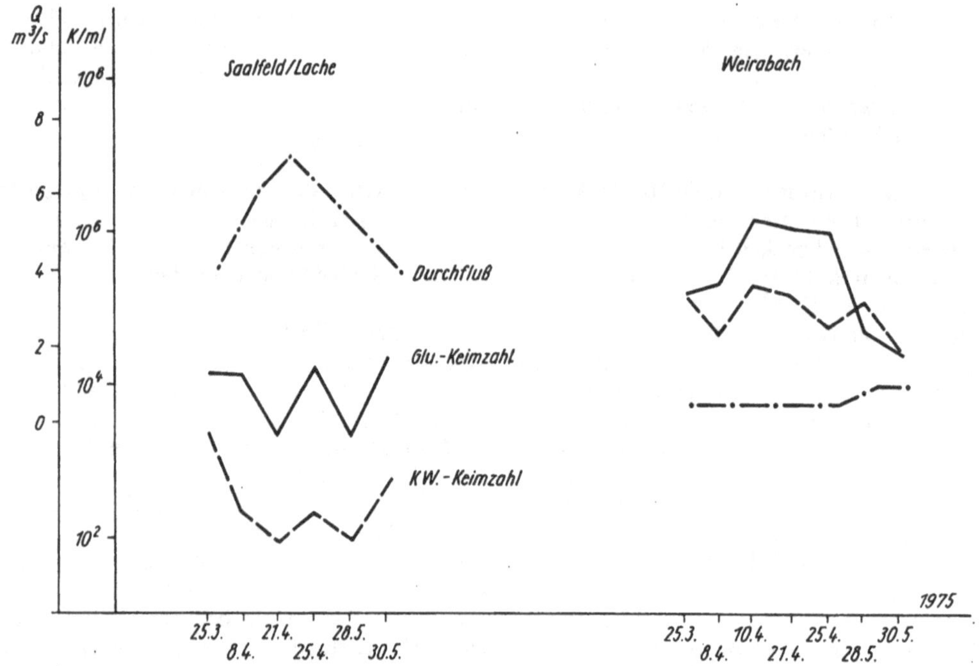

Abb. 13. Keimgehalt an heterotrophen saprophytischen Keimen und Kohlenwasserstoffoxydierern sowie Durchflußmenge im Weirabach und in der Lache

sprechen denen der natürlich belasteten Saale oberhalb Saalfeld. Am Probepunkt Saalfeld/Stadt lagen sie etwas höher. Der Weirabach war bei gleichbleibender Wasserführung (1 m^3/s) und generell erhöhten Temperaturen (20° bis 30 °C) im Durchschnitt mit 10^5 K/ml belastet. Proben aus Remschütz zeigten Werte zwischen 10^3 und 10^4 K/ml an.
Der Titer heterotropher saprophytischer Keime betrug oberhalb Saalfeld 10^4—10^5 K/ml, war in der Lache geringer und am Probepunkt Saalfeld/Stadt stark schwankend ($7 \cdot 10^3$ bis $9 \cdot 10^5$ K/ml). Einen hohen Keimgehalt von 10^5—10^6 K/ml wies wiederum der Weirabach auf. Proben aus Remschütz zeigten Werte zwischen 10^5 und 10^6 K/ml.

4. Diskussion

Werden die Titer der heterotrophen saprophytischen Keime an den einzelnen Probepunkten im Flußlauf der Saale verglichen, so können im Jahreszyklus 1974/75 folgende Aussagen getroffen werden: Die in Kaulsdorf-Eichicht auftretenden Schwankungen sind durch die Talsperrenverhältnisse bedingt. Sie sind relativ unabhängig von der Durchflußmenge. Während verschiedener Hochwasserwellen konnten sowohl starker Keimrückgang als auch Keimgehaltzunahme beobachtet werden — vermutlich bedingt durch erhöhte bzw. gedrosselte Abgabe aus dem Ausgleichbecken Eichicht. Da die Titerwerte von Kaulsdorf-Eichicht gegenüber den Werten flußabwärts liegender Probepunkte sehr gering sind, ist eine Auswirkung der Keimzahlschwankungen bei Kaulsdorf-Eichicht auf den Mikrobengehalt im weiteren Flußlauf kaum zu beobachten und nicht zu erwarten. Die Erhöhung der Keimzahl vorwiegend als Folge einer Mikrobenvermehrung ist unwahrscheinlich. Ab Saalfeld kommt es verstärkt zu einer abwasserbedingten Nährstoffeinschwemmung mit gleichzeitiger Keimzufuhr. Dabei kann der Einlauf kommunaler und industrieller Abwässer im wesentlichen als kontinuierlich angesehen werden, da die Proben nicht innerhalb der fließenden Welle entnommen wurden. Ähnliches zeigten LUCHTEROVA & GRELA 1969 an der Wisła unterhalb eines

Industriezentrums. Die annähernd gleichen Keimgehalte zwischen Rothenstein und Maua sowie zwischen Camburg und Großheringen zeigen eine gute Durchmischung des Wasserkörpers ohne äußere Störungen.

Die im Jahreszyklus 1975/76 im Vergleich zum vorherigen Zeitraum niedrigeren Titer ab Rothenstein deuten auf eine Schadstoffwirkung hin, weniger belastete Einleiter sind unwahrscheinlich. Der an der Saale fehlende mikrobielle Jahreszyklus ist an der Donau nur zum Teil zu beobachten (MUCHA 1967), während RHEINHEIMER (1965) am Unterlauf der Elbe und SOLSKI (1974) an der Vistula ausgeprägte Frühjahrs- und Spätherbstmaxima feststellten.

Ebenfalls fehlen — bedingt durch das Talsperrenwasser — ausgeprägte Sommer- und Wintertemperaturen, die eine gewisse Voraussetzung für die jahreszeitlich bedingten Keimmaxima und -minima im unbeeinflußten Gewässer bilden.

Die vorliegenden Gehalte mikrobiellen Planktons zeigen eine z. T. beträchtliche Zunahme zwischen Kaulsdorf-Eichicht und Großheringen und somit auch eine Biomassezunahme. Dabei ist zu beachten, daß der im Flüssignährboden ermittelte Gehalt nur einen Bruchteil des tatsächlichen im Gewässer vorliegenden Titers anzeigt. Die bakterielle Biomassefracht des Flusses ist erheblich und damit wesentlich bei der Umsetzung und Verwertung organischer Komponenten. Die Untersuchungen von GULAYA & TIUTENKOVA (1974) unterstreichen dies.

Der Gehalt der Saale an kohlenwasserstoffoxydierenden Keimen ist nach den vorliegenden Ergebnissen im wesentlichen auf den Zulauf des Weirabachs zurückzuführen. Es wird im weiteren Flußlauf ein Keimtransport bei unbedeutender Keimvermehrung angenommen. Das Verhältnis von heterotrophen saprophytischen Keimen zu Kohlenwasserstoffoxydierern ist nicht sicher zu ermitteln, da einige kohlenwasserstoffverwertende Keime ebenfalls Glukose abbauen können. Ein etwa gleichbleibendes Verhältnis ist aus Abb. 11 zu erkennen.

Der Einlauf des mit Kohlenwasserstoffoxydierern angereicherten Weirabachs bewirkt eine Verschiebung des Keimverhältnisses, die flußabwärts verfolgbar ist. Kommunale Abwässer enthalten, wie aus den Ergebnissen Saalfeld/Stadt ableitbar ist, im allgemeinen geringe Mengen dieser Keime.

5. Zusammenfassung

Zwischen 1974 und 1976 wurden in der Saale bakteriologische Untersuchungen durchgeführt. Die Konzentration heterotropher saprophytischer Keime erhöhte sich im Zeitraum 1974/75 zwischen Kaulsdorf-Eichicht und Großheringen im Durchschnitt von $2 \cdot 10^4$ K/ml auf $4 \cdot 10^6$ K/ml, im Zeitraum 1975/76 von $2 \cdot 10^4$ K/ml auf $2{,}7 \cdot 10^5$ K/ml. Keimgehaltsschwankungen traten bereits in Kaulsdorf-Eichicht auf, haben jedoch im weiteren Flußverlauf kaum Einfluß, da durch Keimzufuhr der Mikrobengehalt des Flusses erheblich verändert wird. Ausgeprägte mikrobielle Jahreszyklen waren nicht zu erkennen. Durch den beträchtlichen, aber etwa gleichbleibenden Zulauf kohlenwasserstoffoxydierender Keime des Weirabachs konnte eine Verschiebung innerhalb der Gewässerpopulation der Saale beobachtet werden. Schwankungen im Keimgehalt der Kohlenwasserstoffoxydierer unterhalb Saalfeld pflanzten sich bis Maua fort; unterhalb Jena traten, bedingt durch weitere Einleiter, Abweichungen auf.

Summary

From 1974 to 1976 bacteriological investigations were carried out in the river Saale. The concentration of heterotrophic saprophytic microorganisms increased from 2×10^4 K/ml up to 4×10^6 K/ml between Kaulsdorf-Eichicht and Grossheringen in 1974/75. In the period 1975/76 the concentration increased from 2×10^4 K/ml up to $2.7 + 10^5$ K/ml. The variations of the titer in Kaulsdorf-Eichicht had no noticeable influence to the lower part of the river because of the dominant effect of external inputs of microorganisms. Significant annual periodicity of microbial contents could not be found. By the substantial and constant inflow of hydrocarbon-utilizing organisms into the Weirabach a shift of composition of the microbial populations resulted in the river Saale. Variations of the contents of hydrocarbon-utilizing organisms were propagated from Saalfeld to Maua. Below Jena deviations occurred caused by further inflows of microorganisms.

Резюме

Проведены бактериологические исследования на реке Заале в период с 1974 до 1976 г. Концентрация гетеротрофных сапрофитических микробов повысилась в период с 1975 до 1976 г. между местами Каульсдорф-Эйхихт и Гроссхеринген в среднем с

$2 \cdot 10^4$ К/мл до $4 \cdot 10^6$ К/мл, в период 1975/76 г. с $2 \cdot 10^4$ К/мл до $2{,}7 \cdot 10^5$ К/мл. Колебания содержания микробов наблюдались в Каульсдорфе-Эйхихте, однако в течении реки не имеют большого значения, потому что вследствие приноса микробов содержание последних в реке значительно изменяется. Выраженные микробные годовые циклы не были обнаружены. На основе значительного, но приблизительно постоянного подвода окисляющих углеводород микробов из Вайрабаха удалось наблюдать изменение в популяции вод реки Заале. Колебания в содержании углеводородоокисляющих микробов под г. Заалфельдом распространялись до Мая; под г. Иеной установлены отклонения, обусловленные дальнейшим воздействием сточных вод.

6. Literatur

BUSWELL, A. M. et al., 1951: Die amerikanischen Einheitsverfahren zur Untersuchung von Wasser und Abwasser. — R. Oldenbourg Verlag, München.

DAUBNER, I., 1972: Mikrobiologie des Wassers. — Akademie-Verlag, Berlin.

GULAYA, N., & N. TIUTENKOVA, 1974: Destruction of organic matter in ground of Kapchagaj Reservoir [Russ.]. — Mikrobiologija **43** (2), 316—319.

LUCHTER, A., 1974: Untersuchung über kohlenwasserstoffoxydierende Bakterien im Wasser der Wisła. — Vortrag internat. Symp. Erdölmikrobiol. Brno, 51—50.

LUCHTEROVA, A., & J. GRELA, 1969: Bacterial associations of the Mała Wisła River in the region of Czechowice. — Acta hydrobiol. **11** (3), 273—284.

MUCHA, V., 1967: Mikrobiologie der Donau. — In: R. LIEPOLT (Hrsg.): Limnologie der Donau. V. Die Biologie der Donau, 132—157.

RHEINHEIMER, G., 1965: Mikrobiologische Untersuchungen in der Elbe zwischen Schnackenburg und Cuxhaven. — Arch. Hydrobiol. Suppl. **29** (3/4), 181—251.

SCHLEGEL, H., 1972: Allgemeine Mikrobiologie. — Thieme-Verlag, Stuttgart.

SCHLIEPER, C., 1968: Methoden der meeresbiologischen Forschung. — VEB Gustav Fischer Verlag, Jena.

SOLSKI, A., 1974: The influence of discharged heated waters from the power station at Skawina on microflora of Vistula River. — Pol. Arch. Hydrobiol. **21** (1), 75—82.

Eingegangen am 8. 8. 1978.

Anschrift des Verfassers:
Dipl.-Biol. GISELA GUTHKE
Akademie der Wissenschaften der DDR
Forschungszentrum f. Molekularbiologie u. Medizin
Zentralinstitut für Mikrobiologie
und experimentelle Therapie Jena
— Abteilung Limnologie —
DDR-69 Jena, Beutenbergstr. 11

Limnologica (Berlin) **12** (2), 255—259, Juni 1980

WILFRIED SCHÖNBORN & S. JOST CASPER

Ansätze für eine Bilanzierung des Kohlenstoffs in der mittleren Saale

Mit 2 Abbildungen und 2 Tabellen

Inhalt

1. Einleitung

Der Kohlenstoff ist eines der Grundelemente der organischen Belastung. Ein erstes Kohlenstoffmodell wurde von O'MELIA (1972) für den Vierwaldstättersee erarbeitet. Dieses Modell stützt sich im wesentlichen auf Berechnungen der chemischen Umwandlungen. WETZEL et al. (1972) stellten für den Lawrence-See in Michigan ein Kohlenstoffmodell auf Detritusbasis auf. Die Autoren gaben in ihrer Arbeit auch eine ausführliche Übersicht über bisher vorliegende C-Budgets. ROBERTSON & EADIE (1975) beschrieben ein C-Budget für den Ontario-See.

Sehr wenig Untersuchungen finden sich über den C-Haushalt belasteter Fließgewässer. Die Erfassung des C-Haushalts unserer belasteten Fließgewässer ist daher eine vordringliche Aufgabe der limnologischen Forschung. Von ihr sind Einsichten in das stoffwechseldynamische Geschehen der Fließgewässer zu erwarten, die weiteren Ansätze für eine Steuerung der Wassergüte bieten können. Die Untersuchungen zur Bilanzierung des Kohlenstoffs der mittleren Saale erfolgten im Anschluß an die Bilanzierung

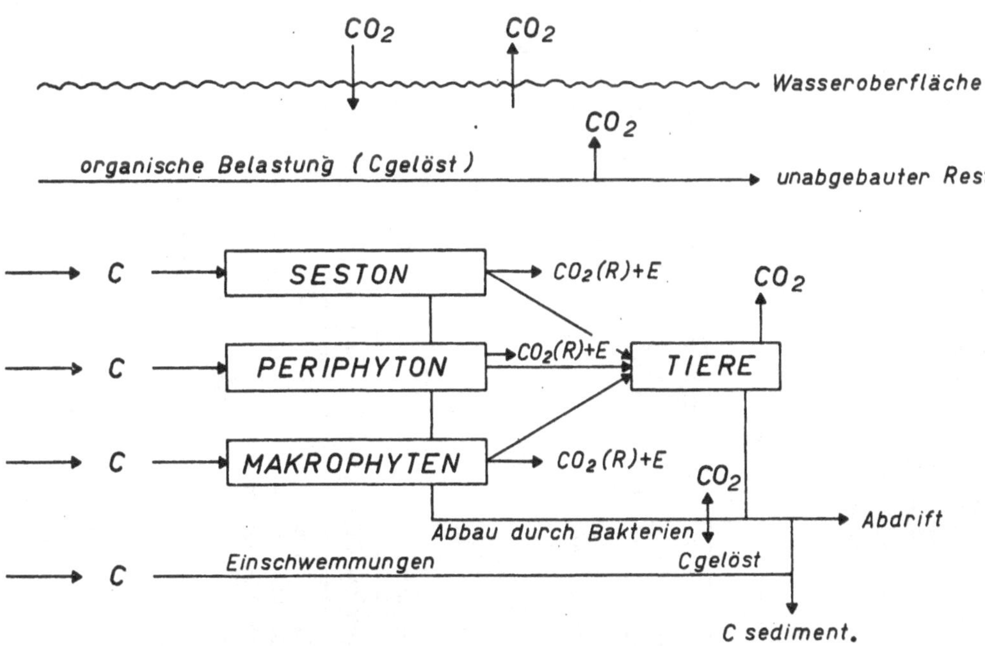

Abb. 1. Modell des C-Haushalts eines Fließgewässers'

Tab. 1. Daten zum Kohlenstoffhaushalt der mittleren Saale (1973/75, teils 1976*)
1 — obere wenig belastete Strecke (Kaulsdorf-Eichicht)
2 — stärker belastete Strecke (Rothenstein, Maua)

A. Konzentration und Fracht

	C_{org} gelöst		Unabgebaut n. 10 Tagen		Seston (gesamt)		Bioseston (netzfiltriert)		Bakterien		Summe des 1976 eingebrachten C Eichicht-Großheringen
	1	2	1	2	1	2	1	2	1	2	
mg C/l	17,0	12,0	15,3	9,6	0,4	9,0	0,02	0,02	0,002	0,2	
t C/a	$78,4 \cdot 10^2$	$116 \cdot 10^2$	$70,5 \cdot 10^2$	$98,8 \cdot 10^2$	$1,5 \cdot 10^2$	$31,8 \cdot 10^2$	13	834	9,3	930	$92,3 \cdot 10^2$

B. Bioproduktion

	Bruttojahresproduktion		Respiration		Sedimentation		Beim Abbau gelöst oder mineralisiert	
	1	2	1	2	1	2	1	2
Phytoplankton g $C/m^3 \cdot a$	800	900					200	225
Heterotrophe CO_2-Assimilation g $C/m^3 \cdot a$		20						
Benthische Algen kg $C/m^2 \cdot a$	3,6	3,1	1,4	1,6	0,6	0,4	1,5	1,0
Makrozoobenthos kg $C/m^2 \cdot a$	0,014	0,045						

* auf der Grundlage der Arbeiten von PROFT (1980), RONNEBERGER (1980), GUTHKE (1980), SCHÖNBORN (1980), FLÖSSNER (1980) und KREY (1980)

des Sauerstoffhaushalts desselben Flußabschnitts (CASPER & SCHÖNBORN 1976).
Abb. 1 gibt eine Übersicht über die Posten des für die Saale aufgestellten Bilanz-Schemas. Nicht erfaßt wurden: der CO_2-Austausch an der Wasseroberfläche, Abbau und Sedimentierung des Triptons (unbelebter Anteil des Sestons), der C-Haushalt der Makrophyten und die C-Akkumulation der Bakterien (mit Ausnahme der heterotrophen CO_2-Assimilation).

2. Ergebnisse

Tab. 1 faßt die für die mittlere Saale ermittelten Kohlenstoffwerte vergleichend zusammen. Als Meßpunkt für den oberen wenig belasteten Flußabschnitt (β-meso-... oligosaprob) wurden Kaulsdorf-Eichicht und für den stärker belasteten Abschnitt (α-mesosaprob) Rothenstein gewählt (nur die Werte über das Phytoplankton stammen von dem benachbarten Probenort bei Maua).
Der Gehalt an gelöstem organischem Kohlenstoff ist in Kaulsdorf-Eichicht höher als in den unteren Flußstrecken. Dies liegt an der hohen Konzentration schwerabbaubarer Huminstoffe aus der zellstoffverarbeitenden Industrie. Im Flußverlauf verdünnen sich die Huminstoffe und der Gehalt an leichtabbaubaren C-Verbindungen nimmt zu, so daß die C-Konzentration quasi konstant bleibt. Hingegen steigt der BSB flußabwärts deutlich an, was sicherlich auf die Zunahme leichtabbaubarer Verbindungen zurückzuführen ist (SCHÖNBORN 1976). Doch gibt es keine eindeutige Korrelation zwischen BSB und C-Gehalt des Saalewassers. Die Abbaukapazität steigt flußabwärts von durchschnittlich 10% auf 20% an.
Der C-Gehalt des Sestons ist gegenüber dem der gelösten Fracht relativ gering; er steigt flußabwärts von 2,4% auf 25% an. Auch für die stark verschmutzte Pleiße stellten BÖHME & BOTH (1973) eine Kohlenstoffzunahme im Seston im Verlauf der Fließstrecke fest. Die Werte liegen zwischen 22,3 und 50,5%.
An der oberen, schwach belasteten Saale besteht der C-Gehalt des Sestons zu 0,5% aus dem Kohlenstoff der Bakterien, flußabwärts bei Rothenstein steigt der bakterielle Anteil auf 2,2% (maximal bis 6,6%) an. Der C-Gehalt der Bakterien wurde auf der Basis von Keimzahlen berechnet. BÖHME & BOTH (1973) fanden für die Pleiße einen bakteriellen Anteil am Seston (alles auf Trockengewicht berechnet) von 0,001–0,003%. Eine Überschlagsrechnung auf Kohlenstoffanteile ergibt ähnliche Größenordnungen, wie sie für die Saale ermittelt wurden.
Der gelöste organische Kohlenstoff ist fast zu 100% allochthonen Ursprungs. Er gelangt durch Nebenflüsse und Abwassereinleiter in die Saale. Ausführlich untersuchten BÖHME & BOTH (1973) den C-Eintrag durch Nebenflüsse und Einleiter in die Pleiße. Maximale Werte lagen bei 300 mg C/l. In der untersuchten Saalestrecke lag der Maximalwert bei 105 mg C/l.
Beim Abbau der benthischen Algen gehen nur 1,4% des Kohlenstoffs in Lösung; für die Primärproduktion des Biosestons beträgt dieser Wert 5%. Dieser Eintrag ist bedeutungslos. Auch bei Berücksichtigung der übrigen Organismen (eventuell mit Ausnahme der Bakterien) wird sich diese Aussage nicht ändern.
Das Sediment der Flüsse entsteht im wesentlichen aus der Ablagerung von Tripton. Aber auch die autochthone Produktion trägt zur Sedimentbildung bei. Die benthischen Algen der Saale sedimentieren jährlich 0,5 kg/m^2. Die Sedimentierung von Tripton wurde nicht untersucht.
Die Sedimentierungsrate beim Abbau der Makrophyten der Saale wird eine dem Periphyton vergleichbare Größenordnung zeigen, wie aus den C-Werten der Biomasse zu schließen ist (Tab. 2).

Tab. 2. Kohlenstoffgehalt des Periphytons und der Makrophyten der mittleren Saale 1971 in g C/m^2

	Eichicht	Rothenstein
Periphyton	60	132
Makrophyten	10	96

In der Bioproduktion an Kohlenstoff dominieren die benthischen Algen (Tab. 1). Vergleichbar, wenn nicht höher, wird auch die Primärproduktion der Makrophyten sein; doch fehlen hierüber Untersuchungen. Die Sekundär-

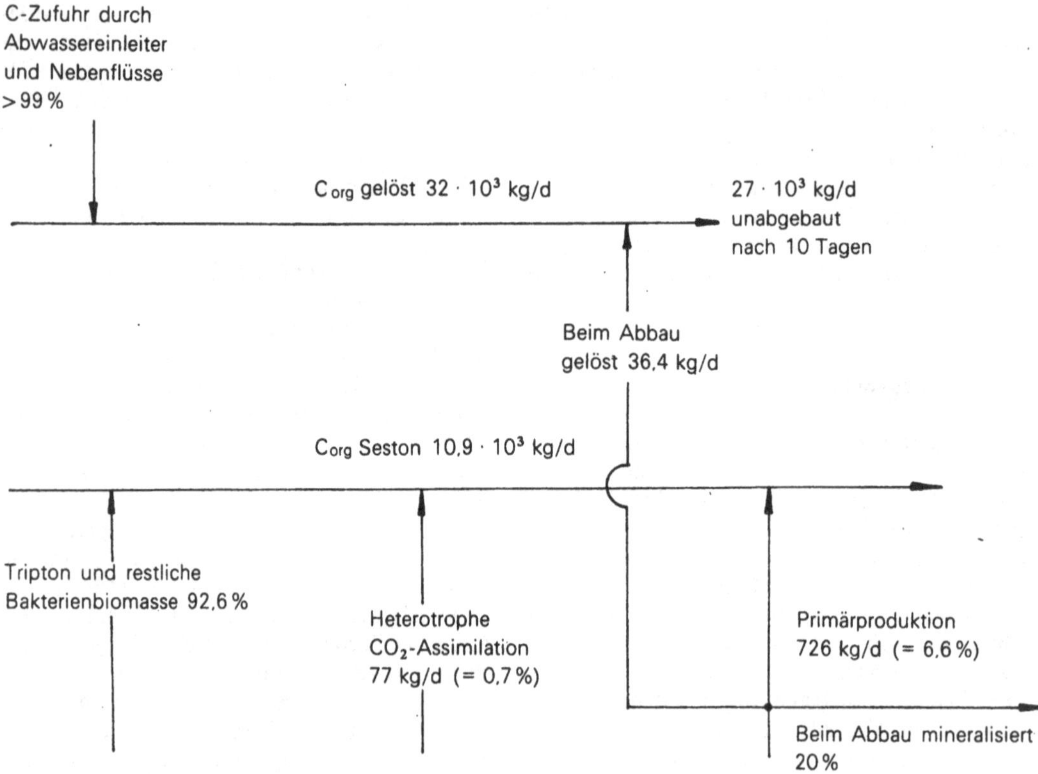

Abb. 2. Zum Kohlenstoffhaushalt im Freiwasser der mittleren Saale (1973—1976)

produktion an Kohlenstoff durch das Makrozoobenthos beträgt 0,6% der Primärproduktion der benthischen Algen (FLÖSSNER 1980).

Die Primärproduktion des Biosestons in der Saale ist relativ gering. Dies liegt an der hohen Turbulenz des Saalewassers. Flüsse mit einem tiefen und langsam fließenden Wasserkörper können höhere Werte an Primärproduktion aufweisen.

Die heterotrophe CO_2-Assimilation beträgt maximal 8,2% der Primärproduktion. Abb. 2 informiert über einige Posten in der C-Bilanz des Freiwassers der mittleren Saale. 92,6% des Kohlenstoffgehaltes des Sestons gehen auf Tripton und der nicht aus der CO_2-Assimilation aufgebauten Biomasse der Bakterien zurück, 7,3% der Kohlenstoffproduktion liefern Primärproduktion und heterotrophe CO_2-Assimilation. 20% des Kohlenstoffs aus der Primärproduktion werden zu CO_2 mineralisiert. Bei den benthischen Algen werden 70% des gebildeten Kohlenstoffs abgebaut; der Rest wird sedimentiert (SCHÖNBORN 1980).

3. Zusammenfassung

Für die mittlere Saale (Probenorte Kaulsdorf-Eichicht, β-meso- ... oligosaprob und Rothenstein bzw. Maua, α-mesosaprob) wurden Teilaspekte der Kohlenstoffbilanz dargestellt. Auf der Grundlage der Ergebnisse der Untersuchungen mehrerer Autoren konnten erfaßt werden:

der gelöste organische Kohlenstoff und seine Mineralisation, der C-Gehalt des Sestons (^{14}C-Inkorporation, heterotrophe CO_2-Assimilation des Biosestons und der Abbau des assimilierten Kohlenstoffs), der bakterielle Anteil am Kohlenstoff des Sestons, der durch Einleiter und Nebenflüsse in die Saale eingebrachte Kohlenstoff, die ^{14}C-Inkorporation in die benthischen Algen, der C-Verlust dieser Algen durch Respiration, Abbau und Sedimentation und die C-Produktion und Respiration des Makrozoobenthos.

Summary

In the river Saale near the villages of Kaulsdorf-Eichicht (β-meso- ... oligosaprobic area) and Rothenstein (α-mesosaprobic area) essential parts of the carbon-budget were investigated. The budget is based on the results of several authors. The investigated components are: dissolved organic carbon and its mineralization, C-content of seston (^{14}C-incorporation, heterotrophic CO_2-assimilation of bioseston and decomposition of assimilated C), bacterial organic carbon of seston, C-input by waste water and subsidiary rivers, ^{14}C-assimilation of benthic algae, their respiration, decomposition, and sedimentation, and C-production and respiration of macrozoobenthos.

Резюме

Изложены частичные аспекты углеродного баланса для средней реки Заале (места взятия пробы: Каульсдорф-Эйхихт, β-мезо- ... олигосапроб и Ротенштейн или Мауа, α-мезосапроб). На основе результатов исследований некоторых авторов могли быть регистрированы: растворенный органический углерод и его минерализация, содержание С сестона (^{14}C-инкорпорация, гетеротрофная CO_2-ассимиляция биосестона и распад ассимилированного углерода), бактериальная часть в углероде сестона, вносимый в Заале воздействием сточных вод и притоками углерод, инкорпорация ^{14}C в бентические водоросли, утрата С этих водорослей дыханием, распадом и седиментацией, продукция С и дыхание макрозообентоса.

4. Literatur

Böhme, H., & G. Both, 1973: Abschlußbericht zum Forschungsauftrag „Stoff- und Energiehaushalt der Pleiße". — WWD Saale — Weiße Elster, Halle.

Casper, J., & W. Schönborn, 1976: Ansätze für eine Bilanzierung und Berechnung des Sauerstoffhaushaltes der mittleren Saale. — *Limnologica* (Berlin) **10** (1), 191—195.

Flössner, D., 1980: Kohlenstoffproduktion und Resperation des lithalen Makrozoobenthos der mittleren Saale. — *Limnologica* (Berlin) **12** (2), 235—242.

Guthke, G., 1980: Quantitative mikrobiologische Untersuchungen in der mittleren Saale. — *Limnologica* (Berlin) **12** (2), 243—254.

Krey, L., 1980: Allochthone Belastung der mittleren Saale mit gelöstem organischem Kohlenstoff durch Abwassereinleiter und Nebenflüsse. — *Limnologica* (Berlin) **12** (2), 189—194.

O'Melia, C. R., 1972: An Approach to the Modeling of Lakes. — Schweiz. Z. Hydrol. **34**, 1—33.

Proft, G., 1980: Der Kohlenstoffgehalt und die Kohlenstofffracht der mittleren Saale. — *Limnologica* (Berlin) **12** (2), 195—206.

Robertson, A., & J. Eadie, 1975: A carbon budget for Lake Ontario. — Verh. internat. Ver. Limnol. **19**, 694—704.

Ronneberger, D., 1980: Untersuchungen zur Primärproduktion und zum Abbau des Biosestons in der mittleren Saale. — *Limnologica* (Berlin) **12** (2), 207—221.

Schönborn, W., 1976: Das Periphyton der mittleren Saale. — *Limnologica* (Berlin) **10** (1), 97—122.

— 1980: Der Kohlenstoffhaushalt des Periphytons der mittleren Saale. — *Limnologica* (Berlin) **12** (2), 223—233.

Wetzel, R. G., P. H. Rich, M. C. Miller & H. L. Allen, 1972: Metabolism of dissolved and particulate Detrital Carbon in a temperate Hard-Water Lake. — Proceed. IBP-UNESCO Symp. „Detritus and its role in aquatic ecosystems", Pallanza, Italy May 1972. Mem. Ist. ital. Idrobiol. **29**, Suppl., 185—243.

Eingegangen am 27. 6. 1978.

Anschriften der Verfasser:
Dr. habil. Wilfried Schönborn
Dr. habil. S. Jost Casper
Akademie der Wissenschaften der DDR
Forschungszentrum f. Molekularbiologie u. Medizin
Zentralinstitut für Mikrobiologie
und experimentelle Therapie Jena
— Abteilung Limnologie —
DDR-69 Jena, Beutenbergstr. 11

Limnologica (Berlin) **12** (2), 261—269, Juni 1980

GOTTFRIED PROFT & LUDWIG KREY

Ein Beitrag zur Tagestemperaturrhythmik von Fließgewässern

Mit 9 Abbildungen

Inhalt

1. Einleitung

Im Rahmen von Sauerstoffmessungen wurde die Wassertemperatur an verschiedenen Punkten der mittleren Saale kontinuierlich registriert (PROFT 1976). Dabei ergab sich, daß mit dem Flußlauf eine Veränderung und zeitliche Verschiebung der Temperaturmaxima einhergeht. Obwohl es schon Modelle für das Temperaturverhalten von Fließgewässern gibt (ZIMMERMANN 1974, TROXLER & THACKSTON 1977), möchten wir ein einfaches graphisches Modell vorstellen, mit welchem die Veränderungen und Verschiebungen der Temperaturmaxima in Fließgewässern beschrieben werden können. Zur Prüfung des „graphischen Modells" sind die Bedingungen an der mittleren Saale besonders günstig: Am Kraftwerk Eichicht verläßt die Saale ein umfangreiches Talsperrensystem als Tiefenabfluß mit einer tages- und jahreszeitlich sehr geglätteten Temperaturkurve und ohne stärkere Beeinflussung durch Nebenflüsse im Untersuchungsabschnitt. Bei einer mittleren Tiefe von 50—70 cm und Strömungsgeschwindigkeiten von 40—100 cm je s wird schon nach kurzer Fließstrecke an einstrahlungsreichen Sommertagen eine Temperaturrhythmik registriert. Infolge der Sonneneinstrahlung zeigen die Messungen am Anfang unserer Untersuchungsstrecke einen Temperaturverlauf mit steilen Gradienten, d. h., die Temperaturkurve ergibt einen schmalen und spitzen Pik. Flußabwärts wird diese Amplitude breiter und verlagert sich zeitlich immer weiter in die Nachmittags- und Abendstunden hinein (Abb. 7).

Für die Hilfe bei den Messungen und für die Zeichenarbeiten gilt Herrn M. RÜCKERT unser besonderer Dank ebenso Herrn Dipl.-Phys. R. STRACKE für die gegebenen Anregungen und Hinweise. Den Herren Prof. Dr. UHLMANN, Dr. KLITSCH und Dipl.-Hydrol. BORKERT (TU Dresden) danken wir für die kritische Durchsicht des Manuskripts.

2. Modellvorstellung

Zur Erklärung dieser Meßergebnisse sind wir von folgendem Modellfall ausgegangen: Ein Fluß trete mit konstanter Temperatur (Talsperrenauslauf) in eine unbeschattete Fließstrecke ein. Durch Wärmeaustausch mit der Luft, dem Boden, durch Verdunstung, Abstrahlung oder innere Reibung auftretende Temperaturbeeinflussungen sollen vernachlässigt werden. Nur über gleichmäßige Sonneneinstrahlung zwischen 8.00 Uhr und 16.00 Uhr trete eine Erwärmung ein, so daß sich für die 8 Stunden ein konstanter Temperaturgradient ergäbe. Unter diesen Voraussetzungen lassen sich Temperatur-Längsprofile für den Flußlauf (entsprechend Abb. 1a) für verschiedene Tageszeiten konstruieren. Bei Beibehaltung der Methode lassen sich die Ausgangsbedingungen theoretisch variieren, z. B.

a) am Tage Erwärmung — nachts keine Abkühlung (Abb. 1)
b) am Tage Erwärmung — nachts Abkühlung auf den Ausgangswert (Abb. 2)

Abb. 1—6
a — Temperatur-Längsprofile eines Flußlaufs (vgl. 2. Modellvorstellung) zu verschiedenen Tageszeiten;
b — Tagesgang der Temperatur an stationären Meßstellen bei verschiedenen Fließzeitabständen

Im Modell vorgegebene Temperaturbedingungen:

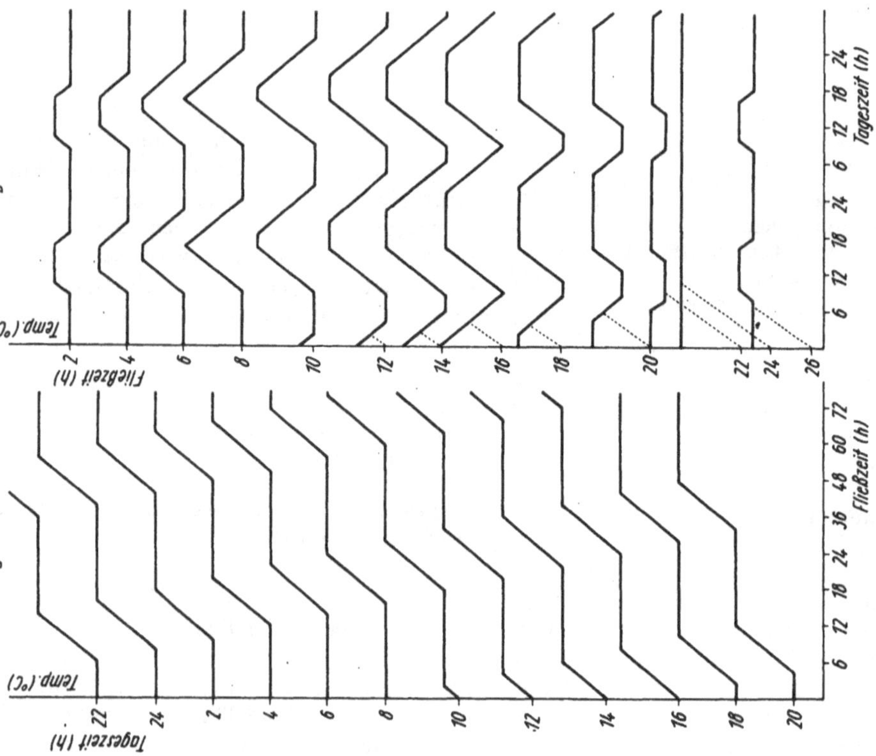

Abb. 1. Erwärmung von 8.00—16.00 Uhr um +2 °C, Abkühlung von 16.00—8.00 Uhr um ± 0 °C

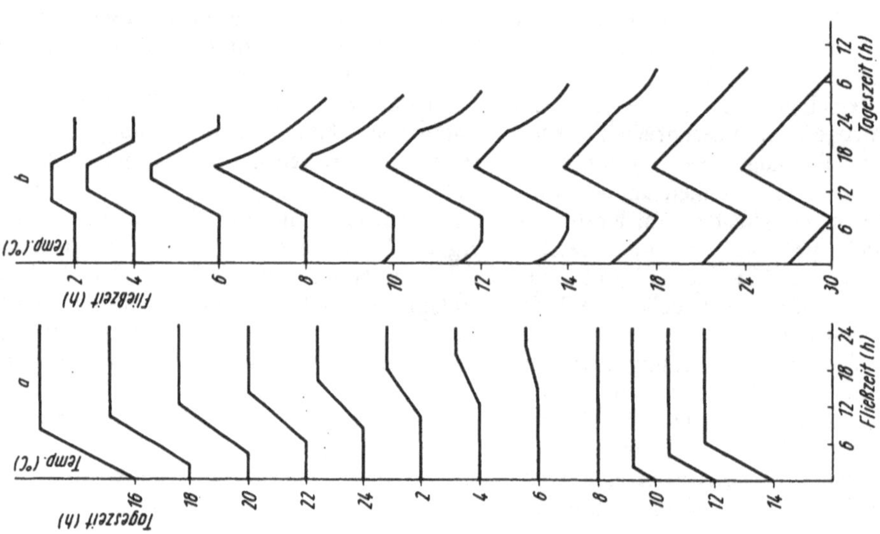

Abb. 2. Erwärmung von 8.00—16.00 Uhr um +3,2 °C; Abkühlung von 16.00—8.00 Uhr um —3,2 °C

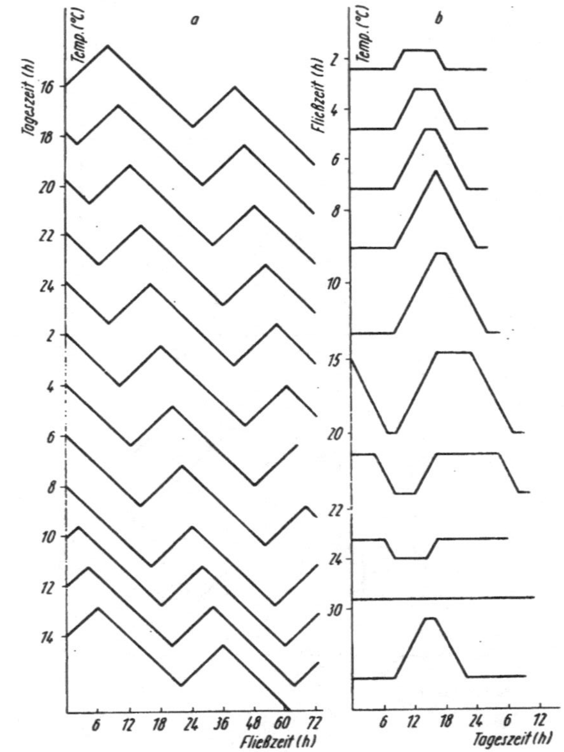

Abb. 3. Erwärmung von 8.00—16.00 Uhr um +1,6 °C; Abkühlung von 16.00—8.00 Uhr um —3,2 °C

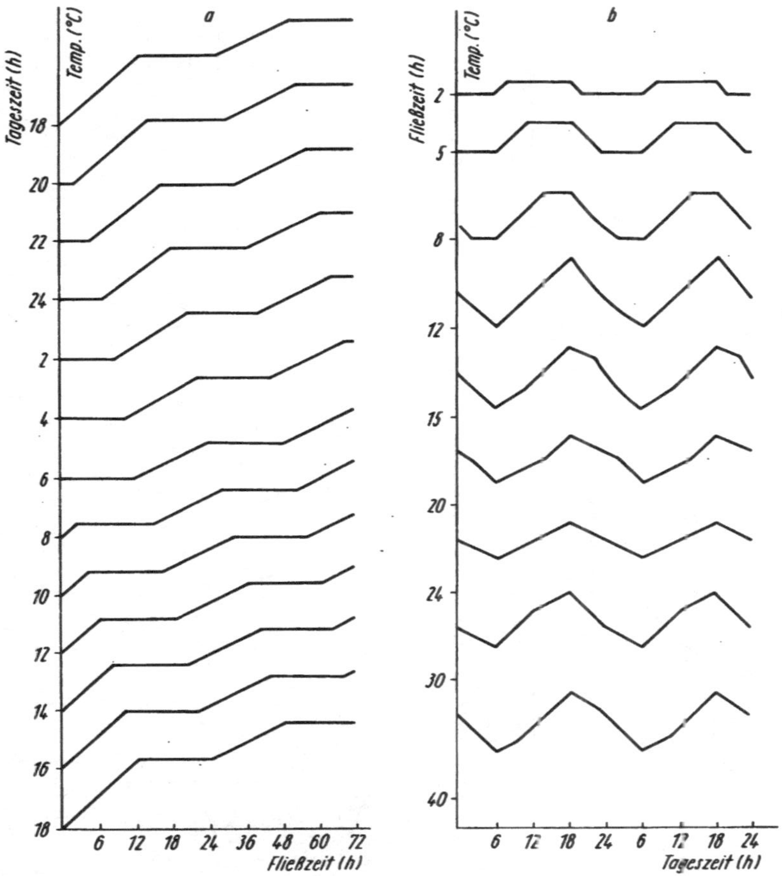

Abb. 4. Erwärmung von 8.00—16.00 Uhr um +2,4 °C; Abkühlung von 16.00 bis 8.00 Uhr um —1,2 °C

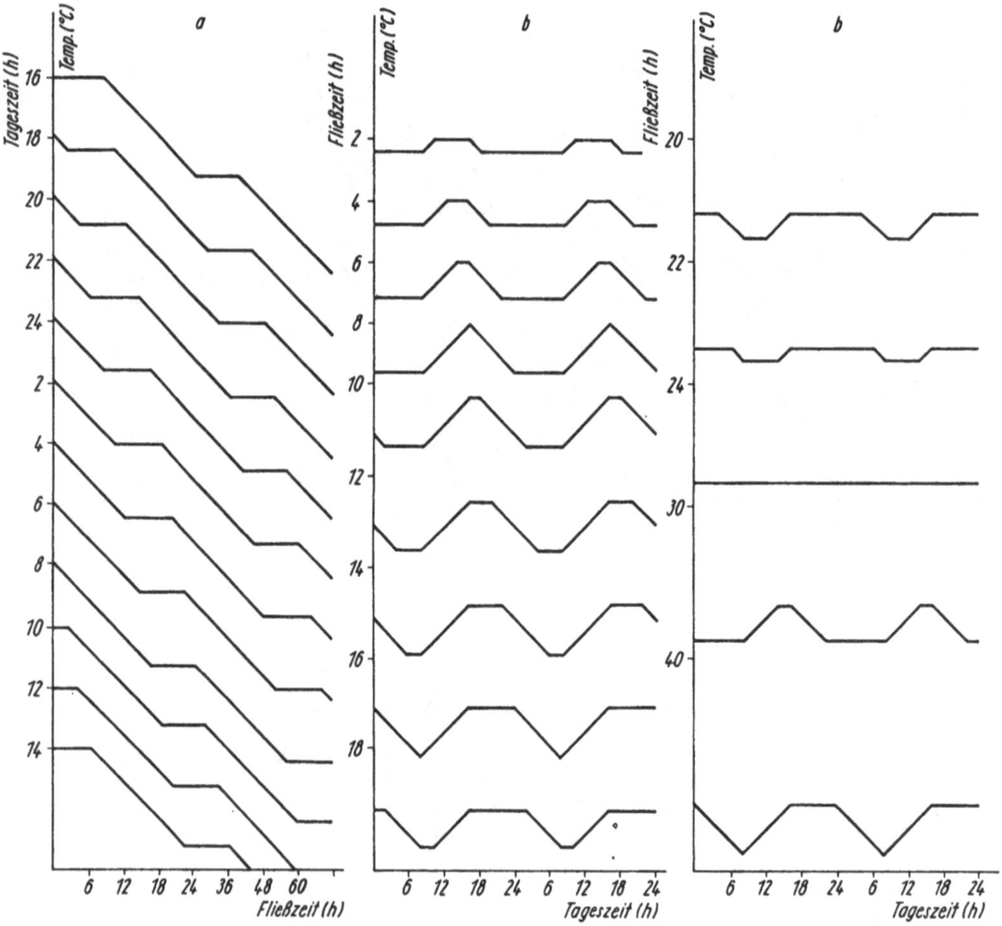

Abb. 5. Erwärmung von 8.00—16.00 Uhr um ± 0 °C; Abkühlung von 16.00—8.00 Uhr um —3,2 °C

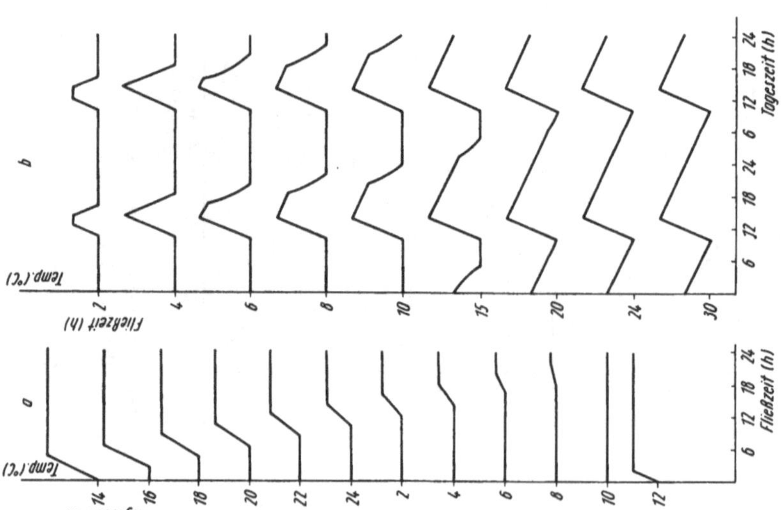

Abb. 6. Erwärmung von 10.00—14.00 Uhr um +1,8 °C; Abkühlung von 14.00—10.00 Uhr um —1,8 °C

c) am Tage Erwärmung — nachts Abkühlung unter den Ausgangswert (Abb. 3)
d) am Tage Erwärmung — nachts geringe Abkühlung (Abb. 4).

Aus diesen Längsprofilen ergibt sich der Tagesgang der Temperatur für stationäre Meßstellen, indem die Fließzeit bis zur Meßstelle bestimmt wird und der Temperaturwert für

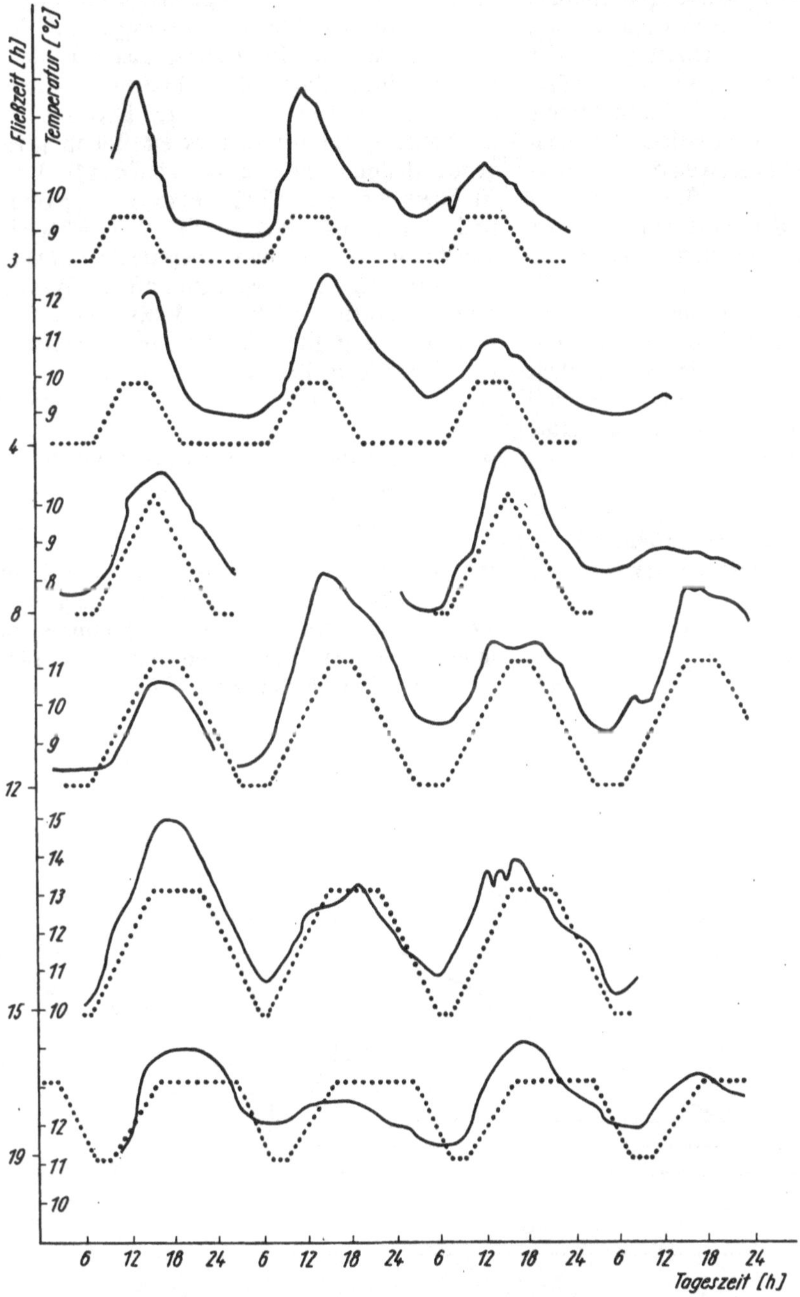

Abb. 7. Vergleich von an der Saale registrierten Temperaturgängen mit den modellmäßig konstruierten Kurven

die Tageszeiten auf einer Parallelen zur Ordinate abgelesen wird.
Die Tagesrhythmik für Standorte unterschiedlicher Fließzeit zeigt Abb. 1b. Mit wachsender Entfernung vom Ausgangspunkt (Nullpunkt) werden kleine schmale Piks größer und spitzer, bis zu der Stelle, wo die Fließzeit gleich der Einstrahlungszeit ist (8^h). Weiter flußabwärts tritt dann ohne Erhöhung des Maximums nur eine Verbreiterung ein, welche bei dem Fließzeitpunkt von 24 Stunden zu dem Sonderfall der Temperaturkonstanz führt. Nach jeweils weiteren 24 Stunden wiederholt sich das gleiche Bild auf einem höheren Temperaturniveau.
Obwohl in allen Beispielen die Sonneneinstrahlung stets als konstante Größe über 8 Stunden eingesetzt wurde, was der Einfachheit halber geschah und für den natürlichen Fall nicht zu erwarten ist, sind die Temperaturkurven sehr mannigfaltig.

3. Vergleich der konstruierten mit den gemessenen Kurven

Diese unter stark vereinfachten Voraussetzungen erstellten theoretischen Kurven stimmen mit den an der Saale kontinuierlich registrierten Temperaturkurven auffallend überein (Abb. 7). So entspricht beispielsweise die Verschiebung der Maxima von 15.00 Uhr in Fischersdorf auf 16.00 Uhr in Reschwitz und auf 20.00 Uhr in Saalfeld und die Verbreiterung mit wachsender Fließzeit weitestgehend der Modellvorstellung. Im Widerspruch dazu steht die Amplitudenhöhe der Maxima. Bei den ersten Meßstellen mit kurzer Fließzeit ist sie höher gegenüber den weiter flußab gelegenen Meßpunkten. Dies kann auf das flachere Flußbett der ersten Fließstrecke zurückgeführt und durch die stärkere Gleichgewichtsverschiebung sowie die damit verbundene höhere Temperaturdifferenz zwischen Luft und Wasser erklärt werden (vgl. ECKEL & REUTER 1950). Auch die Längsdispersion wird mit zunehmender Fließzeit an Bedeutung gewinnen.

4. Bestimmung der Fließzeit aus der Verschiebung des Temperaturmaximums

Wie bereits beschrieben, tritt mit dem Lauf des Flusses neben einer Verbreiterung eine Verschiebung des Temperaturmaximums zu immer späteren Tageszeiten hin ein. Trägt man diese Verschiebung in Abhängigkeit von

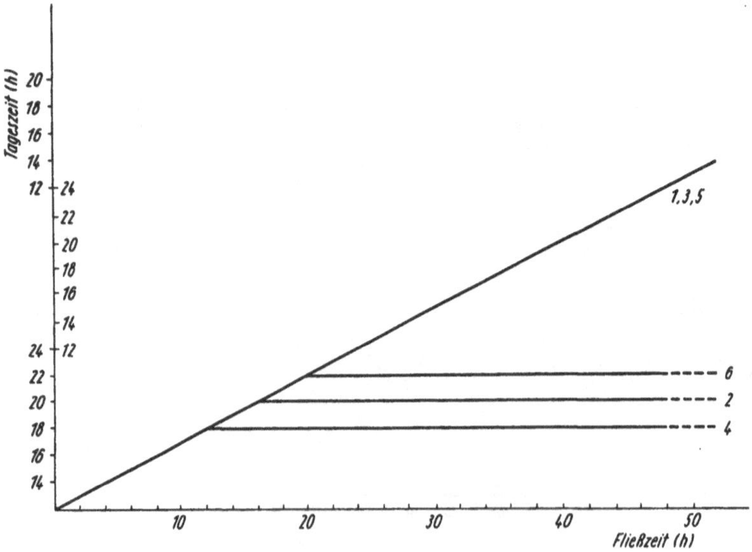

Abb. 8. Theoretische tageszeitliche Verschiebung der Temperaturmaxima in Abhängigkeit von der Fließzeit, konstruiert nach Abb. 1—6

der Fließzeit in ein Koordinatensystem ein, so ergibt sich eine lineare Beziehung (Abb. 8). Im ersten Teil der Geraden, also in der Erwärmungsphase, verschiebt sich bei allen theoretischen Beispielen das Maximum mit der Fließzeit. Treten durch Abkühlung im 24stündigen Rhythmus wieder die Ausgangsbedingungen ein, bleibt das Maximum zeitkonstant, ohne Verschiebung im weiteren Flußlauf, ebenso wie bei einem stehenden Gewässer.

In Abb. 9 haben wir an der Saale gemessene Maxima in Beziehung zur Fließzeit dargestellt. Die Fließzeit wurde nach hydrologischen Methoden bestimmt (vgl. KREY 1976). Die Meßwerte weichen von der theoretisch ermittelten Geraden ab und deuten auf einen anderen Kurvenverlauf, was noch der Klärung bedarf. Die dargestellten Werte sind keine Auswahl reiner Sonnentage, wie es die Modellvorstellung fordert, größere Wolkenfelder können

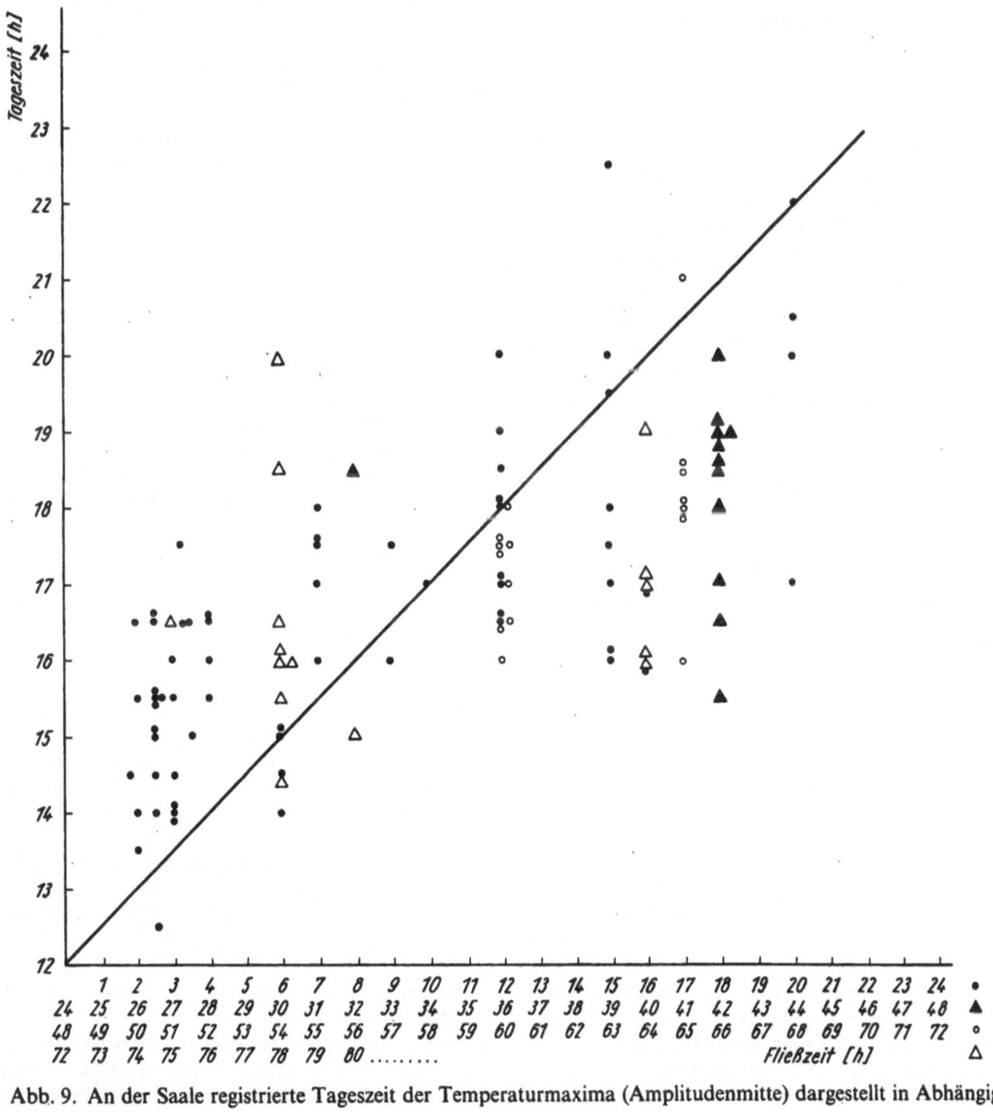

Abb. 9. An der Saale registrierte Tageszeit der Temperaturmaxima (Amplitudenmitte) dargestellt in Abhängigkeit von der Fließzeit

eine Veränderung in der Einstrahlung und somit eine Verschiebung der Temperaturamplitude bewirken.
Trotz dieser Einschränkungen besteht die Möglichkeit, über das Temperaturmaximum die Fließzeit abzuschätzen. Bis zu 24 Stunden Fließzeit geht dies eindeutig, danach ist die Fließzeitbestimmung nur nach Einordnung in den 24-Stunden-Rhythmus möglich.

5. Die Sauerstoffrhythmik von Fließgewässern

Von großer Bedeutung erscheint uns noch der Hinweis, daß unter bestimmten Bedingungen die Tag—Nacht-Rhythmik des biologischen Sauerstoffeintrags gleichen Veränderungen unterworfen sein kann wie die Wassertemperatur, nur daß an Stelle der Erwärmung die biologische Sauerstoffproduktion und an Stelle der Abkühlung die Respiration stehen muß. Unter diesen Umständen wären entsprechende Kurvenbilder erhältlich. In der mittleren Saale bewirken nur Makrophytenbestände einen meßbaren biologischen Sauerstoffeintrag.
Leider ist der Bestand sehr ungleichmäßig und für systematische Untersuchungen ungeeignet. Trotz dieser Schwierigkeiten konnten wir eine Verbreiterung und Verschiebung der Sauerstoffmaxima bei der Meßstelle Reschwitz gegenüber der flußauf gelegenen Station Fischersdorf registrieren (vgl. PROFT 1976).

Werden an einem Fluß, der nicht im Temperaturgleichgewicht steht, Temperaturregistrierungen ausgeführt, so können je nach Meßstelle Temperaturmaxima beobachtet werden, welche nicht mit dem Strahlungsmaximum und dem Maximum der Lufttemperatur zusammenfallen. Diese Maxima verändern und verschieben sich zeitlich mit dem Lauf des Flusses. Mit Hilfe von Modellvorstellungen wurde ein einfacher Lösungsweg für die Maximaverschiebung gegeben. Ein Vergleich der Modellwerte mit den an der Saale registrierten Temperaturkurven weist gute Übereinstimmung auf.

Summary

A simple graphic model is given for predicting the daily temperature cycle of natural streams. With increasing distance from the source the watertemperature-maximum and the solarization-maximum traversed more and more. The values taken in the river Saale correspond well to the model.

Резюме

Если на реке, которая не находится в температурном равновесии, производятся измерения температур, то можно наблюдать в зависимости от места измерения температурные максимумы, не совпадающие с максимумами излучения и температуры воздуха. Эти максимумы изменяются и смещаются с течением реки по времени, С помощью моделей найдено простое решение вопроса по смещению максимумов. Модельные значения хорошо находятся в согласии с температурными кривыми, регистрированными на реке Заале.

7. Literatur

BÖHM, R., 1974: Ein Rechenverfahren zur Bestimmung der Wassertemperatur eines Flusses. — Arch. Met. Geoph. Bioklimatol., Ser. A **23**, 371—391.

CRISP, D. T., 1977: Some physical and chemical effects of the Cow Green (upper Teesdale) impoundment. — Freshwater Biol. **7** (2), 109—120.

DALE, H. M., & T. GILLESPIE, 1977: Diurnal fluctuations of temperature near the bottom of shallow water bodies as effected by solar radiation, bottom color and water circulation. — Hydrobiologia **55** (1), 87—92.

ECKEL, O., & H. REUTER, 1950: Zur Berechnung des sommerlichen Wärmeumsatzes in Flußläufen. — Geogr. Ann. (Stockholm) **32** (3/4), 188—209.

GÜNNEBERG, F., 1976: Abkühlungsvorgänge in Gewässern. — Deutsche gewässerkdl. Mitt. **20** (6), 151—161.

KREY, L., 1976: Zur Physiographie der mittleren Saale. — *Limnologica* (Berlin) **10** (1), 9—44.

PROFT, G., 1976: Der Sauerstoffhaushalt der mittleren Saale. — *Limnologica* (Berlin) **10** (1), 155—170.

TÄUBERT, U., 1975a: Der Wärmehaushalt von Flüssen als stochastisches System. — Wasserwirtschaft **65** (12), 329—339.

— 1975b: Analyse der natürlichen Temperaturen von Flüssen. — GWF, Wasser-Abwasser **116**, 441—450.

TROXLER, R. W., & E. L. THACKSTON, 1977: Predicting the rate of warming of rivers below hydroelectric installations. — J. Water Poll. Control Fed. **49** (8), 1902—1912.

VUGTS, H. F., 1974: Calculation of temperature Variations of small Mountain Streams. — J. Hydrol. **23**, 267—278.

ZIMMERMANN, J. T. F., 1974: On the Diurnal Heat Balance and Temperature Cycle of Natural Streams. — Arch. Met. Geoph. Bioklimatol. Ser. A **23**, 349—370.

Eingegangen am 1. 9. 1978.

Anschriften der Verfasser:

Dr. GOTTFRIED PROFT
Dr. LUDWIG KREY
Akademie der Wissenschaften der DDR
Forschungszentrum für Molekularbiologie u. Medizin
Zentralinstitut für Mikrobiologie und experimentelle Therapie Jena
— Abteilung Limnologie —

Limnologica (Berlin) **12** (2), 271—276, Juni 1980

Ludwig Krey & Gottfried Proft

Die Flußstaue und Wehranlagen der mittleren Saale

Mit 4 Abbildungen und einer Tabelle

Inhalt

1. Einleitung

Die Thüringische Saale gehört zu den am stärksten wasserwirtschaftlich genutzten und ausgebauten Mittelgebirgsflüssen in der DDR. Am bekanntesten ist das große, 1932 und 1944 errichtete Talsperrensystem an der oberen Saale (Bleiloch- und Hohenwarte-Talsperren), das von Schräder (1959) eingehend limnologisch untersucht wurde. Weniger bekannt sind die vielen kleinen Wasserkraftnutzungen, besonders in dem von uns untersuchten mittleren Saaletal unterhalb der Talsperren bis zur Ilmmündung. Auf diesem rund 100 km langen Flußabschnitt existieren 21 Wehre.

Im Laufe der letzten 100 Jahre haben die Wehre einen Funktionswandel durchgemacht. Während sie ursprünglich Wasser zum Antrieb von Mahl- und Schneidemühlen stauten (gelegentlich sogar mehrere Mühlen an einem Mühlgraben), dienen sie seit der Jahrhundertwende infolge Umstellung eines Teils der Mühlen zu Elektrizitätswerken der Stromgewinnung. Viele dieser kleinen Laufkraftwerke haben in den letzten 20 Jahren die ökonomisch-technische „Lebensgrenze" erreicht. Eine Rekonstruktion scheint meist zu unwirtschaftlich, so daß in zunehmendem Maße Wehre funktionslos werden. Viele Wehre verfallen, da die alten Inhaber der Wassernutzungsrechte deren Pflege einstellen und sogar an ihren Abriß denken. Flußbett- und Grundwasserstandsveränderungen sind die Folgen. Gegenwärtig wächst die Bedeutung der Wehre wieder, da sie der zunehmenden Abwasserbelastung unserer Flüsse durch Sauerstoffeintrag beim Wassersturz entgegenwirken. Diese neue „ökologische" Funktion der Wehre soll im folgenden am Beispiel der mittleren Saale erörtert werden. Die Ergebnisse stützen sich auf Untersuchungen der Wehranlagen bei Reschwitz, Kahla, Jägersdorf, Dornburg, Wichmar-Döbritschen und Camburg.

2. Ergebnisse

2.1. Hydrologie

Hydrologisch wird die mittlere Saale völlig durch die künstliche Abflußsteuerung der Saaletalsperren geprägt, vgl. Tab. 1.
Die Talsperren vermindern die Schwankungsbreite des Abflusses, das Niedrigwasser wird aufgehöht und Hochwasserspitzen werden gekappt. Je nach Abflußmenge schwankt auch die Fließgeschwindigkeit. Sie nimmt im allgemeinen vom Oberlauf zum Unterlauf entsprechend der hyposometrischen Kurve ab (Krey 1976). Ein Durchschnittswert für den gesamten Untersuchungsabschnitt könnte mit allen Vorbehalten mit 50 cm/s angenommen werden. In den ungestörten, noch weitgehend natürlichen Flußstrecken liegt die Fließgeschwindigkeit erheblich höher, geht jedoch in den Staustrecken sehr zurück. Zur Wehrkrone

Tab. 1. Abflußsteuerung durch die Saaletalsperren

Pegel	Pegelnull m NN	Einzugsgebiet km²	Langjähriges Mittel NQ	MQ	HQ
			m³/s		
Kaulsdorf	230,07	1656	0,23	18,2	120
Rudolstadt	190,19	2674	3,20	23,2	315
Camburg-Stöben	118,85	3972	5,40	29,1	299

hin nimmt die Fließgeschwindigkeit kontinuierlich ab und kann, fast ohne Turbulenzen Geschwindigkeiten nahe 10 cm/s erreichen. Ebenso gibt es im Querprofil sowohl im Fluß als auch in den Staustrecken große Unterschiede in den Fließgeschwindigkeiten, wie die Schlickablagerungen als Symptome für das Nachlassen der Schleppspannung zeigen.

Während im ungestörten Flußabschnitt der Wasserkörper 1 km in etwa 30 min zurücklegt, braucht er im Staubereich dafür die 3- bis 5fache Zeit.

2.2. Temperaturen

2.2.1. Allgemeiner Temperaturverlauf

Ebenso wie der Abfluß unterliegt der Temperaturhaushalt der Saale der Talsperrensteuerung. Durch die dauernde Entnahme kalten hypolimnischen Wassers aus dem Staubereich erfolgt eine Nivellierung, so daß im Sommer relativ kaltes, im Winter relativ warmes Wasser in den Fluß gelangt. Dies hat zur Folge, daß die hochsommerliche Produktivität hinter Normalwerten unbeeinflußter Gewässer zurückbleibt. Die winterliche Temperaturerhöhung führt zum weitgehenden Wegfall von Vereisungen, was zwar die biologische Selbstreinigung fördert, aber auch zum Ausbleiben der flußbettreinigenden „Eisfahrten" führt. Dadurch fällt die Kolmation praktisch aus, und fäulnisfähige Sedimente verbleiben im Flußbett.

Flußabwärts gleicht sich die Wassertemperatur den „natürlichen" Temperaturen an. Das zeigen die langjährigen Jahresdurchschnittstemperaturen (1946/1965; aus Gew. Jb. 1965):

Kaulsdorf 6,9 °C
Rudolstadt 8,1 °C
Camburg-Stöben 9,8 °C

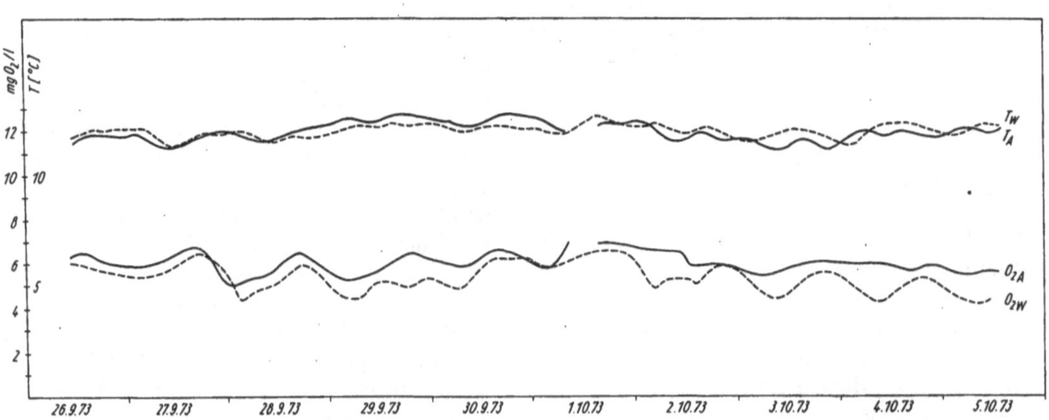

Abb. 1. Sauerstoff- und Temperaturregistrierung am Wehr Döbritschen

——— T_A und O_{2A} an der Stauwurzel in Wichmar
- - - - - T_W und O_{2W} an der Wehrkrone in Döbritschen.

Erwähnenswert ist noch eine jahreszeitliche Verschiebung der Maxima und Minima der Wassertemperaturen (KREY 1976).

2.2.2. Die Temperatur in den Staubereichen der Wehre

Die Temperatur des Talsperrenwassers gleicht sich der Umgebungstemperatur in einer jahreszeitlich unterschiedlich langen Fließstrecke durch Einstrahlungs- und Austauschvorgänge an. Da diese zeitabhängig sind, ist die Temperaturänderung (Eintrag oder Austrag) abhängig von der Fließzeit in einem bestimmten Streckenabschnitt. Im Flußlauf lassen sich breite, flache Langsamfließstrecken deutlich von einzelnen engen Raschfließstrecken unterscheiden. Die Wehrstaue gehören zu den extremen Langsamfließstrecken mit relativ langer Verweilzeit des Wassers, in denen sich eine thermische Schichtung ausbilden könnte. Wir konnten nahe am Wehr weder im Quer- noch im Vertikalprofil Temperaturunterschiede mit dem Kippthermometer nachweisen. Dagegen kommt es im Längsprofil zwischen Stauwurzel und Wehr je nach Länge des Staubereichs zu Temperaturunterschieden. Bei Dauerregistrierungen ergeben sich je nach Jahreszeit Erwärmungs- bzw. Abkühlungseffekte um 0,2 bis 0,7 °C innerhalb der Staustrecke Wichmar—Döbritschen und eine Glättung der Tageskurve (Abb. 1).

3. Sedimentation

Mit der Fließgeschwindigkeit innerhalb des Flußlängsschnitts verändert sich auch das Transportvermögen bzw. die Schleppspannung, wie die Korngrößen der Flußablagerungen erkennen lassen. So ist die Sedimentation Anzeiger für die Fließgeschwindigkeit, die sich nicht nur im Flußlängsschnitt, sondern auch im Flußquerschnitt bemerkbar macht. Die starke Verminderung der Fließgeschwindigkeit innerhalb der Staustrecken führt zur Ablagerung selbst feinsten Materials und gelegentlich zur Bildung von Faulschlamm, vgl. Abb. 2. Da die Wehrstaue in früheren Jahrzehnten gelegentlich beräumt wurden, sind die Schlickablagerungen untereinander nur mit Einschränkung vergleichbar. Auffällig ist die starke Zunahme der Schlickmächtigkeit flußabwärts, was auf wachsende Abwasserbelastung und Verringerung der Fließgeschwindigkeit zurückführbar ist. Große Unterschiede fallen zwischen Prall- und Gleithängen auf. Innerhalb der Wehrstaue gibt es aber auch echte schlickfreie Fließrinnen im Stromstrich. Dies bestätigt die weitgehende Abhängigkeit der Sedimentation von den Fließgeschwindigkeiten. Lotungen konnten Schlick-

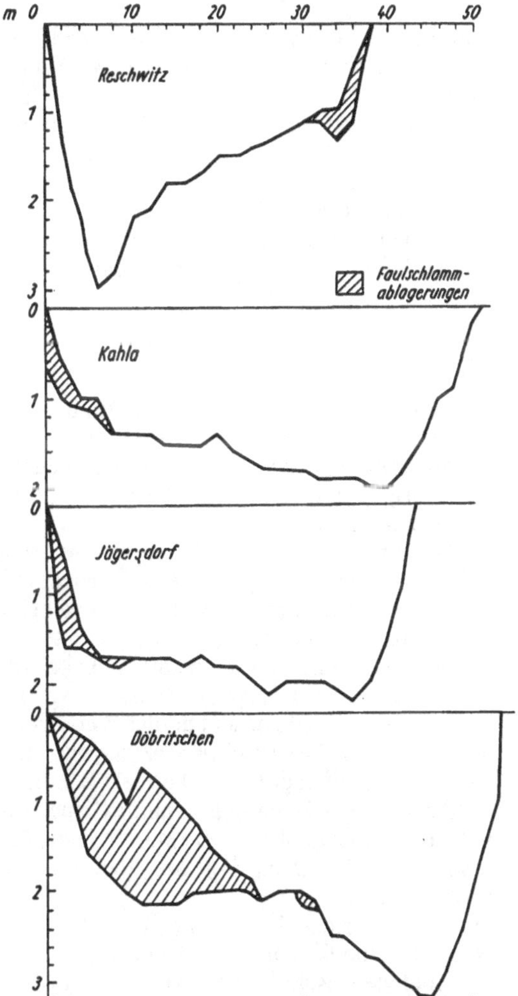

Abb. 2. Querprofile an Saalewehren jeweils 50 m oberhalb des Wehres
Schraffiert sind Faulschlammablagerungen eingetragen

mächtigkeiten von mehr als 2,20 m, durchweg als Faulschlammbildungen, nachweisen.
Die unterschiedliche Sedimentation im Wehrstau ist abhängig von den morphologischen und hydrologischen Eigenschaften des Gewässers sowie von der baulichen Anordnung (schräg oder rechtwinklig in den Flußlauf) und der Nutzungsart (Grundablaß, einseitige Entnahme, Überlauf) des Wehres.

4. Der Einfluß der Wehre auf den Sauerstoffgehalt des Wasserkörpers

Wie bereits ausgeführt, verringert sich die Strömungsgeschwindigkeit im Stauraum und die Wassertiefe nimmt zu. Dies hat zur Folge, daß die physikalische Belüftung (K 2) abnimmt und durch die erhöhte Verweilzeit der Zehrungseffekt deutlich wird.
Diesen negativen Einflüssen auf den O_2-Haushalt wirken die Vergrößerung der Oberfläche und der Sauerstoffeintrag am Wehr entgegen.

4.1. Der Sauerstoff im Staubereich

Mit einem transportablen Sauerstoffmeßgerät (pO_2-Meter, M 65 F, Metra Meß- und Frequenztechnik Radebeul) wurden an den Wehren Dornburg, Döbritschen und Camburg Quer- und Vertikalprofile vermessen.
Es konnten (wie bei der Temperatur) keine Schichtungserscheinungen und Differenzen registriert werden; der Wasserkörper erscheint im Querprofil einheitlich. Im Längsprofil treten Unterschiede auf. Am Flußstau Döbritschen wurden über einen längeren Zeitraum an der Stauwurzel in Wichmar und an der Wehrkrone am Kraftwerk Döbritschen Temperatur und Sauerstoffgehalt registriert (Abb. 1). Bei einer deutlichen Tag—Nacht-Rhythmik ist eine Abnahme der Sauerstoffkonzentration von durchschnittlich 0,5—1,5 mg O_2/l am Wehrende zu beobachten.
Die Verschiebung des Maximums der Tag—Nacht-Rhythmik auf 18—21 Uhr kann auf Makrophytenbestände bei Wichmar zurückgeführt werden. Berechnungen ergaben bei einer Wasserführung um 10 m^3/s etwa 6^h Fließzeit bis zur Wehrkrone.
Sauerstoffzehrungen im Längsprofil stellte Petrović (1975) in der bedeutend größeren Donau-Staustufe Djerdap fest (Sauerstoffabnahme von 84—95% auf 57—77% Sättigung). Ablagerungen von Faulschlamm und eine Sauerstoffzehrung im Tiefenwasser beobachtete Weber (1973) in den Flußstauen des Mittellaufs der Donau (BRD, Österreich). Trotz einer mittleren Wasserführung von ca. 1000 m^3/s und Stauhöhen um 20 m scheint hier eine Durchströmung des Profundals nicht mehr gegeben; als Folge tritt eine verstärkte Sedimentation mit Sauerstoffzehrung ein.

4.2. Die Belüftung am Wehr

Eine größere Anzahl von Untersuchungen beschäftigt sich mit dem Sauerstoffeintrag beim Überfall des Wassers über die Wehrkrone (Albrecht 1971, Barrett et al. 1960, Gameson 1957, Gameson et al. 1958, Kroon & Schram 1969, v. Tümpling 1973).
Die Eintragsgröße ist abhängig von der Sauerstoffsättigung des Wassers, der Fallhöhe, der Wehrform, der Beaufschlagung, der Temperatur und vom Verunreinigungsgrad des Wassers. Aus diesen Größen ist es möglich, den Sauerstoffeintrag zu berechnen (Gameson 1957, v. Tümpling 1973):

$$r = \frac{c_s - c_o}{c_s - c_u} = \frac{Do}{Du}, \qquad (1)$$

$$\text{wobei } r = 1 + 0{,}37 \cdot a \cdot b(1 + 0{,}046T)\,h \qquad (2)$$

$$Du = \frac{Do}{r},$$

$$Do - Du = \frac{Do \cdot 0{,}37\,a \cdot b\,(1 + 0{,}046\,T)\,h}{1 + 0{,}37\,a \cdot b\,(1 + 0{,}046\,T)\,h}.$$

Es bedeuten:
C_s — Sauerstoffsättigung; C_o — O_2 mg/l oberhalb des Wehres; C_u — O_2 mg/l unterhalb des Wehres; $a + b$ — Konstanten; T — Temperatur in °C; h — Fallhöhe in m.

Wir haben den Versuch unternommen, an 2 ausgewählten Saalewehren den Sauerstoffgehalt vor und hinter dem Wehr kontinuierlich zu registrieren (vgl. Abb. 3, 4). Bei sommerlichen Temperaturen um 17 °C sind bei einem O_2-Defizit von 40—80% Eintragswerte von 1—2 mg O_2/l zu verzeichnen. Die Schwankungen der Tag—Nacht-Rhythmik werden geglättet. Auf alle Defizitzacken wird ein ausgleichender Einfluß ausgeübt, was als ein wichtiger Faktor bei Abwasserstößen und Havarien zu werten ist.
Die untersuchten Wehre sind Schußwehre,

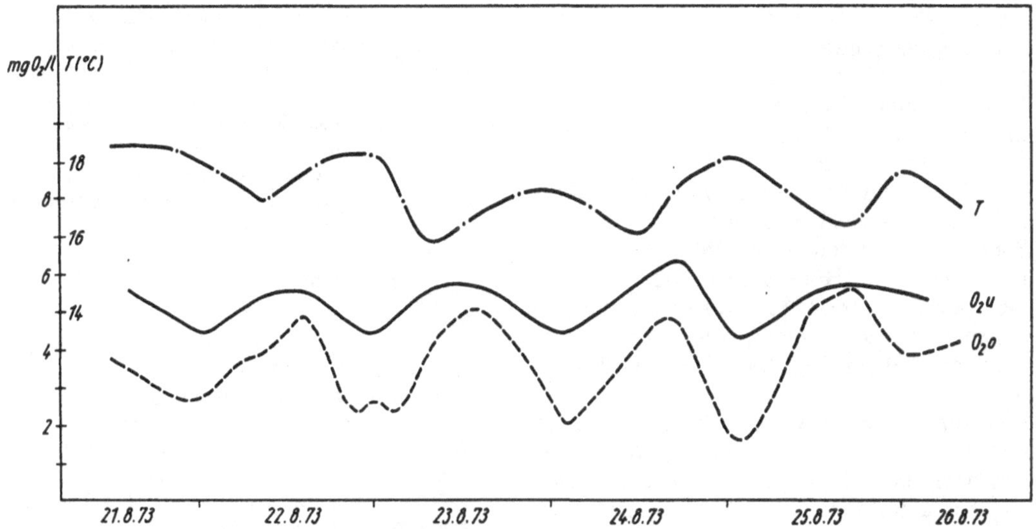

Abb. 3. Sauerstoffgehalt des Saalewassers; Wehr Dorndorf, Schußwehr mit 1,5 m Fallhöhe
- - - - - O_2o vor der Wehrkrone; ——— O_2u hinter der Wehrkrone; —·—·— T Wassertemperatur

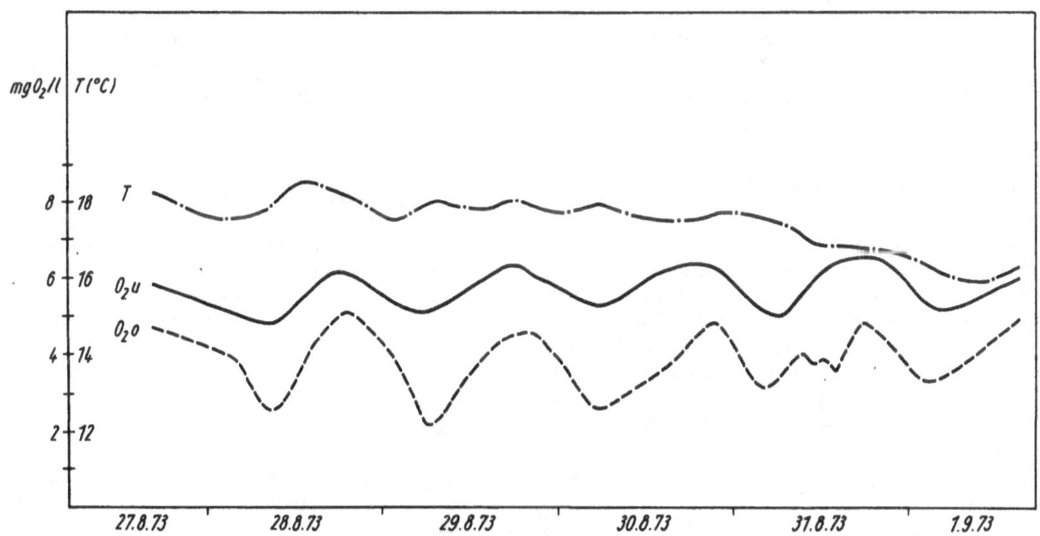

Abb. 4. Sauerstoffgehalt des Saalewassers, Wehr Döbritschen, Schußwehr mit 2,5 m Fallhöhe
- - - - - O_2o vor der Wehrkrone; ——— O_2u hinter der Wehrkrone; —·—·— T Wassertemperatur

welche gegenüber dem Überfallwehr und der Kaskade den geringsten Sauerstoffeintrag erreichen. Die Eintragswerte können durch die Geraden

Du = 0,72 · Do (für Dorndorf) (4)

und

Du = 0,65 · Do (für Döbritschen) (5)

beschrieben werden.

5. Schlußfolgerungen

Ohne Berücksichtigung der Auswirkungen auf den Grundwasserspiegel können kleinere Stauanlagen auch bei belasteten Flüssen der Güteklasse III positiv für den Sauerstoffhaushalt des Flusses eingeschätzt werden. Die geringe Abnahme des Sauerstoffgehalts im Staubereich wird beim Überfall am Wehr mehr als kompensiert. Besonders wichtig ist die ausgleichende Wirkung bei Schwankungen im O_2-Gehalt des Wassers.

Erst mit einer Vergrößerung der Stauhöhe und mit stärkerer Verringerung der Strömungsgeschwindigkeit (schätzungsweise über 1:5 gegenüber dem ungestörten Flußlauf) bilden sich Faulschlammablagerungen im Bereich der Staumauer und treten anaerobe Verhältnisse in der Tiefe ein. Höhere Verweilzeiten führen bei nährstoffreichem Flußwasser zu Wasserblüten (Uhlmann 1968), was eine weitere organische Belastung des Gewässers bedeutet.

Eine für den Stoffhaushalt sowie für Fauna und Flora günstigere Gestaltung der Staustufen ergibt sich, wenn anstelle einer Ausbaggerung und Eintiefung des Staues eine Auffüllung vorgenommen wird, so daß die Wassertiefe möglichst weniger als 1 m beträgt. Neben einem höheren Sauerstoffeintrag (K 2) ist durch die mögliche Besiedlung mit Algen und Makrophyten eine gesteigerte Selbstreinigung zu erwarten. Tiefe und Breite des Stauraums können so gewählt werden, daß es zu keiner Ablagerung von Faulschlamm kommt.

6. Zusammenfassung

Sauerstoff, Temperatur und Sedimentation in den Wehranlagen der mittleren Saale wurden untersucht. Im Staubereich tritt eine Sauerstoffzehrung ein, die am Wehr durch Sauerstoffeintrag überkompensiert wird. Die Wehre wirken sich insgesamt auf den Sauerstoffhaushalt des Gewässers positiv aus. Defizite nach Abwasserstößen und Havarien werden ausgeglichen. Bei Stauhöhen um 2 m treten weder Temperatur- noch Sauerstoffschichtung auf. An den Gleithängen lagert sich Faulschlamm ab.

Summary

Six weirs of the river Saale have been examined for oxygen, temperature and sedimentation. The oxygen-deficit caused by wastes and damages is more than compensated by oxygen-input at the weir-fall in a short time. Stratification of temperature and oxygen could not be found in weirs of 2 m-depth. Suspended solid material is deposited at slipp-off slopes only (mostly sapropel). Altogether the weirs in the river Saale take a leading part in the oxygen-budget of the river.

Резюме

Изучены содержание кислорода, температура и седиментация на плотинных сооружениях средней реки Заале. В области подпора наблюдается дефицит кислорода, которой перекомпенсируется на плотине увеличением количества кислорода. Вообще плотины имеют положительное влияние на кислородный баланс вод. Дефициты после удара сточных вод и аварий компенсируются. При высоте подпора около 2 м не наблюдается ни слоистости температуры ни кислорода. На оползневых склонах отлагается гнилостный ил.

7. Literatur

Albrecht, D., 1971: Belüftungsversuche mit frei abstürzendem Wasser. — Gas- u. Wasserfach (Wasser/Abwasser) **112** (1), 29—32.

Barrett, M. J., A. L. M. Gameson & G. G. Ogden, 1960: Aeration Studies at Four Weir systems. — Water & Water Engineering **64**, 407—413.

Gameson, A. L. M., 1957: Weirs and the aeration at Rivers. — J. Inst. Water Engrs. **11**, 477—490.

Gameson, A. L. M., et al., 1958: The effect of temperature on aeration at weirs. — Water & Water Engineering **62**, 489—492.

Krey, L., 1976: Zur Physiographie der mittleren Saale. — *Limnologica* (Berlin) **10** (1), 9—44.

Kroon, G. v. d., & A. H. Schram, 1969: Weir aeration. I. Single free fall. — H_2O (Den Haag) **2**, 528—537.

— 1969: Weir aeration. II. Step weirs or cascades. — H_2O (Den Haag) **2**, 538—545.

Petrović, G., 1975: Auswirkung der Stauanlage auf den Gewässerhaushalt des Stauraumes Djerdap. — Arch. Hydrobiol. Suppl. **44** (4), 383—391.

Schräder, Th., 1959: Zur Limnologie und Abwasserbiologie von Talsperren Obere Saale (Thüringen). — Internat. Revue ges. Hydrobiol. **44** (4), 486—619.

Tümpling, W. v., 1973: Über den Sauerstoffeintrag durch Wehre. — Acta hydrochim. hydrobiol. **1** (1), 111—113.

Uhlmann, D., 1968: Der Einfluß der Verweilzeit des Wassers auf die Massenentwicklung von Planktonalgen. — Fortschr. Wasserchemie **8**, 32—48.

Weber, E., 1973: Auswirkungen der Stauhaltungen und sonstiger technischer Eingriffe auf den Gewässerhaushalt. — Arch. Hydrobiol. Suppl. **44** (2), 184—198.

Eingegangen am 17. 4. 1978.

Anschrift der Verfasser:
Dr. Ludwig Krey
Dr. Gottfried Proft
Akademie der Wissenschaften der DDR
Forschungszentrum für Molekularbiologie u. Medizin
Zentralinstitut für Mikrobiologie und experimentelle Therapie Jena
Abteilung Limnologie
DDR-69 Jena, Beutenbergstr. 11

Limnologica (Berlin) **12** (2), 277—285, Juni 1980

MASSOUD A. H. SAAD & SAMIR E. ANTOINE

Seasonal distribution of dissolved organic matter in the river Tigris, Iraq

With 2 figures and 3 tables

Contents

1. Introduction

Although Tigris is a very important river for fishing economy in two big countries (Turkey and Iraq) only limited limnological studies were carried out on it (AL-HAMED 1966, SAAD & KELL 1975, and SAAD 1978, in press). The present study, which is a part of a limnological programme, deals with the seasonal variations of dissolved organic matter in the 630 km lower stretch of Tigris within Iraq.

The authors wish to thank the University of Basrah for supporting this study and the Irrigation Department in Baghdad for providing essential information.

2. The study area

This area begins from Salman Pak, located at about 30 km south Baghdad, to the town Qurna, where Tigris joins the Euphrates forming Shatt al-Arab (Fig. 1). From Baghdad to Kut, the river Tigris is exceedingly tortuous. Al-Gharaf river takes off the Tigris on its right bank opposite the City of Kut and runs in a southerly direction till it tails out in the marshes near Nasiriyah. From Kut to Amarah, the river is less winding and diminishes in size. Chabbab river, which drains the hilly and swampy regions of southwest Iran, joins the Tigris at about 40 km south of Kut. Between Qalat Salih and Azair, the river is reduced to its smallest volume, then begins to expand once more till the town Qurna.

Data of the velocity and discharge of Tigris for the study area during 1975—1976 were obtained from the Irrigation Department, which has 3 stations at Kut, Amarah, and Qalat Salih (Table 1). Generally, the average daily discharge increased with the advance of the rainy season (winter) and reached a peak during the flood season (spring), due to the large amounts of waters discharged upstream, and then gradually decreased throughout the summer reaching lowest values during autumn. The average current velocity followed more or less the same seasonal trends. The highest average velocities were generally recorded during the rainy and flood seasons commencing from January to June 1976, whereas at Qalat Salih the current showed irregular average velocities, mainly due to the reduction in the volume of Tigris.

3. Material and methods

Sampling was carried out from 12 stations (Fig. 1) in October 1975, January, April and July 1976 to represent autumn, winter, spring and summer, respectively. However, station VI taken behind the Kut Barrage was not sampled in October.

Water samples were collected from three vertical depths at each station to represent the surface, middle and bottom layers of the river. The surface samples were taken at about 20 cm below the water surface to get rid of the floating matter. The bottom samples, on the other hand, were taken at about 40 cm above the river bottom. The water samples were kept in well stoppered polyethylene bottles, and immediately treated with 0.5% chloroform as a preservative material proposed by ÅBERG & RODHE (1942) in order to prevent or at least minimize changes in the samples.

The concentrations of dissolved organic matter in the water samples were determined using potassium permanganate solution as an oxidizing agent under the experimental conditions described by STOCKDALE & DEXTER (1938) and discussed by KLEIN (1973).

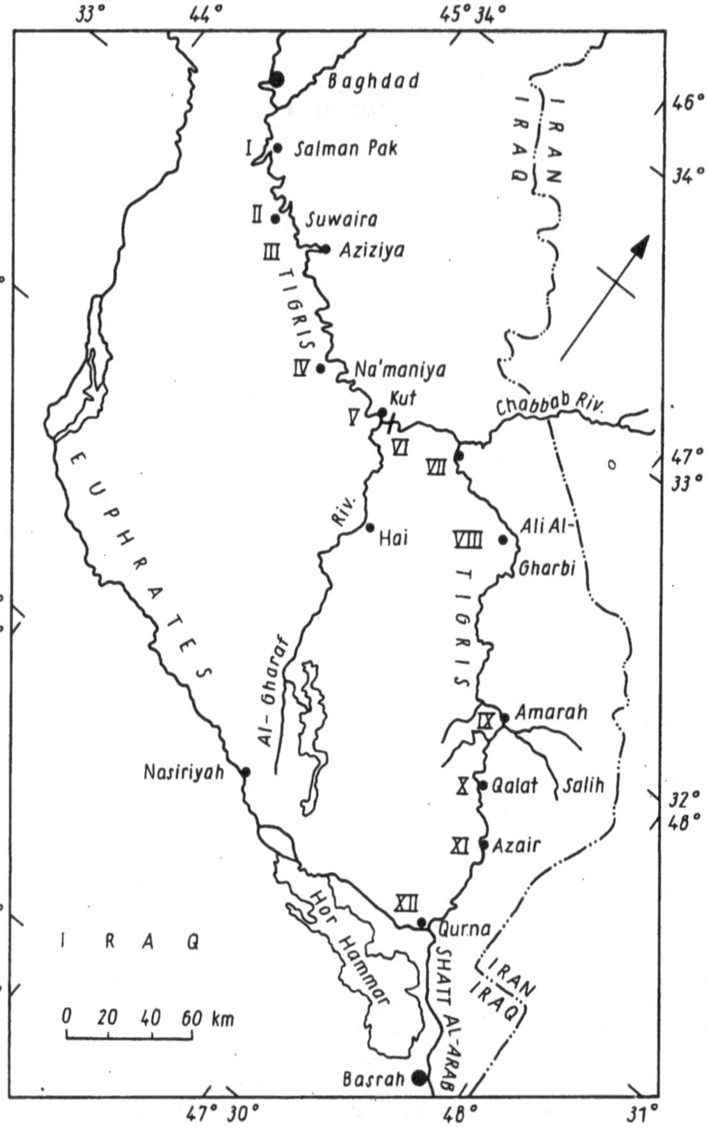

Fig. 1. Map of the study area showing the position of stations

4. Results

The vertical values of dissolved organic matter (DOM) are given in Table 2 and the average values (average of all depths at each station) in Fig. 2. The vertical values of DOM generally showed irregular variations at most stations during the study period, and either increased or decreased with depth at the other stations. The values of DOM increased in the bottom samples of some stations. Such an increase was much more pronounced in April and July than in October and January.

The average values of DOM generally showed noticeable local variations in each season. These average values ranged from 0.33 mg O/l (absolute minimum) at station VII to 1.57 mg

Table 1. Seasonal variations of the average current velocity and daily discharge at Kut (A), Amarah (B) and Qalat Salih (C) during 1975—1976

Months	Stations	Average current velocity (m/sec.)	Average daily discharge (m^3/sec.)
October 1975	A	0.41	244.69
	B	0.20	91.31
	C	0.37	9.46
November	A	0.35	175.46—
	B	0.18—	84.16—
	C	0.33	9.31
December	A	0.44	311.44
	B	0.57	327.86
	C	0.32—	8.23—
January 1976	A	0.73	1,000.61
	B	0.74	715.00
	C	0.44	45.19
February	A	0.76	1,029.62
	B	0.68	644.50
	C	0.46	43.70
March	A	0.59	852.09
	B	0.74	635.15
	C	0.42	24.92
April	A	1.15+	2,402.92
	B	0.99+	821.00+
	C	0.40	43.08
May	A	1.06	2,451.06+
	B	0.96	753.30
	C	0.52	58.84+
June	A	0.62	1,219.86
	B	0.85	665.24
	C	0.45	52.15
July	A	0.40	540.31
	B	0.61	350.54
	C	0.41	22.76
August	A	0.31—	319.92
	B	0.26	133.43
	C	0.48	20.75
September	A	—	—
	B	0.29	125.41
	C	0.53+	25.05

N.B.: The highest values are designated by (+) and the lowest by (−).

O/l at station XI in October, from 2.86 mg O/l at stations I and X to 5.89 mg O/l at station XII in January, from 13.69 mg O/l at station II to 21.49 mg O/l (absolute maximum) at station XII in April, and from 9,94 mg O/l at station I to 18.51 mg O/l at station VIII in July.
The average values of DOM showed considerable seasonal variations at each station during the study period. These average values recorded in October and January were exceedingly lower than those in April and July. Also, the average values of October were markedly lower than those of January. The average values of DOM found in April were remarkably higher than those in July at all stations, except VIII where the average value was slightly lower in April than in July. The average values of DOM showed an extraordinary wide range of variations during the study period. The difference between the absolute minimum and maximum average values amounted to 21.16 mg O/l.

5. Discussion

The irregular vertical variations of DOM generally observed at most stations as well as the increase or decrease in the values of this matter with depth at the other stations might be correlated with local and seasonal conditions occurred during the study period. The bottom values found at some stations which showed irregular vertical variations of DOM were relatively high. The relative increase in the values of DOM near the bottom of the river mainly coincided with the increase in the rate of decomposition of the descending plankton organisms as well as the release of organic matter from the bottom material to the overlying water. According to SAAD (1974), the water temperature, the amount of dissolved oxygen as well as the number and type of bacteria affect the decomposition of organic matter and this process is likely to occur throughout the water column and also at the surface of the bottom sediments.
The average values of DOM generally showed noticeable local variations in each season, particulary in April and July where the difference between the minimum and maximum average values amounted to 7.80 and 8.57 mg O/l, respectively. The high average values of DOM found at certain stations in the four seasons can be mainly attributed to certain regional conditions such as phytoplankton

Table 2. Seasonal and regional variations of the vertical values of dissolved organic matter (mg O/l) in Tigris during 1975—1976

Stations	Average station depth (m)	Depth of sample (m)	Oct. 1975	Jan. 1976	April 1976	July 1976	Stations	Average station depth (m)	Depth of sample (m)	Oct. 1975	Jan. 1976	April 1976	July 1976
I	9.3	0.0	0.68	3.04	14.11	5.36—	VII	8.5	0.0	0.25	1.78	17.33	12.68
		4.5	1.09	4.29	22.85+	15.71			3.5	0.33	3.75	13.57	12.32
		9.0	0.17—	1.25—	11.96	8.75			7.0	0.42	4.11	20.71	20.36
II	6.3	0.0	0.59	5.36	11.78	9.46	VIII	7.6	0.0	0.50	2.32	17.50	19.46
		3.0	0.68	2.85	15.00	9.11			3.0	0.50	4.64	19.82	15.00
		6.0	0.29	4.64	14.29	15.18			6.0	0.42	2.32	17.14	21.07+
III	5.7	0.0	0.50	4.28	12.68	13.04	IX	5.5	0.0	0.50	4.82	20.53	12.86
		2.0	0.25	4.82	13.22	7.68			2.0	0.76	2.50	20.54	13.93
		4.0	0.42	3.57	19.11	15.36			4.0	0.59	1.96	19.82	16.43
IV	17.0	0.0	0.59	3.03	14.64	11.79	X	2.2	0.0	0.42	1.79	11.43—	10.36
		8.0	0.59	4.10	16.43	9.64			1.0	0.42	4.82	16.61	13.04
		16.5	0.67	4.46	15.53	14.11			2.0	0.59	1.97	19.11	7.68
V	7.8	0.0	0.59	4.28	13.57	14.11	XI	4.6	0.0	2.44+	4.46	18.21	10.71
		3.0	0.25	2.50	15.35	13.93			2.0	1.26	4.10	16.78	10.71
		6.0	0.59	4.11	14.11	9.46			4.0	1.01	4.82	20.89	10.89
VI	6.2	0.0	—	4.29	16.78	13.04	XII	5.5	0.0	1.26	7.32+	20.36	19.47
		2.5	—	3.57	18.39	13.57			2.5	1.26	4.64	22.68	7.68
		5.0	—	5.36	16.79	15.54			5.0	1.17	5.71	21.43	9.28

N.B.: The highest values are designated by (+) and the lowest by (—).

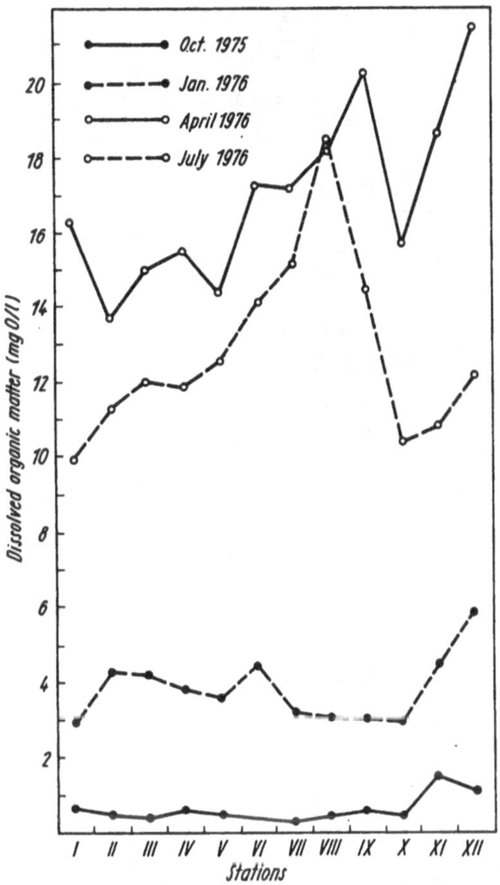

Fig. 2. Seasonal variations of the average values of dissolved organic matter in Tigris during 1975—1976

abundance, surface runoff, and wind action, as well as the effect of pollution. Several different factories, located near Tigris or its tributaries, discharge considerable amounts of mostly untreated different types of pollutants either directly or indirectly into this river. In addition, the disposal of domestic sewage into this river as well as its tributaries and canal systems plays a considerable role in increasing the organic pollution of Tigris.

The average values of DOM showed considerable seasonal variations at each station during the period of investigation. The DOM gave highest average values in April at all stations, except VIII where the average value was slightly lower than that in July. These extremely highest average values found in April, ranging from 13.69 to 21.49 mg O/l, originated in the main from the flood waters which brought to the river large amounts of allochthonous organic matter. However, the fraction of the autochthonous organic matter might be considered low, since the environmental conditions for phytoplankton were unfavourable during the flood period (SAAD & ANTOINE 1978b). RICE (1938) and IYENGAR & VENKATARAMAN (1951) found high amounts of oxidizable organic matter during the rainfall and floods. Similarly, the remarkable high average values of DOM found in July (ranged from 9.94 to 18.51 mg O/l) mainly originated from the flood waters since the rate of discharge was relatively high in that month marking the end of the flood period (Table 1). Furthermore, the fraction of the autochthonous organic matter must also be considered, since the environmental conditions such as low current, high temperature and increased transparency were favourable for the phytoplankton abundance in that month (SAAD & ANTOINE 1978b). Although the environmental conditions for phytoplankton abundance were also favourable in October, the DOM gave the lowest average values at all stations (ranged from 0.33 to 1.57 mg O/l). This is mainly attributed to the great decrease in the supply of the allochthonous organic matter in that month as well as the increase in the rate of decomposition of organic matter by the elevation of water temperature. It must be mentioned that the rate of decomposition of organic matter also considerably increased in July, since the water temperature markedly rose and reached absolute maximum average values in that months (SAAD & ANTOINE 1978a). However, the decrease in the amounts of DOM due to this decomposition process was replaced by larger amounts of allochthonous organic matter entered into the river in July at the end of the flood period. KRAUSE (1962) pointed out that the variations in temperature in natural waters can affect the rate of decomposition of organic matter. The average values of DOM found in January, ranging from 2.86 to 5.89 mg O/l, were markedly higher than those in October. This can be mainly attributed to the land runoff in the rainy season as well as the decrease in the rate

Table 3. Amounts of oxygen consumed for oxidation of the dissolved organic matter and other reducing substances as well as the values of dissolved oxygen recorded at the different stations in Tigris during 1975—1976

Stations	Average station depth (m)	Depth of sample (m)	October 1975				January 1976				April 1976				July 1976			
			A	B	C	D	A	B	C	D	A	B	C	D	A	B	C	D
I	9.3	0	7.80	0.08	0.68	8.56	10.80	0.89	3.04	14.73	10.00	1.43	14.11	25.54	7.40	0.00	5.36	12.76
		4.5	8.00	0.17	1.09	9.26	10.80	1.96	4.29	17.05	10.00	0.54	22.85	33.39	7.20	0.00	15.71	22.91
		9.0	7.20	0.25	0.17	7.62	10.40	3.39	1.25	15.04	9.60	2.50	11.96	24.06	7.20	0.00	8.75	15.95
II	6.3	0	7.70	0.04	0.59	8.33	11.20	0.00	5.36	16.56	10.40	1.43	11.78	23.61	6.80	0.18	9.46	16.44
		3.0	8.20	0.08	0.68	8.96	11.20	0.36	2.85	14.41	10.40	1.25	15.00	26.65	6.80	0.00	9.11	15.91
		6.0	7.80	0.13	0.29	8.22	11.20	0.18	4.64	16.02	9.60	0.89	14.29	24.78	7.20	0.00	15.18	22.38
III	5.7	0	7.60	0.00	0.50	8.10	10.80	0.54	4.28	15.62	10.00	0.89	12.68	23.57	7.60	0.00	13.04	20.64
		2.0	8.40	0.00	0.25	8.65	11.20	0.54	4.82	16.56	10.00	0.89	13.22	24.11	7.20	0.18	7.68	15.06
		4.0	8.40	0.00	0.42	8.82	10.80	0.36	3.57	14.73	10.00	1.43	19.11	30.54	7.20	0.00	15.36	22.56
IV	17.0	0	8.80	0.00	0.59	9.39	10.40	0.54	3.03	13.97	9.60	1.79	14.64	26.03	7.20	0.00	11.79	18.99
		8.0	8.80	0.08	0.59	9.47	11.20	0.54	4.10	15.84	9.60	1.61	16.43	27.64	7.20	0.00	9.64	16.84
		16.5	7.40	0.00	0.67	8.07	10.80	0.36	4.46	15.62	9.20	1.61	15.53	26.34	7.20	1.25	14.11	22.56
V	7.8	0	8.00	0.00	0.59	8.59	10.80	0.36	4.28	15.44	9.60	0.89	13.57	24.06	7.60	0.00	14.11	21.71
		3.0	7.60	0.00	0.25	7.85	10.80	2.50	2.50	15.80	9.60	0.36	15.35	25.31	7.60	0.00	13.93	21.53
		6.0	7.60	0.08	0.59	8.27	10.80	0.71	4.11	15.62	10.00	1.07	14.11	25.18	7.60	0.00	9.46	17.06
VI	6.2	0	—	—	—	—	10.40	1.07	4.29	15.76	9.60	1.61	16.78	27.99	8.00	0.00	13.04	21.04
		2.5	—	—	—	—	11.20	0.00	3.57	14.77	10.00	1.25	18.39	29.64	7.60	0.00	13.57	21.17
		5.0	—	—	—	—	10.40	1.25	5.36	17.01	8.80	0.71	16.79	26.30	7.60	0.00	15.54	23.14
VII	8.5	0	7.80	0.17	0.25	8.22	6.80	1.79	1.78	10.37	9.60	1.96	17.33	28.89	6.60	0.00	12.68	19.28
		3.5	7.80	0.17	0.33	8.30	6.80	0.00	3.75	10.55	10.00	1.07	13.57	24.64	6.80	0.18	12.32	19.30
		7.0	7.80	0.00	0.42	8.22	7.60	0.89	4.11	12.60	9.60	1.43	20.71	31.74	6.80	0.00	20.36	27.16

Table 3. (Continued)

Stations	Average station depth (m)	Depth of sample (m)	October 1975				January 1976				April 1976				July 1976			
			A	B	C	D	A	B	C	D	A	B	C	D	A	B	C	D
VIII	7.6	0	7.60	0.17	0.50	8.27	10.40	2.32	2.32	15.04	10.40	1.07	17.50	28.97	8.00	0.00	19.46	27.46
		3.0	7.60	0.17	0.50	8.27	11.20	0.36	4.64	16.20	9.20	0.54	19.82	29.56	7.20	0.00	15.00	22.20
		6.0	8.00	0.00	0.42	8.42	10.80	1.25	2.32	14.37	9.20	1.07	17.14	27.41	6.80	0.00	21.07	27.87
IX	5.5	0	8.80	0.17	0.50	9.47	10.40	0.54	4.82	15.76	9.60	0.54	20.53	30.67	7.6	0.00	12.86	20.46
		2.0	8.80	0.00	0.76	9.56	10.40	0.18	2.50	13.08	9.60	0.89	20.54	31.03	7.20	0.00	13.93	21.13
		4.0	8.40	0.17	0.59	9.16	10.40	0.36	1.96	12.72	9.20	1.07	19.82	30.09	7.2	0.00	16.43	23.63
X	2.2	0	9.20	0.17	0.42	9.79	9.60	2.32	1.79	13.71	8.40	1.07	11.43	20.90	7.20	0.00	10.36	17.56
		1.0	8.40	0.17	0.42	8.99	10.00	0.36	4.82	15.18	8.80	0.89	16.61	26.30	7.20	0.00	13.04	20.24
		2.0	8.80	0.17	0.59	9.56	10.40	1.96	1.97	14.33	8.80	0.89	19.11	28.80	7.20	0.00	7.68	14.88
XI	4.6	0	7.00	0.59	2.44	10.03	8.40	1.43	4.46	14.29	6.40	1.25	18.21	25.86	5.60	0.36	10.71	16.67
		2.0	7.00	0.34	1.26	8.60	8.00	1.79	4.10	13.89	6.00	1.43	16.78	24.21	5.60	0.54	10.71	16.85
		4.0	6.40	0.25	1.01	7.66	8.40	1.07	4.82	14.29	5.60	1.61	20.89	28.10	5.60	0.00	10.89	16.49
XII	5.5	0	8.00	0.17	1.26	9.43	10.80	0.00	7.32	18.12	8.40	1.96	20.36	30.72	6.00	0.71	19.47	26.18
		2.5	7.60	0.42	1.26	9.28	8.40	1.43	4.64	14.47	8.00	1.43	22.68	32.11	6.00	0.00	7.68	13.68
		5.0	7.40	0.34	1.17	8.91	8.80	1.43	5.71	15.94	8.00	2.50	21.43	31.93	6.00	1.43	9.28	16.71

N.B.: A — mg/l dissolved oxygen found in the river water; B — mg/l oxygen consumed by reducing substances (e.g. H_2S, NO_2, ferrous salts ... etc.); C — mg/l oxygen consumed by organic matter; D — mg/l oxygen actually produced in the river water (The amount of oxygen consumed by respiration of aquatic organisms is not considered here.)

of decomposition of organic matter by the considerable drop of water temperature (SAAD & ANTOINE 1978a). However, the fraction of the autochthonous organic matter might be considered very low, since the environmental conditions for phytoplankton were unfavourable during that period of high water.

The exceedingly high average values of DOM found in April and also in July approach the values found by SAAD (1974) in Lake Mariut, which ranged from 2.85 to 19.80 mg O/l. This Egyptian lake suffers much from intensive pollution, since it continuously receives huge amounts of organic load from sewage and industrial wastes, besides the large amounts of phytoplankton blooms flourishing in it under favourable conditions. Therefore, one may assume that the great increase in the amounts of DOM in Tigris in April and July caused organic pollution in this river in spring and summer which largely affected the amounts of dissolved oxygen. However, it seems that the effect of these large amounts of DOM on the dissolved oxygen content did not play a big role, since the conditions of increasing the dissolved oxygen in Tigris (running water) are not found in Lake Mariut (standing water).

In addition to the DOM, there are also other reducing substances such as hydrogen sulphide, nitrites, and ferrous salts which are found in the river water. These reducing substances are also responsible for the relative decrease in the amounts of dissolved oxygen in the river water. It is of a special interest to throw light on the actual concentrations of dissolved oxygen in Tigris during 1975—1976. The amounts of oxygen consumed for the oxidation of DOM and other reducing substances as well as the values of dissolved oxygen recorded at the different stations in Tigris (taken from SAAD & ANTOINE 1978a) are given in Table 3. Unfortunately, the data of oxygen consumed in the respiration of aquatic organisms in Tigris are not yet available. It can be concluded from this table that the values of dissolved oxygen found in Tigris were markedly lower than the actual values in January, April, and July, particularly in April. However, the values of dissolved oxygen recorded in October were slightly lower than the actual values in that month.

6. Summary

Seasonal variations of dissolved organic matter (DOM) in the 630 km lower stretch of Tigris within Iraq were studied and discussed. The relative increase in the values of DOM near the bottom of the river mainly coincided with the increase in the rate of decomposition of the descending plankton organisms as well as the release of organic matter from the bottom material to the overlying waters. The average values of DOM generally showed noticeable local and seasonal variations. The considerable high average values of DOM found in April (varied from 13.69 to 21.49 mg O/l) and in July (ranged from 9.94 to 18.51 mg O/l) originated in the main from the flood waters which brought to the river large amounts of allochthonous organic matter. The DOM gave in October the lowest average values at all stations (fluctuated between 0.33 and 1.57 mg O/l). This is mainly due to the great decrease in the supply of the allochthonous organic matter in that month, as well as the increase in the rate of decomposition of organic matter by the elevation of water temperature. The average values of DOM found in January, ranging from 2.86 to 5.89 mg O/l, were markedly higher than those in October. This can be mainly attributed to the land runoff in the rainy season, as well as the decrease in the rate of decomposition of organic matter by the considerable drop of water temperature.

7. References

ÅBERG, B., & W. RODHE, 1942: Über die Milieufaktoren in einigen südschwedischen Seen. — Symb. Bot. Ups. **5** (3), 1—256.

AL-HAMED, M. I., 1966: Limnological studies on the inland waters of Iraq. — Bull. Iraq Nat. Hist. Mus. Univ. Bagh. **3** (5), 1—22.

IYENGAR, M. O. P., & G. VENKATARAMAN, 1951: The ecology and seasonal succession of the River Cooum at Madras with special reference to the Diatomaceae. — J. Madras Univ. **21**, 140—192.

KLEIN, L., 1973: River pollution. I. Chemical Analysis. — 6th impress. Butterworth & Co. (Publishers) Ltd., London, 1—206.

KRAUSE, H. R., 1962: Investigation of the decomposition of organic matter in natural waters. — FAO Fish. Biol. Rep. No. 34, Rome.

RICE, C. H., 1938: Studies in the phytoplankton of the River Thames, (1928—1932). — Ann. Bot. n.s. **2**, 539—557, 559—581.

SAAD, M. A. H., 1974: Influence of organic pollution on Lake Mariut, a highly eutrophicated lake south of Alexandria. — Rev. internat. Oceanogr. Med. **34**, 23—36.

— 1978: Some limnological studies on the lower reaches of Tigris and Euphrates, Iraq. — Acta hydrochim. hydrobiol. **6** (6), 529—539.

— Studies on the bottom deposits of the lower reaches of Tigris and Euphrates, Iraq. — Bull. Coll. Sci. Univ. Basrah (in press).

SAAD, M. A. H., & S. E. ANTOINE, 1978a: Limnological studies on the River Tigris, Iraq. I. Environmental characteristics. — Internat. Rev. ges. Hydrobiol. **63** (5), 685—704.

— 1978b: Limnological studies on the River Tigris, Iraq. III. Phytoplankton. — Internat. Rev. ges. Hydrobiol. **63** (5), 705—719.

SAAD, M. A. H., & V. KELL, 1975: Observations on some environmental conditions as well as phytoplankton blooms in the lower reaches of Tigris and Euphrates. — Wiss. Zeit. Univ. Rostock **24**, 781 bis 787.

STOCKDALE, D., & J. DEXTER, 1938: Clowes and Coleman's quantitative chemical analysis. — 14th Ed. Churchill, London, 1—617.

Received January 3, 1978.

Addresses of the authors:
Ass. Prof. Dr. MASSOUD A. H. SAAD
Department of Oceanography
Faculty of Science
University of Alexandria
Alexandria, Moharem Bey
Egypt

SAMIR E. ANTOINE, M. Sc.
Department of Biology
College of Science
University of Basrah
Basrah
Iraq

Limnologica (Berlin) **12** (2), 287—298, Juni 1980

FREIDUN RAGHI-ATRI

Untersuchungen an *Glyceria maxima* (HARTM.) HOLMBG. unter Berücksichtigung von Cadmiumgaben im Bodensubstrat[1]

Mit 2 Abbildungen und zwei Tabellen

Inhalt

1. Einleitung

Neben der Eutrophierung der Gewässer sowie der Nährstoffanreicherung in ihren Sedimenten und ihrem Uferbereich gewinnen die anthropogen bedingten Verschmutzungen immer mehr an Bedeutung. Unter anderen Verunreinigungsfaktoren können sich zum Beispiel die in vielen belasteten Gewässern verbreiteten Schwermetalle wie Quecksilber, Cadmium und Blei dort, wo noch ein natürlicher Uferbereich mit ständigem Kontakt zwischen Wasser und Ufersediment existiert, im Sediment anreichern, wodurch sie den hier wachsenden Pflanzen zur Verfügung stehen.

In der vorliegenden Arbeit wird das Interesse auf die höheren Wasserpflanzen gerichtet, denen außer ihrer Uferschutzwirkung auch Bedeutung für die Reinhaltung der Gewässer zukommt und die außerdem eine bemerkenswerte Aufnahmefähigkeit der Makro- und Mikronährelemente sowie der Schwermetalle aufweisen (BITTMANN 1953, BAUMEISTER & BURRICHTER 1954, SEIDEL 1956, 1966, SEIBERT 1967, KICKUTH 1969, TITTIZER 1973, ZIMMERMANN 1973). Unter diesen wird speziell *Glyceria maxima* (Wasserschwaden) ausgewählt, die zum einen Schutzfunktion gegen Bodenoberflächenerosionen und zum anderen eine Schutzwirkung an der Wasserwechselzone von Bächen und kleinen Flüssen ausübt. Die Pflanze bevorzugt nasse Standorte mit hohem Nährstoffangebot (SCHMALE 1939, HUECK 1942, KNAPP 1948; Zeigerwerte nach ELLENBERG 1974: L9, T5, Kx, F10, R8, N7), wodurch sie hinsichtlich des steigenden Nährstoffangebots in Gewässer und Sediment an Bedeutung gewinnt.

Das Ziel unserer Versuchsreihe bestand darin, unter kontrollierten, den Freilandbedingungen annähernd entsprechenden Versuchsbedingungen die Aufnahme- und Widerstandsfähigkeit von *Glyceria maxima* u. a. gegenüber Cadmium bei gleichzeitig erhöhten N- und P-Gehalten — wie dies auch in eutrophen Standorten der Fall wäre — zu untersuchen. Hier soll zunächst über Produktion und auftretende Schadsymptome sowie über die Cd-Gehalte von Blattspreite, Blattscheide + Halm und Wurzel + Rhizom bei gestuften Cd-Konzentrationen im Substrat berichtet werden. Auch der hier auftretende Befall durch den im Freiland häufig an *Glyceria maxima* vorkommenden Brandpilz *Ustilago longissima* (SOW. ex SCHLECHT.) MEYEN soll berücksichtigt werden.

Wegen der sehr zahlreich vorhandenen Literatur über Cadmium und Pflanzen sowie aus Gründen der Platzersparnis sei hier nur auf Anonym (1977) verwiesen.

Hiermit möchte ich Herrn Prof. Dr. R. BORNKAMM für die Ermöglichung dieser Versuchsreihe danken.

2. Verbreitung und Morphologie von *Glyceria maxima*

Glyceria maxima (HARTM.) HOLMBG. ist eine Art der tieferen Lagen des kontinentalen europäisch-asiatischen Festlandes, wobei die Verbreitung in Europa bis in

[1] Zusammenfassung und Erweiterung eines Referats, vorgetragen anläßlich der Ökologischen Tagung 1977 in Kiel.

den atlantischen und submediterranen Raum reicht (s. MEUSEL, JÄGER & WEINERT 1965).
Die nach *Glyceria maxima* benannte Röhrichtgesellschaft wurde 1931 von HUECK für die pflanzensoziologische Systematik als Glycerietum maximae beschrieben.
Beschreibungen der Pflanzengesellschaft liegen aus dem mitteleuropäischen Raum zahlreich vor. Aus der Berliner Umgebung wurde u. a. von SCHMALE (1939), HUECK (1942), SUKOPP (1959) das Glycerietum maximae HUECK 1931 beschrieben, es gehört überwiegend dem eutrophen Teil der Gesellschaft an.
Glyceria maxima (HARTM.) HOLMBG. wird bis zu 200 cm hoch (in Berlin bis 120 cm); unterirdische Ausläufer treibend; Stengel meist starr aufrecht; rohrartig, ca. 1 cm dick (am Grund der Achse); Blattspreiten ca. 10—20 mm breit; geschlossene Blattscheiden; Rispen 20—40 cm lang. Die morphologischen Einzelheiten sind u. a. folgenden Arbeiten zu entnehmen: HEGI (1935), HERMANN (1938), HESS, LANDOLT & HIRZEL (1972).

3. Versuchsaufbau

Im Winter 1974 wurden die Pflanzen aus dem Freiland im Bereich der Unterhavel (Große Steinlanke) entnommen, nach gründlicher Reinigung der Wurzeln von Detritus und Schlamm in Gefäße mit gereinigtem Quarzsand eingepflanzt und mit Leitungswasser bewässert. Im März 1975 wurden die Pflanzen kurz mit aqua dest. abgespült und anschließend gleichgroße Pflanzen in die vorbereiteten Versuchsgefäße (Volumen 10 l, System KICK/BRAUCKMANN) umgepflanzt. Das Bodensubstrat in den Gefäßen war ein Gemisch aus gereinigtem Quarzsand und Weißtorf (5 kg Quarzsand/ 300 g Weißtorf). Die Oberfläche des Bodensubstrats wurde zur Verhinderung der Algenbildung mit Styroporstücken bestreut; das Verdunstungswasser wurde regelmäßig durch aqua dest. ersetzt. Die Versuchsgefäße standen in Abständen von 30 cm in einem Gewächshaus (Temperatur 15—20 °C) auf Tischen, die mit gleichmäßig feucht gehaltenem Torf bestreut waren. Für alle Gefäße wurde eine Grundnährlösung mit erhöhten P- und N-Gehalten hergestellt. Grundnährlösung: 680,1 mg/l $Ca(NO_3)_2 \times 4\ H_2O$, 447,6 mg/l $CaSO_4 \times 2\ H_2O$, 827,9 mg/l $Ca(H_2PO_4)_2 \times 2\ H_2O$, 472,6 mg/l NH_4NO_3, 0,74 mg/l H_3BO_3, 4,0 mg/l Fe-ÄDTE, 473,0 mg/l $MgSO_4 \times 7\ H_2O$, 1747,2 mg/l KNO_3, 0,3 mg/l $MnSO_4 \times H_2O$, 0,2 mg/l $CuSO_4 \times 5\ H_2O$, 0,2 mg/l $ZnSO_4 \times 7\ H_2O$ und 0,9 mg/l $(NH_4)_2MoO_4 \times 4\ H_2O$. Der pH-Wert des Bodensubstrats der Gefäße wurde durch Zugabe von $CaCO_3$ zwischen 6 und 7 gehalten. Diese Grundnährlösung wurde in einem einjährigen, vorhergehenden Versuch mit *Glyceria maxima* getestet. Zur Herstellung der Cadmiumlösungen wurde Cadmiumchlorid als Salz genommen und je Konzentration (5, 25, 50, 100, 200 ppm) drei Parallelen hergestellt. Diese Lösungen wurden zur Grundnährlösung zugegeben und daran die Konzentrationen mit einem Atomabsorptionsspektralphotometer nachgeprüft. Als Vergleich wurden drei Gefäße mit Grundnährlösung ohne Zugabe von Cadmium herangezogen. Die Nährlösungen wurden 2 × jährlich (im Frühjahr und im Spätsommer) gegeben. Vor jedem Wechsel der Nährlösung wurde der Inhalt der Gefäße mit aqua dest. dreimal ausgespült.

4. Bestimmung der Biomasse und Bonitierung

Um eine Aussage zu erzielen, die eher auf natürliche Standorte (Freiland) übertragbar ist, wurden die Pflanzen für wenigstens ein Vegetationsjahr mit der beschriebenen Substratzusammensetzung (mit Cd-Gaben) kultiviert und beobachtet. Im zweiten Jahr (Juli 1976) wurden die gesamten oberirdischen Pflanzenteile geerntet und in Blattspreite und Blattscheide + Halm getrennt; die Entnahme von Wurzeln und Rhizomen erfolgte im Dezember. Die Erntezeit wurde so kurz wie möglich gehalten (Vormittag, 10^{00}—12^{00} Uhr) und das Frischgewicht der geernteten Pflanzenteile gleich nach dem Schnitt im Gewächshaus bestimmt. Danach wurden sie gefriergetrocknet (Leybold Heraeus GT 2) und anschließend das Trockengewicht bestimmt. Die Anzahl der Blattspreiten und Blattscheiden betrug jeweils 30 bis 40, die der Halme 3 bis 5 pro Parallele.
Bezüglich der Bonitierung wurden folgende Beobachtungen an den Vergleichspflanzen (0 ppm) und den in den mit Cd-Gaben versehenen Gefäßen befindlichen Pflanzen durchgeführt: Wachstum, Morphologie, Auftreten sichtbarer Schadsymptome.
Diese visuellen Beobachtungen wurden erst bei eindeutigen Unterschieden sowie bei Übereinstimmung der Parallelen untereinander als Ergebnisse gewertet.

5. Methodik der Cadmium-Analysen

Für die Cadmiumanalyse wurden die getrockneten Pflanzenorgane gemahlen (Schwingmühleneinsatz: Widia-Hartmetall). Das feingemahlene Pflanzenpulver wurde in Plastikdosen gefüllt, in Metalldosen evakuiert und bei —27 °C aufbewahrt. Gleichzeitig mit der Entnahme der Pflanzenproben aus dem Gewächshaus wurden auf einer Fläche von 10 m² auch Proben von 20 Pflanzen aus dem Uferbereich der Unterhavel und zwar der Großen Steinlanke (UH), ca. 4 km südlich des Grunewaldturms, entnommen. Die Probefläche, die zeitweilig im Jahr überflutet wird, liegt am Rand eines dichten *Phragmites*-Gürtels, ca. 150 m von einer im Sommer stark befahrenen Straße entfernt. Der Boden ist mineralisch mit geringem organischem Material an der Oberfläche. Die Unterhavel ist ein eutrophes Gewässer mit hohen P- und N-Gehalten; so betrug der Gesamt-N-Gehalt (ohne org. N) 4,43 mg/l, der Phosphat-Gehalt 2,22 mg/l, beide Gehalte im Mittel des Sommerhalbjahres 1973 (Gewässerkundlicher Jahresbericht 1973; RAGHI-ATRI 1976).

Bestimmung des Cd-Gehalts in *Glyceria*-Proben[2]
Die gefriergetrockneten Proben werden trocken aufgeschlossen und die Cd-Gehalte in den Aufschlußlösungen durch Atomabsorptionsspektralphotometrie (AAS) oder Inverspolarographie bestimmt. Die AAS wird in all den Fällen angewendet, in denen es die Konzentration zuläßt. Die niedrigen Konzentrationen werden zusätzlich oder nur inverspolarographisch bestimmt.
Der trockene Aufschluß wird mit ca. 2 g Einwaage bei 450 °C durchgeführt. Die Asche wird in 0,5molarer HCl (suprapur) aufgenommen, erwärmt, die Lösung filtriert und mit 0,5molarer HCl (suprapur) auf 50,0 ml gebracht (BOCK 1972).
Die Bestimmung des Cd in der Aufschlußlösung erfolgt mit Hilfe des Atomabsorptionsspektralphotometers Perkin-Elmer Modell 300 in der C_2H_2/Luft-Flamme (Wellenlänge: 288,8 nm; spektrale Spaltbreite: 0,7 µm; Dämpfung: 1,0 s; Stromstärke der Intensitronlampe: 8 mA) (KOCH & KOCH-DEDIC 1974, OELSCHLÄGER & BESTENLEHNER 1974, OELSCHLÄGER & BÜHLER 1974). Die Konzentrationen der Lösungen werden direkt abgelesen. Lösungen mit einer Cd-Konzentration von mehr als 2 µg Cd ml^{-1} werden mit 0,5molarer HCl (suprapur) verdünnt. Die Eichung erfolgt mit doppeltdestilliertem Wasser und einer 0,5molaren salzsauren Lösung, die 2,0 µg Cd ml^{-1} enthält.
Niedrige Cd-Konzentrationen werden inverspolarographisch mit Hilfe des Polarecorf E 261 der Firma Metrohm mit AC-Modulator E 393 bestimmt (Meßvolumen: 25,0 ml; Spülen mit N_2: 7 min; Hg-Tropfen: 2 Teilstriche; 4 min Elektrolyse unter Rühren bei —0,75 V gegen SCE, + $^1/_2$ min Beruhigungszeit; Polarographieren mit 1 V min^{-1}; Empfindlichkeit: 5×10^{-9} A mm^{-1}) (OELSCHLÄGER & GILG 1969). Die Stromstärke des Lösungsvorgangs darf 1000 nA nicht übersteigen; bei höherer Stromstärke ist die Aufschlußlösung mit 0,5-molarer HCl (suprapur) zu verdünnen. Die Eichung erfolgt durch Standardaddition mit der EPPENDORF-Pipette. Die Cd- und Pb-Peaks erscheinen nacheinander.

Bestimmung des Cd-Gehalts in der Nährlösung
200 ml Nährlösung werden mit 10 ml konz. HCl (suprapur) versetzt, durch einen Faltenfilter filtriert und das Cd im Filtrat atomabsorptionsspektralphotometrisch in oben beschriebener Weise bestimmt.

[2] Die Cd-Analysen wurden an der Biologischen Bundesanstalt für Land- und Forstwirtschaft, Berlin (West), unter Leitung von Herrn Dr. H.-D. SCHENKE durchgeführt.

Bestimmung des Cd-Gehalts in Wasserproben
Das mit 50 ml konz. HCl (suprapur) auf 1 l aufgefüllte Flußwasser wird durch einen Faltenfilter filtriert; das Filtrat wird zur Cd-Bestimmung mit Hilfe der AAS benutzt.

6. Der Brandpilz *Ustilago longissima* (SOW. ex SCHLECHT.) MEYEN

Der Brandpilz *Ustilago longissima* („Streifenbrand") ist weit verbreitet. ZILLIG (1932) zählt ihn zu den häufigsten Brandpilzen Mitteleuropas und SCHOLZ (1976) zu den häufigsten Arten der Berliner Pilzflora. Im Freiland tritt der Pilz vom Frühjahr bis zum Herbst auf, im Gewächshaus bei gebotenen günstigen Klimafaktoren das ganze Jahr über. An den Blattspreiten der befallenen Pflanzen befinden sich parallel zur Blattlänge verlaufende, zunächst von der Epidermis bedeckte Sporenlager, die erst später nach Platzen der Epidermis durch die braune bis schwarze Sporenmasse auffallen. Die Sporen sind kugelig bis oval und messen nach BUHR (1964) 3—6 µm.
Da *Glyceria*-Arten in früherer Zeit eine Bedeutung als Futtermittel hatten, erweckte der Befall durch Brandpilze besonderes Interesse wegen vermuteter Giftigkeit bei Verfütterung befallener Pflanzen. Die Meinungen bezüglich der Toxizität gehen jedoch auseinander (ERIKSSON 1900, ZWICK et al. 1912, LIRO 1924).

7. Ergebnisse und Diskussion

7.1. Substanzproduktion

Die Biomasseproduktion der Vergleichsgefäße entspricht mit 3465,8 g/m² (Frischgewicht/m² wurde durch Umrechnung des Frischgewichts pro Oberfläche des Substrats eines Gefäßes — Mittelwert von drei Parallelen — bestimmt) in ihrer Größenordnung der des Freilandes (s. KIENDL 1953, ZELDER 1963).
Die durch die Gewichtsbestimmungen aller Pflanzenorgane erhaltenen Werte wurden statistisch ausgewertet (2- und 3fache Varianzanalyse; WEBER 1972); die Durchschnittswerte sind in Tab. 1 zusammengestellt. Die Frischgewichte der oberirdischen Pflanzenorgane aus den mit Cadmium behandelten

Gefäßen liegen geringfügig unter denen der Vergleichspflanzen (0 ppm); dabei zeigen die durch *Ustilago* befallenen Pflanzen eine stärkere Gewichtsverminderung in Abhängigkeit von den verschiedenen Cd-Stufen, wobei in mehreren Fällen statistisch gesicherte Gewichtsunterschiede auftreten, z. B. zwischen den Cd-Stufen 100 und 200 ppm und ihren befallenen Parallelen. Insgesamt bestehen zwischen den Frischgewichten der oberirdischen Pflanzenorgane bei den verschiedenen Cd-Konzentrationen signifikante Unterschiede ($F = 33{,}28$, $\alpha = 0{,}01$), was auch beim Gesamtfrischgewicht aller Pflanzenorgane der Fall ist ($F = 2{,}19$, $\alpha = 0{,}05$). Das Frischgewicht von Wurzeln und Rhizomen der befallenen Gefäße liegt gegenüber dem der nicht befallenen besonders niedrig. Einige dieser Unterschiede sind signifikant; dies soll jedoch hier nicht weiter diskutiert werden, da noch nicht genügend Beobachtungsmaterial über den Pilzbefall vorliegt.
Das Trockengewicht der oberirdischen Pflanzenorgane zeigt einen ähnlichen Verlauf in Abhängigkeit von den Cd-Stufen wie das Frischgewicht, jedoch besteht hier ein signifikanter Unterschied zwischen den Vergleichsgefäßen (0 ppm) und der 200-ppm-Cd-Stufe; es gibt einige statistisch gesicherte Unterschiede bei befallenen und nicht befallenen Gefäßen und deren Kombination (s. Tab. 1).
Eine Proportionalität zwischen Biomasseproduktion und erhöhten Cd-Gaben im Substrat besteht nicht. Werden alle gemessenen Werte bei der statistischen Auswertung berücksichtigt, so ergeben sich signifikante Unterschiede zwischen den Vergleichsgefäßen und der 100- und 200-ppm-Stufe sowie zwischen den Cd-Stufen 5 und 100 ppm, 25 und 100 ppm.
Produktionsverminderungen und Wachstumsdepressionen durch Cd-Gaben im Substrat wurden von verschiedenen Autoren ebenfalls beobachtet (u. a. BINGHAM et al. 1975, 1976), jedoch sind die Ergebnisse nicht unmittelbar vergleichbar wegen Unterschieden in der Pflanzenart sowie der chemischen und physikalischen Eigenschaften des Boden- und Nährsubstrates (vgl. DIETERICH 1976). Hinzu kommen noch unterschiedliche Dosierungen und Angebotsformen der Cd-Gaben.
Insgesamt zeigt *Glyceria maxima* nach zweijähriger Versuchsdauer bei relativ hohem Nährstoffangebot mit erhöhten N- und P-Gehalten im Substrat eine ziemlich gute Verträglichkeit gegenüber Cadmium; die Frage, ob dies auch der Fall ist bei Kombination von Cadmium mit anderen Schwermetallen, wie an kontaminierten Standorten, bedarf weiterer Untersuchungen.

7.2. Bonitierung

Die Pflanzen der Versuchsgefäße (5—200 ppm) wurden untereinander und mit denen der Vergleichsgefäße (0 ppm) verglichen. Letztere zeigten ein normales Wachstum (90 cm Höhe) und keine Mangel- oder Überschuß-Symptome.
Die Pflanzen der Cd-Stufe 5 ppm zeigten gegenüber denen der Vergleichsgefäße keine sichtbaren Unterschiede. Erst bei 25 und 50 ppm trat eine Bräunung der Blattspitzenränder in der oberen Halmregion auf, die später teilweise in eine blasse Farbe überging. Ein deutlicher Unterschied zu den vorhergehenden Cd-Stufen und besonders zu den Vergleichsgefäßen wurde mit einer Vergilbung der Blätter, Blattscheiden und des Halmes von der mittleren bis zur oberen Zone erst ab 100 ppm festgestellt; gleichzeitig war die Sproßachse dünner und gedrungen, es kamen aber auch Pflanzen mit langgestreckten Internodien vor. Das Auftreten chlorotischer Veränderungen wurde von mehreren Autoren bei verschiedenen Versuchsbedingungen und -pflanzen festgestellt (u. a. DIJKSHOORN et al. 1974). Die Pflanzen der Cd-Stufe 200 ppm zeigten extreme Wachstumsunterschiede gegenüber den restlichen, sie erreichten häufig nur eine Höhe von 20—30 cm, die Blätter blieben größtenteils kurz und gedrungen.
Die durch *Ustilago longissima* befallenen Pflanzen zeigten ähnliche Symptome mit einer verstärkten Schädigung, so daß die Blätter schon bei 50 ppm vergilbt waren und teilweise sogar vor dem Platzen der Epidermis austrockneten. Jedoch waren bis 200 ppm noch mit der Sporenmasse bedeckte Blätter zu finden.
Die Ergebnisse der Beobachtungen lassen sich folgendermaßen zusammenfassen:
(1) Chlorotische Symptome traten erst ab 25 ppm auf, in Form einer Bräunung (später Verblassung) der Blattspitzenränder.

(2) Eine Vergilbung der Gesamtpflanze trat erst ab 100 ppm auf, bei 200 ppm waren eine verstärkte Verfärbung der Blätter sowie Wachstumsdepressionen zu beobachten.

(3) Die durch den Brandpilz befallenen Pflanzen zeigten im Anfangsstadium des Befalls vor dem Platzen der Epidermis starre Blattspreiten, nach dem Platzen der Epidermis wurden die Blätter grüngelblich

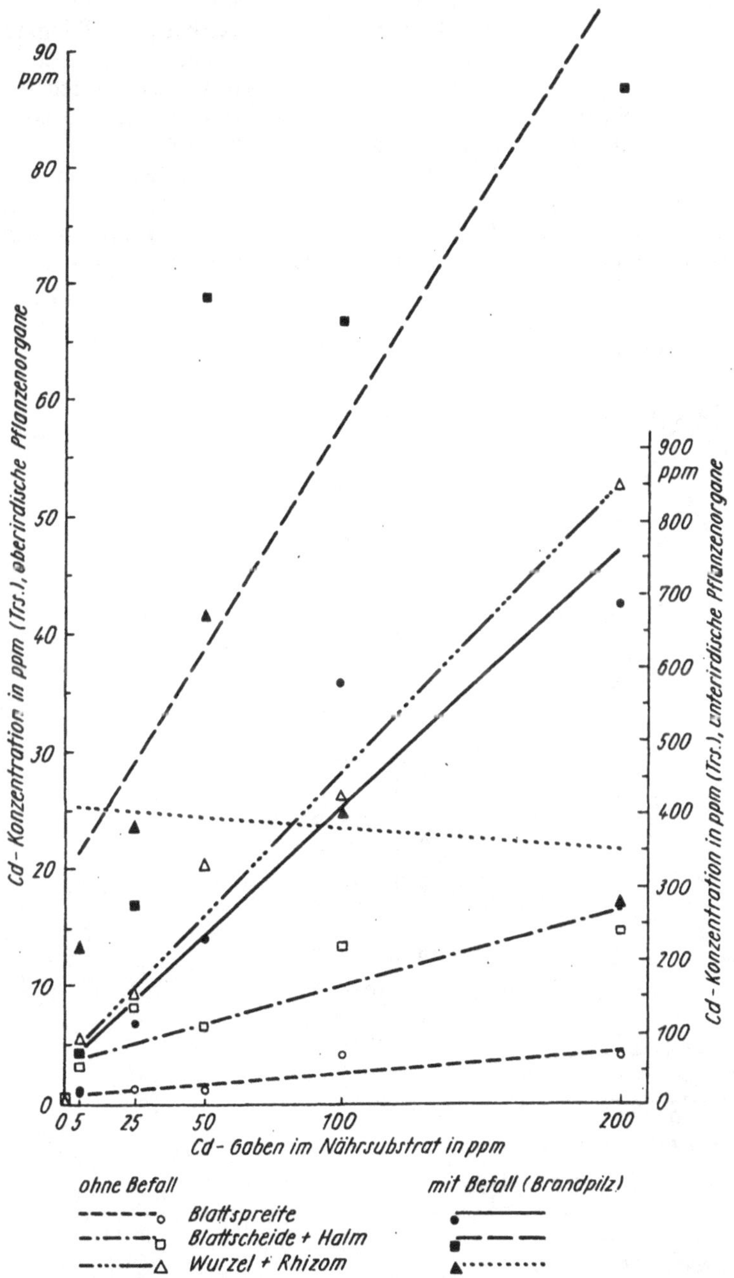

Abb. 1. Regression zwischen Cadmium-Konzentrationen in den Pflanzenorganen (ppm Trockensubstanz) und Cadmium-Gaben im Nährsubstrat (ppm)

und in ihrem Wachstum gehemmt (kleinere und schmalere Blattspreiten); die Halme waren teilweise auffallend langgestreckt (bis zu 140% der normalen Halmlänge), dünn und schwach und hingen herunter.

7.3. Cadmium in der Pflanze

Es wurden die Cd-Gehalte der einzelnen Organe (Blattspreite, Blattscheide + Halm, Wurzel + Rhizom) der Versuchsgefäß- und Freilandproben (Unterhavel, E-Ufer, UH) sowie bei letzteren auch der Cd-Gehalt des Oberflächenwassers am Standort bestimmt. Die Meßergebnisse sind in Abb. 1 und 2 (Regression zwischen Cd-Konzentrationen und Cd-Gaben) zusammengestellt. Zur Kontrolle wurden auch die Cd-Gehalte der Nährlösungen gemessen.

Es liegen zahlreiche Untersuchungen über Schwermetalle (u. a. auch über Cadmium) und ihre Beziehung und Auswirkung auf Pflanzen vor. Die Cadmiumaufnahme kann sowohl durch die unterirdischen als auch durch die oberirdischen Pflanzenorgane erfolgen (KLOKE & SCHENKE 1973, KRAUSE 1974).

Wie aus dem Versuchsaufbau hervorgeht, erfolgt in unserem Falle die Cd-Aufnahme bei *Glyceria maxima* durch die Wurzeln aus dem mit P und N angereicherten Bodensubstrat.

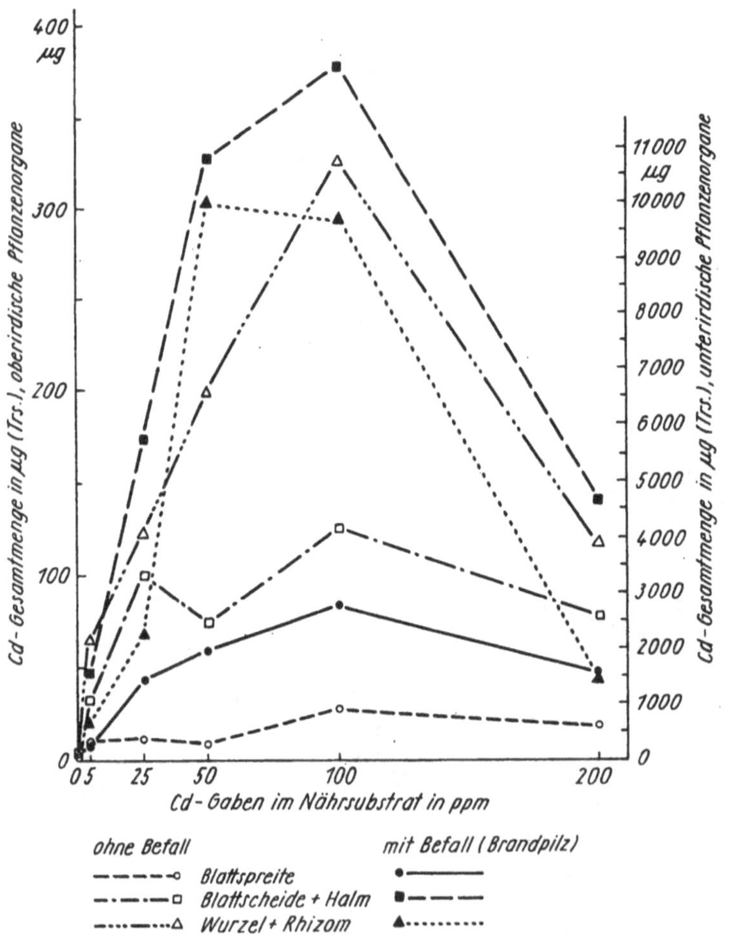

Abb. 2. Cadmium-Mengen (g) der Pflanzenorgane bei unterschiedlichen Cadmium-Gaben im Nährsubstrat (ppm)

Nach der Aufnahme wird das Cadmium in unterschiedlichen Mengen auf die verschiedenen Pflanzenorgane verteilt.
Die geringsten Cd-Konzentrationen und -Mengen (gesamtaufgenommene Cd-Mengen) der Pflanzenorgane wurden bei der Cd-5-ppm-Stufe festgestellt; dies trifft auch auf die durch den Brandpilz befallenen Pflanzen zu. Die höchsten Cd-Konzentrationen lagen bei der Cd-200-ppm-Stufe, die höchsten Cd-Mengen jedoch bei der Cd-100-ppm-Stufe; eine Ausnahme machen Wurzel + Rhizom der befallenen Pflanzen, deren höchste Cd-Konzentration und -Menge bei der Cd-50-ppm-Stufe festzustellen war.
Daß die höchste Cd-Konzentration nicht bei der gleichen Cd-Stufe zu finden war wie die höchste Cd-Menge, ist wohl auch auf die starke Reduzierung der Biomasse von der Cd-100-ppm- zur Cd-200-ppm-Stufe zurückzuführen (Tab. 1 und 2). Es stellte sich deutlich heraus, daß die Cd-Konzentrationen und -Mengen der Organe der befallenen Pflanzen innerhalb der jeweiligen Cd-Stufe viel höher lagen als die der nicht befallenen Pflanzen, obwohl ihre Biomasseproduktion geringer war.
Was die Anreicherung und Verteilung des Cadmiums in der Pflanze betrifft, so wiesen die Blattspreiten die niedrigsten, Wurzeln + Rhizome die höchsten Werte auf. Ähnliche Beobachtungen sind auch bei anderen Autoren zu finden (s. a. Gordee et al. 1960, Haghiri 1973, Cutler et al. 1974, Kirkham 1975, Jarris et al. 1976).
Der größte Konzentrationsunterschied zwischen Wurzel + Rhizom und Blattspreite sowie Wurzel + Rhizom und Blattscheide + Halm lag bei den nicht befallenen Pflanzen bei der Cd-200-ppm-Stufe, der größte Mengenunterschied bei der Cd-100-ppm-Stufe; bei den befallenen Pflanzen lag der größte Konzentrationsunterschied für beide Größen bei der Cd-50-ppm-Stufe, der größte Mengenunterschied zwischen Wurzel + Rhizom und Blattscheide + Halm ebenfalls bei der Cd-50-ppm-Stufe, der zwischen Wurzel + Rhizom und Blattspreite dagegen bei der Cd-100-ppm-Stufe.

Tab. 1. Biomasseproduktion von *Glyceria maxima* (Mittelwerte) in g/Gefäß bei verschiedenen Cd-Konzentrationen im Substrat

Cd-Stufe ppm	Frischbiomasse (FG)				Trockenbiomasse (TG)				
	Blattspreite	Blattscheide + Halm	Wurzeln und Rhizome	Gesamt	Blattspreite	Blattscheide + Halm	Wurzeln und Rhizome	Gesamt	Total
0	64,3	79,7	191,3	335,3	8,7 abc*	9,9	28,7	47,3	AB*
5	59,4 i*	77,6	174,3	311,3	8,9 de*	10,6	24,2	43,7	C*
++	50,0 j*	62,2	41,4	153,6	6,1	11,6	3,1	20,8	D*
25	58,6 k**	68,5	181,7	300,8	7,5	12,1	27,5	47,1	EF*
++	51,0 m*	71,2	34,3	156,5	6,4 f*	10,1	6,0	22,5	
50	57,0 jp*	69,1	162,8	288,9	7,2 g*	11,2	20,1	38,5	
++	51,0	56,0	105,8	212,8	4,2 a*	4,7	15,0	23,9	
100	53,6 k** q*	66,3	181,0	300,9	6,2	9,1	25,6	40,9	ACEG*
++	35,6 inq*	56,7	155,1	247,4	2,3 fg*	5,6	24,3	32,2	FG*
200	46,1 l** rm*	56,3	38,4	140,8	4,3 cdh*	5,3	4,6	14,2	BD*
++	11,3 pr*	16,4	30,8	58,5	1,1 beh*	1,6	5,3	8,0	

Varianzanalyse für dreifache Klassifikation

	Total		
Variabilitätsursachen	F	α	
Cd-Stufen	3,98	*	* = 0,05
Cd-Stufen/FG, TG	2,19	*	** = 0,01

++ durch *Ustilago longissima* befallene Pflanzen
Wertepaare, die mit denselben Buchstaben versehen sind, sind signifikant verschieden;

Tab. 2. Cadmiumgehalt (Konzentration in ppm, Menge in µg) der Pflanzenorgane von *Glyceria maxima*

Cd-Stufen			0	5	25	50	100	200	Freiland
Pflanzenorgane			ppm	ppm	ppm	ppm	ppm	ppm	(UH)
Blattspreite	ohne Befall	Konz.	0,20	0,95	1,30	1,00	4,25	4,20	0,06
		Menge	1,74	8,46	9,75	7,20	26,4	18,1	
	mit Befall	Konz.	—	1,20	6,70	14,0	36,0	43,0	—
		Menge	—	7,32	42,9	58,8	82,8	47,3	—
Blattscheide + Halm	ohne Befall	Konz.	0,44	3,15	8,20	6,55	13,6	15,0	0,06
		Menge	4,36	33,4	99,2	73,4	124	79,5	
	mit Befall	Konz.	—	4,20	17,0	69,0	67,0	87,0	—
		Menge	—	48,7	172	324	375	139	—
Wurzel + Rhizom	ohne Befall	Konz.	4,87	88,0	147	329	422	847	4,72
		Menge	140	2130	4043	6613	10803	3896	
	mit Befall	Konz.	—	210	374	669	401	280	—
		Menge	—	651	2244	10035	9744	1484	

Cd-Gehalt des Wassers im Uferbereich 5,8 ppb, im freien Wasser < 1,0 ppb

Was den Cadmiumgehalt der Pflanze und deren visuelle Erscheinung betrifft, so gibt es in vielen Fällen Hinweise auf eine starke toxische Wirkung ab der Cd-100-ppm-Stufe (bei befallenen Pflanzen ab der Cd-50-ppm-Stufe), die sich in Form einer Vergilbung der Gesamtpflanze und einer rapiden Verringerung der Cd-Mengen von der Cd-100- zur Cd-200-ppm-Stufe bemerkbar macht, hinzu kommen noch Wachstumsdepression und eine Reduzierung der Biomasse.
Die Freilandproben wiesen mit 0,06 ppm die niedrigste Cd-Konzentration in den oberirdischen Pflanzenteilen auf, die damit auch unter der der Cd-0-ppm-Stufe lag; die Konzentration von Wurzel + Rhizom lag mit 4,7 ppm etwa gleichhoch wie die der Cd-0-ppm-Stufe mit 4,9 ppm.

Insgesamt nimmt die Cd-Konzentration der Pflanzen mit steigenden Cd-Konzentrationen im Bodensubstrat zu — mit Ausnahme von Wurzel + Rhizom ab 50 ppm —, jedoch besteht keine Proportionalität zwischen den steigenden Cd-Konzentrationen des Bodensubstrats und denen in der Trockensubstanz der Pflanzen. Für die genannte Unproportionalität, aber auch für die Streuung der Ergebnisse, gibt es verschiedene mögliche Erklärungen. So können steigende Cd-Konzentrationen einen Einfluß auf den Ionenhaushalt und die Wechselwirkung zwischen Kationen und Anionen haben, was sich auf den Aufnahmevorgang des Cd durch die Pflanze auswirkt. Auch ist für die Aufnahme von Bedeutung, ob das angebotene Cd in ionogener oder chelatisierter Form vorhanden ist. Für Zink wird bei *Silene cucubalus* festgestellt, daß es in ionogener Form in größeren Mengen aufgenommen wird als in chelatisierter Form (Ernst 1968, 1972). Auch die Frage des Resistenzverhaltens der Wurzelzellen bietet Anlaß zu weiteren Untersuchungen. Diese und andere Faktoren beeinflussen und bestimmen die Aufnahmekapazität, und es ist sehr unwahrscheinlich, daß alle diese Zustandsänderungen über einen größeren Cd-Konzentrationsbereich proportional sind.
Nach Aufnahme des Cadmiums wird es in unterschiedlichen Mengen auf die verschiedenen Pflanzenorgane verteilt. Dabei ist beim Vergleich der oberirdischen Pflanzenorgane eine stärkere Anreicherung in Blattscheide + Halm festzustellen als in der Blattspreite, was auch von anderen Autoren am Beispiel anderer Pflanzen beschrieben wird, vgl. Haghiri (1973); in Wurzel + Rhizom ist die Cd-Konzentration am größten (Jäger & Klein

1977). Dabei sind u. a. die jeweilige Pflanze und die Art des Cadmiumangebots von großer Bedeutung für die in Pflanzenorganen angesammelten unterschiedlichen Mengen (u. a. JOHN & LAERHOVEN 1976). Die Dosierungs- und Angebotsformen des Cadmiums scheinen außerdem Bedeutung für die Toxizitätsgrenzen zu haben. Bei Indikation über das Blatt stellte KRAUSE (1974) selbst bei mehreren hundert ppm in der Trockensubstanz keine sichtbaren Schädigungen fest, wogegen ALLAWAY (1968) und TURNER (1973) mit Cd-Gaben im Nährsubstrat schon bei weniger als 5 ppm Cd in der Pflanze Toxizitätswirkungen beobachteten. Offensichtlich müssen Unterschiede bei den Testpflanzen und den Nährsubstraten sowie Versuchsdauer und exogene Faktoren (Licht, Temperatur, Luftfeuchte, Bodeneigenschaften etc.) mit in Betracht gezogen werden (s. a. DIETERICH 1976). Die hier zum Vergleich herangezogenen, von einem eutrophen Standort stammenden Freilandproben zeigen keine hohen Cd-Gehalte, allerdings gibt der Cd-Gehalt des untersuchten Havelwassers auch keine besonders ungünstigen Bedingungen.

Interessant ist die gleichzeitige Belastung der Testpflanzen durch den Parasiten *Ustilago longissima*, der an den Gewächshauspflanzen stärker auftritt als an den Freilandpflanzen, wozu die Klimafaktoren im Gewächshaus beitragen dürften. Der Befall durch den Brandpilz führt zu starken Erhöhungen der Cd-Gehalte in den Pflanzen (Tab. 2).

Es sei deshalb die Frage gestellt, ob die Cd-Gehalte der *Glyceria*-Pflanzen diese höheren Werte als Folge des Befalls mit *Ustilago longissima* erreicht haben oder ob umgekehrt der Befall eine Folge des hohen Cd-Gehaltes ist. Um das entscheiden zu können, müßte der Versuch unter kontrollierter Infektion wiederholt werden. Immerhin spricht das konstante Verhältnis von befallenen zu nicht befallenen Pflanzen über den gesamten Cd-Konzentrationsbereich dafür, daß der Befall für den erhöhten Cd-Gehalt verantwortlich ist und nicht umgekehrt. Das abzusichern und die Ursache hierfür zu finden, wäre das Ziel einer weiteren Untersuchung. In diesem Zusammenhang ist zu erwähnen, daß in letzter Zeit einige Arbeiten erschienen sind, die hohe Cadmium- und Quecksilberkonzentrationen in Pilzen beschreiben (AICHBERGER & HORAK 1975, QUINCHE 1976, SEEGER 1976, STIJVE & BESSON 1976).

Der offensichtliche Zusammenhang zwischen Cd-Gehalt und Pilzbefall der Pflanzen zeigt, mit wieviel Vorbehalten Dosis—Wirkungs-Beziehungen einzelner Parameter zu behandeln sind. Obwohl angestrebt wurde, die natürlichen Freilandbedingungen annähernd herzustellen (z. B. Substrat, pH-Wert, Stickstoffversorgung), gibt es eine Reihe von Faktoren in den natürlichen Standortverhältnissen, die bei der Versuchsdurchführung nicht berücksichtigt werden konnten (z. B. Lichtverhältnisse, Temperatur, Konkurrenz).

Es ist zu bemerken, daß *Glyceria maxima* häufig von *Ustilago longissima* befallen wird; entsprechend unseren Versuchsergebnissen ist in solchen Fällen mit erhöhten Cd-Gehalten zu rechnen. Da *Glyceria maxima* von Tieren aufgenommen werden kann, ist eine Cd-Anreicherung in der Nahrungskette in Cd-belasteten Gebieten zu erwarten.

Zusammenfassend kann gesagt werden, daß *Glyceria maxima* unter den gegebenen Versuchsbedingungen eine relativ hohe Cd-Verträglichkeit besitzt.

8. Zusammenfassung

Glyceria maxima wurde mit erhöhten N- und P-Gehalten in der Grundnährlösung und Zugabe von Cd-Mengen von 5, 25, 50, 100 und 200 ppm in Sand-Wasser-Kultur bei einem pH-Wert von 6 bis 7 in einem Gewächshaus kultiviert. Im zweiten Vegetationsjahr wurden die Produktionsverhältnisse erfaßt und eine Bonitierung durchgeführt sowie die Cd-Gehalte der Pflanzenorgane bestimmt.

Eine signifikante Produktionsminderung wurde im Vergleich zur 0-ppm-Cd-Stufe erst ab der 100-ppm-Cd-Gabe festgestellt. Chlorotische Schadsymptome traten ab 25 ppm auf, eine starke Vergilbung der Gesamtpflanze war erst ab 100 ppm zu beobachten.

Die Pflanze besitzt ein beträchtliches Aufnahmevermögen für Cadmium, wobei die Gehalte der Wurzeln + Rhizome wesentlich höher waren als die der Blattscheide, welche wiederum höher lagen als die der Blattspreite.

Die durch *Ustilago longissima* befallenen Pflanzen wiesen eine stärkere Ertragsdepression und höhere Cd-Gehalte auf als die nicht befallenen; dies gilt für alle Pflanzenorgane mit Ausnahme von Wurzel + Rhizom der höchsten Konzentration.

Summary

Glyceria maxima was grown with increased P- and N-contents in the basic nutrient solution and added Cd-quantities of 5, 25, 50, 100 and 200 ppm in sand-water-culture at a pH between 6 and 7 in a greenhouse. The second year, the conditions of productivity were registered, an evaluation was made, and the Cd-contents of the plant organs were analysed.

A significant diminution of production in comparison with the Cd-level of 0 ppm was found only from the 100 ppm Cd-level upwards. Chlorotic symptoms appeared from 25 ppm upwards, whereas intense yellowing of the whole plant was to be found only from the 100 ppm Cd-level upwards.

The plant has a considerable ability for taking up Cadmium; contents in roots and rhizomes were remarkably higher than those in the leaf sheath, which as well were higher than those in the leaf.

The plants attacked by *Ustilago longissima* showed a heavier depression in yield as well as higher Cd contents than those being not attacked.

Резюме

Культивирована в теплице *Glyceria maxima* с повышенным содержанием N и P основной питательной среде и при добавлении количеств Cd 5, 25, 50, 100 и 200 ppm в песчаной-водной культуре при pH в пределах 6—7. Во втором вегетационном периоде были регистрированы условия продукции и проведена оценка, а также определено содержание Cd в органах растений.

Установлено достоверное уменьшение продукции по сравнению с степенью 0-ppm-Cd лишь с дозы ppm-Cd в 100. Хлоротические вредные признаки наблюдались с дозы ppm 25, сильное желтение целого растения отмечено лишь с ppm = 100.

Растение обладает значительной поглощающей способностью в отношении кадмия, причем содержание корней и корневища было значительно выше листового влагалища, которое, в свою очередь, было выше листовой ширины.

Растения, пораженные *Ustilago longissima* проявляли большее понижение выхода и повышенное содержание Cd чем непораженные растения; это действительно для всех органов растения, за исключением корней и корневища максимальной концентрации.

9. Literatur

Aichberger, K., & O. Horak, 1975: Quecksilberaufnahme von Champignons (*Agaricus bisporus*) aus künstlich angereichertem Substrat. — Bodenkultur **26**, 8—14.

Allaway, W. H., 1968: Agronomic controls over the environmental cycling of trace elements. — Advances Agron. **20**, 235—274.

Anonym, 1977: Luftqualitätskriterien für Cadmium. — Umweltbundesamt, Fachgebiet I 1.4, Berichte 4/77. Berlin.

Baumeister, W., & E. Burrichter, 1954: Die Bedeutung des Schilfrohres als Uferschutzpflanze. — Festschr. Erwin Aichinger 60. Geburtstag, **II**, 1283 bis 1311 (Sd.-F. Schr.-R. Angew. Pflanzensoziol.).

Bingham, F. T., A. L. Page, R. J. Mahler & T. J. Ganje, 1975: Growth and Cadmium Accumulation of Plants Grown on a Soil Treated with a Cadmium-Enriched Sewage Sludge. — J. environ. Qual. **4**, 207—211.

Bingham, F. T., A. L. Page, R. J. Mahler & T. J. Ganje, 1976: Yield and cadmium accumulation of forage species in relation to cadmium content of sludge-amended soil. — J. environ. Qual. **5**, 57—60.

Bittmann, E., 1953: Das Schilf (*Phragmites communis* Trin.) und seine Verwendung im Wasserbau. — Angew. Pflanzensoziol., Heft 7.

Bock, R., 1972: Aufschlußmethoden der anorganischen und organischen Chemie. — Weinheim/Bergstraße.

Buhr, H., 1964: Bestimmungstabellen der Gallen (Zoo- und Phytocecidien) an Pflanzen Mittel- und Nordeuropas, Bd. 1, — Jena.

Cutler, J. M., & D. W. Rains, 1974: Characterization of Cadmium Uptake by Plant Tissue. — Plant Physiol. **54**, 67—71.

Dieterich, N., 1976: Aufnahme von Cadmium und Nickel durch Kulturpflanzen in Abhängigkeit vom Ton- und Torfgehalt des Substrates. — Diss., Bonn.

Dijkshoorn, W., J. E. M. Lampe & A. R. Kowsoleea, 1974: Tolerance of ryegrass to cadmium accumulation. — Neth. J. agric. Sci. **22**, 66—71.

Ellenberg, H., 1974: Zeigerwerte der Gefäßpflanzen Mitteleuropas. — Scripta Geobotanica **9**.

Eriksson, J., 1900: Giftiges Süßgras, *Glyceria spectabilis*, von *Ustilago longissima* befallen. — Z. Pflanzenkrankh. **10**, 15—16.

Ernst, W., 1968: Der Einfluß der Phosphatversorgung sowie die Wirkung von ionogenem und chelatisiertem Zink auf die Zink- und Phosphataufnahme einiger Schwermetallpflanzen. — Physiol. Plant. **21**, 323—333.

— 1972: Schwermetallresistenz und Mineralstoffhaushalt. — Forsch.-Ber. Landes Nordrhein-Westfalen, Nr. 2251.

Gewässerkundlicher Jahresbericht des Landes Berlin für das Abflußjahr 1973. — Hrsg.: Senator Bau- u. Wohnungswesen Berlin, Berlin.

Gordee, R. S., C. L. Porter & R. G. Langston, 1960: Uptake and Distribution Studies of Cadmium 115-m in Peppermint. — Proc. Amer. Soc. Hort. Sci. **75**, 525—528.

HAGHIRI, F., 1973: Cadmium Uptake by Plants. — J. environ. Qual. **2**, 93—96.

HEGI, G., 1935: Illustrierte Flora von Mitteleuropa. Band 1, 2. Auflage. — München.

HERMANN, F., 1938: Die deutschen *Glyceria*-Arten. — Hercynia **1**, 272—273.

HESS, H. E., E. LANDOLT & R. HIRZEL, 1972: Flora der Schweiz und angrenzender Gebiete. Band 3: Plumbaginaceae bis Compositae. — Basel, Stuttgart.

HUECK, K., 1942: Die Pflanzenwelt des Naturschutzgebietes Krumme Laake bei Rahnsdorf. — Arb. Berliner Provinzialstelle Naturschutz.

JARRIS, S. C., L. H. P. JONES & M. J. HOPPER, 1976: Cadmium Uptake from Solution by Plants and its Transport from Roots to Shoots. — Plant & Soil **44**, 179—191.

JOHN, M. K., & C. J. VAN LAERHOVEN, 1976: Differential Effects of Cadmium on Lettuce Varieties. — Environ. Pollut. **10**, 163—173.

KICKUTH, R., 1969: Höhere Wasserpflanzen und Gewässerreinhaltung. Ökochemische Wirkungen höherer Pflanzen und ihre Funktion bei der Gewässerreinhaltung. — Schr.-R. Verein. dtsch. Gewässerschutz EV-VDG, Nr. 19.

KIENDL, J., 1953: Zum Wasserhaushalt des Phragmitetum communis und des Glycerietum aquaticae. — Ber. dtsch. bot. Ges. **66**, 246—262.

KIRKHAM, M. B., 1975: Trace-elements in Corn grown on long-term Sludge Disposal Site. — Environ. Sci. & Technol **9**, 765—768.

KLOKE, A., & H.-D. SCHENKE, 1973: Quecksilber und Cadmium in Böden und Pflanzen. — Koll. Europäischen Gemeinschaften „Probleme im Zusammenhang mit der Kontamination des Menschen und seiner Umwelt durch Quecksilber und Cadmium". 3.—5. 7. 1973 in Luxemburg. EUR 5075, S. 83—97.

KNAPP, R., 1948: Einführung in die Pflanzensoziologie. Die Pflanzengesellschaften Mitteleuropas, Heft 2. — Stuttgart.

KOCH, O. G., & G. A. KOCH-DEDIC, 1974: Handbuch der Spurenanalyse. — Berlin, Heidelberg, New York.

KRAUSE, G. H. M., 1974: Zur Aufnahme von Zink und Cadmium durch oberirdische Pflanzenorgane. — Diss., Bonn.

LIRO, J. I., 1924: Die Ustilagineen Finnlands, I. — Ann. Acad. Sci. Fenn., Ser. A, **27**.

MEUSEL, H., E. JÄGER & E. WEINERT, 1965: Vergleichende Chorologie der zentraleuropäischen Flora. — Jena.

OELSCHLÄGER, W., & L. BESTENLEHNER, 1974: Bestimmung von Cadmium in biologischen und anderen Materialien mit Hilfe der Atomabsorptionsspektralphotometrie (AAS). 1. Mitt.: Fehlermöglichkeiten und deren Eliminierung bei der Veraschung und Herstellung der Analysenlösung. — Landw. Forsch. **27**, 62—69.

OELSCHLÄGER, W., & E. BÜHLER, 1974: Bestimmung von Cadmium in biologischen und anderen Materialien mit Hilfe der Atomabsorptionsspektralphotometrie (AAS). 2. Mitt.: Fehlermöglichkeiten und deren Eliminierung bei der AAS-Bestimmung. — Landw. Forsch. **27**, 70—79.

OELSCHLÄGER, W., & R. GILG, 1969: Inverspolarographische Bleibestimmung in biologischen Substanzen. — Landw. Forsch. **22**, 218—228.

QUINCHE, J.-P., 1976: La pollution mercurielle de diverses espèces de champignons. — Revue suisse Agric. **8**, 143—148.

RAGHI-ATRI, F., 1976: Ökologische Untersuchungen an *Phragmites communis* TRINIUS in Berlin unter Berücksichtigung des Eutrophierungseinflusses. — Diss. Techn. Univ., Berlin.

SCHMALE, E., 1939: Das Naturschutzgebiet Golmer Luch, eine pflanzensoziologisch-ökologische Studie. — Verh. bot. Ver. Provinz Brandenburg **79**, 59—152.

SCHOLZ, H., 1976: Veränderungen der Berliner Brandpilzflora. — Schriftenr. Vegetationskd., 10, 215 bis 225.

SEEGER, R., 1976: Quecksilbergehalt der Pilze. — Z. Lebensm. Unters.-Forsch. **160**, 303—312.

SEIBERT, P., 1967: Die Bedeutung der natürlichen Ufervegetation für die Ufersicherung von Gewässern. (Dtsch. Fassung von: Conservation des Eaux — Influence de la vegetation naturelle le long des torrents, des rivieres et des canaux. En rapport avec l'amenagement des rivers.) — Conseil de l'Europe, Strasbourg.

SEIDEL, K., 1956: Wasserpflanzen als Akkumulatoren und ihre anatomisch-physiologische Anpassung. — Wasser u. Abwasser **14**, 42—51.

— 1966: Reinigung von Gewässern durch höhere Pflanzen. — Naturwissenschaften **53**, 289—297.

STIJVE, T., & R. BESSON, 1976: Mercury, Cadmium, Lead and Selenium Content of Mushroom Species Belonging to the Genus *Agaricus*. — Chemosphere No. 2, 151—158.

SUKOPP, H., 1959: Vergleichende Untersuchungen der Vegetation Berliner Moore unter besonderer Berücksichtigung der anthropogenen Veränderungen. — Bot. Jahrb. Syst. **79**, 36—126.

TITTIZER, T., 1973: Abbau von p-Toluolsulfonat durch höhere Wasserpflanzen und ihre Rhizosphären-Gesellschaft. — Diss. Göttingen.

TURNER, M. A., 1973: Effect of Cadmium Treatment on Cadmium and Zinc Uptake by Selected Vegetable Species. — J. environ. Qual. **2**, 118—119.

WEBER, E., 1972: Grundriß der biologischen Statistik. — Stuttgart.

ZELDER, H., 1963: Untersuchungen über einige wichtige Probleme der Entschilfung von Teichen. — Diss. Humboldt-Univ., Berlin.

ZILLIG, H., 1932: Ustilaginales (Brandpilze). In: Hdb. Pflanzenkrankh., Bd. 3, 2. Teil, 5. Aufl. — Berlin.

Zimmermann, W., 1973: Verminderung der Eutrophierung von Oberflächengewässern durch Anpflanzung der Flechtbinse *Scirpus lacustris*. — Naturwissenschaften **60**, 159.

Zwick, Fischer & Winkler, 1912: Untersuchungen über die Wirkung brandsporenhaltigen Futters auf die Gesundheit der Haustiere. — Arb. kais. Ges.-Amt **38**, 450—484.

Eingegangen am 22. 3. 1978.

Anschrift des Verfassers:
Dr.-Ing. Freidun Raghi-Atri
Technische Universität Berlin
Institut für Ökologie
— Fachgebiet Botanik —
Rothenburgstraße 12
Berlin (West) 41

Limnologica (Berlin) **12** (2), 299—312, Juni 1980

PETR MARVAN, JOZEF ROTHSCHEIN & MILOŠ ZELINKA

Der diagnostische Wert saprobiologischer Methoden

Mit 4 Abbildungen und einer Tabelle

Inhalt

1. Einleitung

Die Anwendung der Saprobiologie in der wasserwirtschaftlichen Praxis und die Heranziehung der Saprobitätsstufen als Kriterium der Gewässergüte wirft die Frage auf, welchen diagnostischen Wert die zur Bestimmung der Saprobitätsstufen angewandten Methoden eigentlich haben. Wir müssen in erster Reihe wissen, was wir bestimmen wollen, um uns in zweiter Reihe mit der Frage befassen zu können, wie und mit welcher Genauigkeit wir die Saprobitätsstufen bestimmen können.

Als Saprobität bezeichnen wir den biologischen Zustand eines Gewässers (die ökologische Situation), der durch Verunreinigung mit organischen fäulnisfähigen Substanzen verursacht wurde. Aus dieser Definition geht logisch hervor, daß auf Grund der Saprobitätsbestimmung Rückschlüsse auf das Maß der Verunreinigung des Gewässers mit diesen Stoffen möglich sind.

KOLKWITZ & MARSSON (1908, 1909), die als Autoren des klassischen Saprobiensystems angesehen werden, gehen dabei von der Vorstellung aus, daß der Selbstreinigungsprozeß ein nur in einer Richtung verlaufender stufenweiser Abbauvorgang der organischen Substanz ist. Sie unterscheiden 3 Grundstufen der Saprobität: die polysaprobe Stufe, welche durch das Überwiegen von Reduktionsprozessen gekennzeichnet ist, die mesosaprobe Stufe, die als Stufe der Überwindung der Reduktionsprozesse und des Einsetzens der Oxidationsprozesse bezeichnet wird, und die oligosaprobe Stufe, die als Stufe der beendeten Oxydation gelten kann. Diesen auf solche Weise gekennzeichneten Stufen des Selbstreinigungsprozesses werden gewisse Indikatorarten (Leitformen) zugereiht, deren Verbreitungsoptimum sich mit den einzelnen Stufen des Abbauvorganges deckt. Diese Organismen werden als „Saprobien" bezeichnet, im Gegenteil zu den „Katharobien", welche nur in ganz reinen Gewässern vorkommen. Die katharobe Stufe wurde also keinesfalls als unbelebte Stufe aufgefaßt. Die grundlegende Voraussetzung für diese Abstufung des Selbstreinigungsprozesses, d. h. die qualitative Differentiation der einzelnen Stufen der Selbstreinigung, ist seit der Entwicklung des Saprobiensystems niemals überprüft worden.

HAVRÁNEK (1966) und ELSTER (1966) haben die ursprüngliche Definition kritisch analysiert und übereinstimmend festgestellt, daß diese absolut ungenügend ist. Allerdings haben sich die Vorstellungen über die Saprobität der Gewässer und über die Saprobien auch ohne diese Definition weiter entwickelt. Das biologische System der Bewertung der Gewässerverunreinigung nach dem „Saprobiensystem" hat sich von der Bewertung des Reinheitszustandes nach chemischen Kennwerten losgelöst und es entstand ein völlig in sich geschlossenes System der Bewertung, in welchem tautologische Beweisketten des Typs „die Art ist oligosaprob, da sie in einem oligosaproben Gewässer lebt" und „das Gewässer ist oligosaprob, da es von oligosaproben Arten bewohnt wird" möglich waren. Die Autoren des klassischen Saprobiensystems hinterließen eigentlich nur ein Schema der Saprobitätsstufen, in welchem die einzelnen Stufen ausschließlich durch das Vorkommen von gewissen Organismen resp. Lebensgemeinschaften definiert worden sind.

Diese absonderliche Situation führte in der weiteren Entwicklung zur Entstehung von Widersprüchen und Gegensätzen. Ziemlich früh wurde festgestellt, daß eine bedeutende Anzahl der von KOLKWITZ & MARSSON (l.c.) als „Leitformen" für die α-mesosaprobe und polysaprobe Stufe angegebenen Arten auch in reineren Gewässern vorkommen, was viele Autoren mit der idealisierten Vorstellung über die „Leitformen" als unvereinbar betrachteten. LIEBMANN (1947) versuchte diese Widersprüche durch seine bekannte Revision des KOLKWITZ-MARSSONschen Saprobiensystems zu beseitigen, indem er die Indikatorarten, welche „sich nicht bewährt hatten", aus dem Saprobiensystem beseitigte und wiederum andere neue Arten, insbesondere Protozoen, in das System einreihte. In dieser Version ist LIEBMANN kompromißloser als KOLKWITZ & MARSSON, welche in vielen Fällen das Vorkommen von Indikatorarten in zwei benachbarten Saprobitätsstufen zuließen.

Grundsätzlich genommen sollten die in dem Verzeichnis von LIEBMANN (1951) angeführten Arten eigentlich nur in einer einzigen Saprobitätsstufe vorkommen, d. h., die Existenz von Indikatorarten anderer Saprobitätsstufen sollte sich gegenseitig ausschließen. Würden wir jedoch diesen Eliminationsprozeß konsequent bis zu Ende führen, würde das ganze Saprobiensystem bestenfalls auf einige wenige Indikatoren von extremen ökologischen Situationen zusammenschrumpfen und praktisch jede Bedeutung verlieren.
Es wird wohl zweckmäßiger sein, auf die Vorstellung über den absoluten Aussagewert der Indikatorarten zu verzichten und sich mit der Wirklichkeit abzufinden, daß ein und derselbe Biotop von Arten besiedelt sein kann, denen man die Bedeutung von Indikatorarten von zwei, drei oder auch mehr Saprobitätsstufen zuschreibt. Das bedeutet aber gleichzeitig, daß wir uns damit abfinden müssen, daß die mit Hilfe der Indikatorarten bestimmte Saprobitätsstufe des Gewässers nur einen statistischen Wert darstellt. Solange sich die biologische Analyse ihre Vorrangstellung bei der Beurteilung der Gewässergüte erhalten und ihre Vorteile vor den chemischen Beurteilungskriterien (ROTHSCHEIN 1972) zur Geltung bringen will, muß man dieses unbedingt zur Kenntnis nehmen und diesem Umstand auch die Methodik der Auswertung der biologischen Befunde voll anpassen.

LIEBMANN (1951) und mit ihm viele andere Biologen geben einer subjektiven Abwägung der durch die einzelnen Indikatorarten vermittelten Informationen den Vorzug, gleichzeitig nehmen sie eine negative Haltung zur Einführung von Rechenmethoden in die Saprobiologie ein. Dieser Standpunkt kann wohl für die biologische Praxis sehr verlockend klingen, kann aber zu Schlüssen führen, die jeder Grundlage entbehren können: der untersuchende Biologe kann dem Biotop eindeutig eine gewisse Saprobitätsstufe auch dann zusprechen, wenn die für die Bewertung notwendigen Informationen bei weitem für eine solche eindeutige Wertung nicht ausreichen.

Wir sind hier am Kern der Frage angelangt, der diese Studie gewidmet ist. Gehen wir davon aus, daß die von den Gründern des Saprobiensystems mit den Termini „oligosaprobe Zone", „β-mesosaprobe Zone" usw. belegten ökologischen Situationen nur durch die artenmäßige Zusammensetzung der Biozönosen definiert sind; dann ist die Bewertung der Saprobität eines Biotops eigentlich nur ein Vergleich der hier vorhandenen artenmäßigen Zusammensetzung der Biozönose mit der für die betreffende Zone angegebenen charakteristischen artenmäßigen Zusammensetzung. Die Widersprüche in der Aussage der in demselben Biotop lebenden Organismen können so groß sein, daß überhaupt kein endgültiges Urteil über die Saprobität dieses Biotops möglich ist. Die Bewertung der Saprobität sollte unserer Meinung nach in keinem Falle auf eine statistische Wertung des Unterlagenmaterials verzichten. Diese Wertung abzulehnen würde bedeuten, daß wir der für die Bestimmung der Saprobität angewandten Methode eine höhere Exaktheit zuschreiben, als dieser ihrem Wesen nach zusteht. In Anbetracht der hervorragenden Bedeutung der biologischen Aussage für die Gesamtbewertung der Gewässer können wir diesem Gedankengang nicht folgen.
Deshalb wollen wir uns mit der Frage befassen, wie die Saprobität bestimmt werden soll und mit welcher Genauigkeit sie überhaupt bestimmt werden kann. Dieses ist ohne die Anwendung von mathematischen Formeln nicht möglich; wir wollen jedoch betonen, daß deren Anwendung keinesfalls eine größere Genauigkeit bei der Saprobitätsbestimmung vortäuschen soll, sondern umgekehrt, es soll dadurch überprüft werden, ob bei Untersuchungen dieser Art die üblich erwartete Genauigkeit überhaupt erzielt werden kann.

2. Numerische Kennwerte der Saprobität

Für unsere weiteren Erwägungen ist es notwendig, die in dieser Arbeit angewandte Symbolik zu erläutern: Mit dem Symbol a_{ij} wird der Anteil der saprobiellen

Valenz bezeichnet, welcher der Art i in der Saprobitätsstufe j ($j = 0, 1, \ldots 4$ für Xeno-, Oligo-, ... Polysaprobität) zugeordnet wird; er wird im weiteren als **Saprobiepunktwert** bezeichnet. Die Summe der Werte a_{ij} ist für jede Art gleich 10. Mit dem Symbol S_i wird der **Saprobiewert** einer einzelnen Art bezeichnet, der aus den Werten a_{ij} mit Hilfe der Formel berechnet wird:

$$S_i = 0{,}1(a_{i1} + 2a_{i2} + 3a_{i3} + 4a_{i4}) \qquad [1]$$

Mit dem Symbol g_i wird das der Art i zugeordnete Indikationsgewicht bezeichnet, mit dem Symbol h_i die Häufigkeit der Art i.

Alle diese Werte sind für die einzelne Art in einem gewissen Maße charakteristisch: entweder charakterisieren sie deren Ansprüche an die Lebensbedingungen („ökologische Valenz“) oder die Bedeutung, welche wir dieser Art als Indikator zuschreiben. In unseren Erwägungen wollen wir uns nicht mit der Problematik der Ableitung dieser Werte befassen; wir gehen von der Voraussetzung aus, daß diese eindeutig gegeben sind, ohne jedoch die Realität genau erfassen zu müssen. Es handelt sich um keine neu eingeführten Größen. Die Werte a_{ij} kommen unter einer anderen Bezeichnung in der Methode der Saprobitätsbestimmung nach ZELINKA & MARVAN (1961) vor und sie sind ein Ausdruck der Affinität der Arten zu den einzelnen Saprobitätsstufen; sie drücken eigentlich die Wahrscheinlichkeit aus, mit welcher eine gewisse Saprobitätsstufe indiziert wird.

Der Saprobiewert S_i wird hier als Hilfscharakteristik eingeführt. Dem eigentlichen Begriff „Saprobiewert“ begegnen wir bei PANTLE & BUCK (1955), welche jedoch nur durch ganze Zahlen $S_i = 1, 2, 3, 4$ die Kodebezeichnung der Saprobitätszugehörigkeit der einzelnen Arten mit Hilfe der Symbole -o-, -b-, -a-, -p- ersetzen. In der Bestimmungsmethode von ZELINKA & MARVAN (1961) kommt eine solche Charakteristik nicht vor und die genannten Autoren weichen mit Absicht ihrer Anwendung aus. Sie wird hier nur deshalb eingeführt, um überhaupt die Genauigkeit der Saprobitätsbestimmung überprüfen zu können. Eine ähnliche Punktcharakteristik der saprobiellen Anforderungen der einzelnen Arten führt SLÁDEČEK (1963, 1973) unter der Bezeichnung Saprobieindex ein.

Das Indikationsgewicht g_i kommt ebenso wie der Wert a_{ij} bereits in der Methode von ZELINKA & MARVAN (1961) vor und drückt die Verläßlichkeit der Indikatorart im breitesten Sinne des Wortes aus. Solange angenommen werden kann, daß die Werte a_{ij} genau die ökologischen Anforderungen einer bestimmten Art darstellen, wäre es theoretisch am besten, die Werte g_i als Zahlen anzugeben, welche der Streuung der saprobiellen Valenzwerte indirekt proportional wären. Dieses Prinzip wird ungefähr von SLÁDEČEK (1963a, 1973) und DOLEJŠ (1974) eingehalten. Bei der Wahl der Indikationsgewichte muß jedoch in manchen Fällen noch berücksichtigt werden, inwieweit die ökologischen Anforderungen der Art überhaupt bekannt sind, auf Grund wievieler Beobachtungen die saprobielle Charakteristik bestimmt worden ist usw.

Die Häufigkeit h_i wird bei vielen Methoden der Saprobitätsbestimmung respektiert. Die Standardisation des Verfahrens erfordert jedoch eine genaue Absprache über die Art und Weise der Häufigkeitsangaben (z. B. ob die Häufigkeit als Individuenzahl, als Häufigkeit nach einer Schätzungsskala, als Anteil an der Biomasse usw. angegeben werden soll). Für die Genauigkeit der Saprobitätsbestimmung ist die Wahl dieser oder jener Häufigkeitsangabe praktisch belanglos, wie noch gezeigt werden soll.

Die Kennwerte der einzelnen Arten dienen als Grundlage für die Ableitung der saprobiellen Kennwerte von ganzen Gemeinschaften. Wir wollen vorläufig zwei erwähnen:

a) Der Anteil z_j der Punktewerte der Saprobitätsstufe j in der Biozönose, definiert durch die Beziehung:

$$z_j = \frac{\sum_{i=1}^{n} g_i h_i a_{ij}}{10 \sum_{i=1}^{n} g_i h_i}. \qquad [2]$$

Wir wollen noch die Bezeichnung für die summierten Werte Z_j einführen: $Z_0 = z_0$, $Z_1 = z_0 + z_1$, $Z_2 = z_0 + z_1 + z_2$, $Z_3 = z_0 + z_1 + z_2 + z_3$. (Wir erinnern daran, daß $Z_4 = 1$, d. h., die Summe aller Werte z_j von der Xenosaprobität bis zur Polysaprobität gleich 1 ist.)

Die einzelnen Werte z_j für die Xeno-, Oligo- bis Polysaprobität entsprechen dem gewogenen Mittel der auf die einzelnen Saprobitätsstufen entfallenden Anteile a_{ij} der saprobiellen Valenz. Nach der Methode von ZELINKA & MARVAN (1961) ergibt die Gesamtheit dieser Werte ein Bild der saprobiellen Situation am Standort, wobei der höchste Wert von z_j die resultierende Saprobität bestimmt. Die Bestimmung der Saprobität auf dieser Grundlage kann man sich so vorstellen, daß wir aus den Kurven der saprobiellen Valenz der einzelnen Arten die Summenkurve der saprobiellen Valenz der ganzen Biozönose bilden und wir beurteilen dann eigentlich die ganze Biozönose als einen Organismus höheren Ranges. Diesem können wir selbstverständlich einen bedeutend höheren diagnostischen Wert als den einzelnen Organismen zuschreiben.

b) Aus der Gesamtheit der Werte z_j können wir eine weitere numerische Charakteristik der Biozönose — den Saprobieindex $\bar{S}$ bestimmen:

$$\bar{S} = z_1 + 2z_2 + 3z_3 + 4z_4 \qquad [3]$$

Der solchermaßen abgeleitete numerische Wert scheint auf den ersten Blick die natürlichste Punktcharakteristik der Saprobität zu sein, welche uns in komprimierter Form über die saprobielle Situation am Standort informiert und (im Gegenteil zur Methode nach ZELINKA & MARVAN) auch eine feinere Abstufung ermöglicht. Die von ŠTĚRBA (1959) eingeführte Saprobiezahl stellt nur eine Variante des Saprobieindexes vor, dem jedoch eine andere Skala zu Grunde liegt (siehe Abb. 1). Wollten wir uns jedoch nur mit dieser Punktcharakteristik begnügen, wäre es völlig sinnlos, mühsam die Einzelwerte z_j zu berechnen und aus ihnen erst dann den Wert $\bar{S}$ nach der Formel [3] abzuleiten. Rechnerisch wäre es in diesem Falle bedeutend einfacher die Formel

$$\bar{S} = \frac{\sum_{i=1}^{n} g_i h_i S_i}{\sum_{i=1}^{n} g_i h_i} \qquad [3a]$$

anzuwenden.

Bei dieser Formel brauchen wir überhaupt nicht die Verteilung der saprobiellen Valenz zu kennen und rechnerisch führt sie zu demselben Ergebnis wie [3]. Eine sehr vereinfachte Modifikation dieses Kriteriums

$$\bar{S}_{PB} = \frac{\sum h_i S_i}{\sum h_i} \qquad [4]$$

ist in der saprobiologischen Literatur als Saprobieindex nach PANTLE & BUCK (1955) bekannt. Die Indikatorarten haben dabei einheitlich das Indikationsgewicht $g_i = 1$ und der Saprobiewert wird als ganze Ziffer angegeben, welche der Reihennummer der Saprobitätsstufe entspricht, für welche diese Art nach LIEBMANNS (1958) Verzeichnis als Indikator angeführt wird. Wegen seiner Einfachheit hat

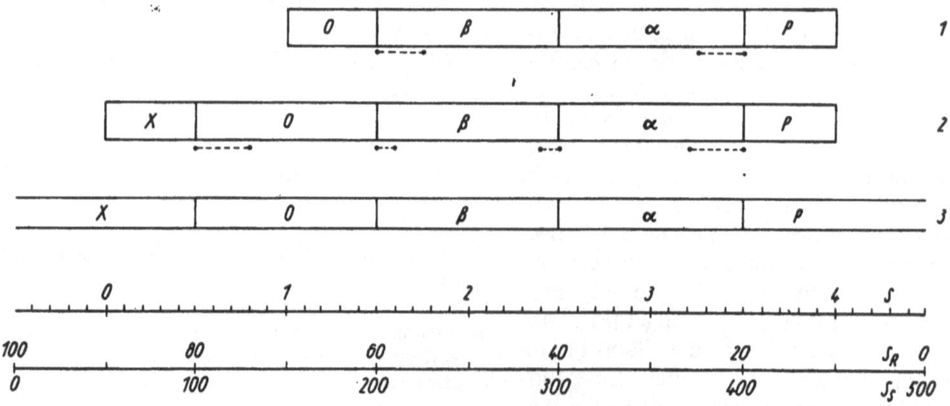

Abb. 1. Die Begrenzung der Saprobitätsstufen auf der Basis des Saprobieindexes $\bar{S}$ und des Medians $\tilde{S}$
Oben: konventionelle Begrenzung des Saprobieindexes $\bar{S}$ für die vierstufige (1) und erweiterte fünfstufige (2) Saprobitätsskala. Punktiert sind die Bereiche des Saprobieindexes nach PANTLE & BUCK dargestellt, in denen dieser nicht mit der nach der Methode von ZELINKA & MARVAN (1961), ROTHSCHEIN (1962) oder MARVAN (1969) bestimmten Saprobitätsstufe identisch sein muß.
In der Mitte: die Begrenzung der einzelnen Saprobitätsstufen auf der Basis des Medians $\tilde{S}$ (3)
Unten: Die Saprobitätsskala von PANTLE & BUCK; zum Vergleich die Skala des Saprobieindexes nach ROTHSCHEIN (1962) und die Skala der Saprobienzahl nach ŠTĚRBA (1959)

diese Art der Saprobitätsbestimmung in der Praxis breite Anwendung gefunden. Die schwache Seite dieses Verfahrens, die seine Anwendung bei wenig und andererseits stark verunreinigten Gewässern problematisch macht, ist schon mehrmals diskutiert worden (ZELINKA & MARVAN 1963, ROTHSCHEIN 1962, 1969, MARVAN 1969). Das Problem besteht in der Schwierigkeit der Entscheidung, bei welchen Werten des Saprobieindexes das Gewässer als polysaprob, α-mesosaprob usw. bezeichnet werden soll. In der heutigen Praxis wird die Grenze zwischen der Xeno- und Oligosaprobität usw. bei den in Abb. 1 festgesetzten Werten von $\bar{S}$ gelegt. Es scheint auf den ersten Blick, daß diese Festsetzung ganz natürlich und durch das Wesen der Sache gegeben ist. Eine eingehendere Analyse zeigt uns jedoch, daß dies nicht der Fall ist. Bei der Anwendung der oben angeführten Formel [4] wird oft selbst ein Gewässer, in welchem polysaprobe Elemente durchaus überwiegen (siehe Beispiel in Tab. 1) und welches nach anderen Kriterien (z. B. nach ZELINKA & MARVAN 1961 oder nach ROTHSCHEIN 1962, 1969) als polysaprob bezeichnet wird, als α-mesosaprob eingestuft. Ähnlich führt eine Bewertung von reineren Gewässern nach dem Saprobieindex von PANTLE & BUCK systematisch zu einer relativ schlechteren Bewertung der Gewässer. Die Ursache ist ganz klar: Während bei mittelmäßig reinen Gewässern eine annähernd symmetrische Verteilung der Saprobiewerte (bzw. Saprobiepunktwerte) zu erwarten ist, ist bei reinen und stark verunreinigten Gewässern die Frequenzkurve dieser Werte ausgesprochen asymmetrisch. Prinzipiell könnte man dadurch Abhilfe schaffen, daß man die Grenzwerte $\bar{S}$ der einzelnen Saprobitätsstufen korrigiert. (Zum Beispiel sollten zur polysaproben Stufe bereits Werte des Saprobieindexes $\bar{S} > 3{,}2$ usw. zugerechnet werden.) Die Wahl von angemessenen Intervallen stößt jedoch auf eine ganze Reihe von ungelösten Problemen, welche aus der Unkenntnis des Verteilungstyps der Saprobiepunktwerte in der Biozönose hervorgehen. Die Wahl des Mehrheitsprinzips der Elemente einer gewissen Saprobitätsstufe ermöglicht unserer Meinung nach eine unmittelbare Beurteilung der Zugehörigkeit des Biotops zu einer bestimmten Saprobitätsstufe, ist mit dem Gesamteindruck besser im Einklang und ist mehr mit dem Wesen der Sache verbunden.

Dieses Prinzip kann auf zweifache Art zur Anwendung kommen:

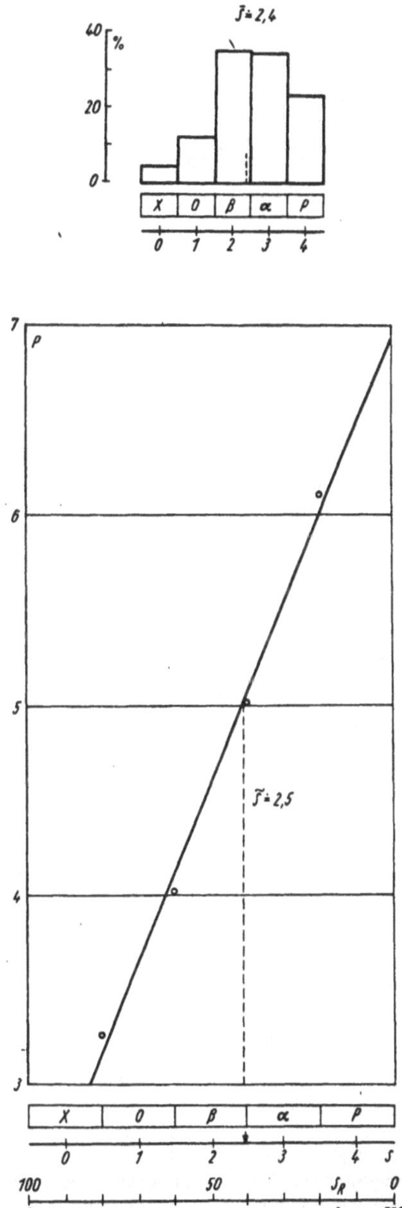

Abb. 2. Verteilung der Saprobiepunktwerte und summierten Saprobiepunktwerte einer Aufwuchsbiozönose mit annähernd symmetrischer Frequenzfunktion

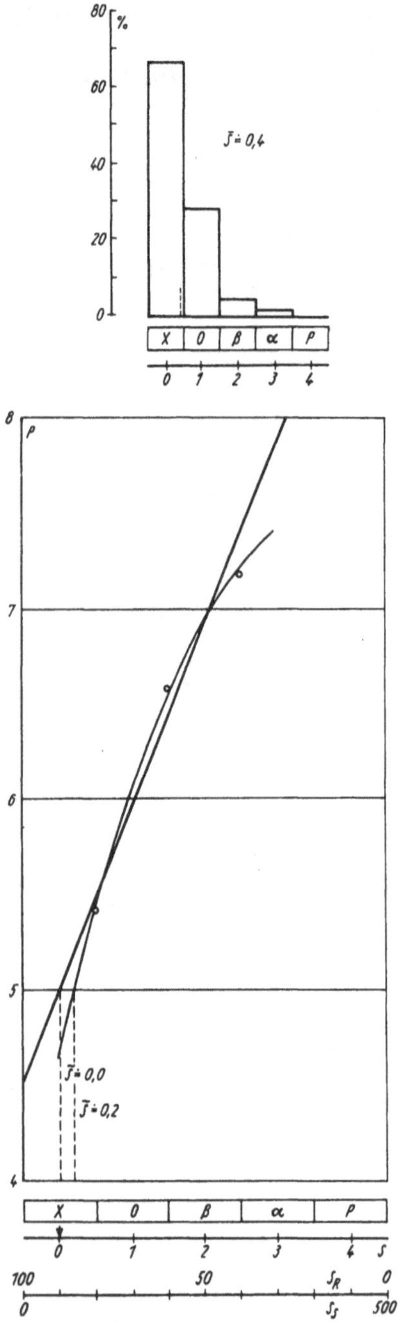

Abb. 3. Verteilung der Saprobiepunktwerte und summierten Saprobiepunktwerte einer Aufwuchsbiozönose mit ausgeprägt asymmetrischer Frequenzfunktion. Die Position des Medians in der erweiterten Skala von PANTLE & BUCK und in der Skala nach ROTHSCHEIN und ŠTĚRBA ist durch die vertikale Linie gekennzeichnet.

a) ZELINKA & MARVAN (1961) betonen bei der Auswertung den verhältnismäßigen Anteil der Elemente einzelner Saprobitätsstufen; die Grenze zwischen Xeno- und Oligosaprobität wird also bei der Gleichheit $z_0 = z_1$ erreicht, die Grenze zwischen Oligo- und β-Mesosaprobität bei $z_1 = z_2$ usw.

b) MARVAN (1969) hat eine andere Auswertungsmethode vorgeschlagen, bei welcher das absolute Übergewicht der Summenwerte Z_j betont wird. Nach diesem Kriterium werden als xenosaprob solche Gewässer bezeichnet, bei denen Z_0 ($= z_0$) größer als 0,5 ist; als oligosaprob werden Gewässer eingestuft, bei denen $Z_0 < 0,5 < Z_1$, als β-mesosaprobe Gewässer solche mit $Z_1 < 0,5 < Z_2$ usw. Für die Xenosaprobität ist dieses Kriterium strenger als die Bedingung $z_0 > z_1$; das bedeutet, daß auch solche Fälle als oligosaprob eingestuft werden können, bei denen die xenosaproben Elemente noch relativ über die oligosaproben Elemente überwiegen. Im Gegenteil zur Methode nach PANTLE & BUCK (1955) ermöglicht jedoch dieses Kriterium auch solchen Biotopen einen xenosaproben Charakter anzuerkennen, bei denen der Saprobienindex $\bar{S}_{PB}$ etwas größer als 0,5 ist. (Es wird eine erweiterte Saprobienskala betrachtet, in der auch die xenosaprobe Stufe anerkannt wird; die Anwendung der ursprünglichen Skala 1 bis 4 ändert an der ganzen Problematik kaum etwas, die Schwierigkeiten bei der Festlegung der Grenzwerte verschieben sich nur zwischen die oligosaprobe und β-mesosaprobe Stufe; am anderen Ende der Saprobieskala sind allerdings dieselben Probleme vorhanden.)

Die erwähnte Auswertungsmethode hat noch einen wesentlichen Vorteil: sie ermöglicht eine feinere Abstufung der Saprobität im Rahmen der einzelnen Saprobitätsstufen (insofern es die Genauigkeit der saprobiologischen Bewertung allerdings zuläßt). Bei der Auswertung wird auf der Saprobitätsskala der Punkt bestimmt, bei dem genau die Hälfte aller Saprobiepunktwerte einen besseren und genau die Hälfte aller Saprobiepunktwerte einen schlechteren Gewässerzustand anzeigt. Wir bezeichnen diesen Punkt mit $\tilde{S}$, dem für die Bezeichnung des Medians angewandten Symbol. Diesen Punkt können wir entweder rechnerisch oder graphisch ermitteln. Bei der graphischen Auswertung tragen wir die Probitwerte von Z_0, Z_1 usw. auf die Grenzen der einzelnen Saprobitätsstufen auf; als Abszisse wird die Skala der Saprobieindizes nach ROTHSCHEIN (1962, 1969) oder nach PANTLE & BUCK (1955) aufgetragen. Durch die aufgetragenen Punkte wird eine Gerade gelegt; der Schnittpunkt dieser Geraden mit der Koordinate des Probitwertes 5 bezeichnet den gesuchten Punkt $\tilde{S}$ auf der Saprobitätsskala (Abb. 2 und 3).

Durch diesen Vorgang wird eigentlich die Überzeugung ausgesprochen, daß die Verteilung der Saprobiepunktwerte einer Normalverteilung entspricht (d. h., daß die einzelnen Werte von z_j den Flächenabschnitten unterhalb der GAUSS-Kurve entsprechen, welche durch die Grenzwerte der einzelnen Saprobitätsstufen begrenzt werden); gleichzeitig äußern wir die Voraussetzung, daß die bei der Interpolation ausgeglichenen Abweichungen von dieser Verteilung zufallsbedingt sind. Gegen diese Verfahrensweise können selbstverständlich Einwände erhoben werden: falls Z_0 bereits größer als 0,5 ist, liegt der Schnittpunkt mit der Koordinate des Probitwertes 5 außerhalb der aufgetragenen Punkte und es wird nicht interpoliert, sondern extrapoliert. Da wir einen linearen Verlauf wählen, akzeptieren wir gleichzeitig auch die Voraussetzung, daß die Saprobitätsskala bis in den negativen Bereich reicht (bzw. den Wert 90 übersteigt) und daß der Wert z_0 eigentlich alle Saprobiepunktwerte umfaßt, die besser als oligosaprob sind, welche zu einem bedeutenden Teil auch im negativen Bereich (bzw. über 90) liegen können. Dasselbe gilt selbstverständlich auch für den Wert z_4 in der polysaproben Stufe, der dann eigentlich alle Saprobiepunktwerte jenseits der α-mesosaproben Stufe umfaßt.

Es ist noch eine weitere Variante dieses Auswertungsverfahrens möglich, bei der wir die aufgetragenen Punkte nicht durch eine Gerade, sondern nach Augenmaß durch eine glatte Kurve verbinden, welche die Grenzen der Saprobitätsskala nicht zu überschreiten braucht. Wir müssen dabei selbstverständlich nicht zu einem völlig übereinstimmenden Ergebnis kommen, namentlich bei der Bewertung von sehr reinen oder stark verunreinigten Gewässern. Der Vergleich des durch beide Verfahren ermittelten Medians bietet ein anschauliches Bild dessen, inwieweit die Ergebnisse der Auswertung durch die zu Grunde gelegten Voraussetzungen über die Verteilungskurve beeinflußt werden können; gleichzeitig soll uns dieser Vergleich davor warnen, geringfügigen Unterschieden zwischen zwei Standorten eine zu große Bedeutung beizumessen. In der Anschaulichkeit liegt der große Vorteil dieser graphischen Auswertungsmethode, für die ansonsten auch eine numerische Methode angewandt werden könnte.

Prinzipiell wäre es möglich, die vorgelegte graphische Methode in solcher Weise zu modifizieren, daß man auf die saprobielle Valenz der vertretenen Indikatorarten (oder sogar die Indikationsgewichte der Indikatoren) verzichtet und die Schätzung des Medians direkt auf summierte Frequenzen der den einzelnen Saprobitätsstufen zugehörigen Indikatoren stützt. Bei dieser vereinfachten Verfahrensweise muß jedoch damit gerechnet werden, daß die Basispunkte für die Durchlegung der Regressionsgeraden (bzw. Regressionskurve) eine bedeutend größere Dispersion haben werden. Dies könnte besonders bei den indikatorärmeren Biozönosen die Schätzung des Medians beträchtlich erschweren.

Der Wert $\tilde{S}$ ermöglicht eine unmittelbare Bewertung der Saprobität. Für den Bereich der Limnosaprobität entsprechen den einzelnen Saprobitätsstufen die in Abb. 1 (Skala 3) angeführten Werte.

Der Median hat als Punktcharakteristik der Saprobität entgegen dem Saprobieindex $\bar{S}$ noch einen weiteren Vorteil, der am besten aus einem konkreten Beispiel hervorgeht: Wenn wir der ursprünglichen Saprobitätsskala nach PANTLE & BUCK (1955) als weitere Saprobitätsstufe z. B. die xenosaprobe Stufe hinzufügen und wenn wir konsequent den ursprünglichen Wert von a_{i1} für die oligosaprobe Stufe auf die Anteile a'_{i0}, a'_{i1} für die xeno- und oligosaprobe Stufe verteilen (wobei alle übrigen Werte a_{ij} konstant bleiben), verändert sich der Median im Bereich der β-mesosaproben bis polysaproben Stufe praktisch nicht. Der Saprobieindex $\bar{S}$ wird nach der Zufügung der xenosaproben Stufe jedoch selbst im Bereich der stärker verunreinigten Gewässer wesentlich beeinflußt. Analog findet diese Beeinflussung bei einer Erweiterung der Saprobienskala durch eine isosaprobe oder weitere eusaprobe Stufe im Sinne von SLÁDEČEK (1963b, 1973) statt. Diese Unterschiede können in einer Reihe von Fällen in Anbetracht der Genauigkeit der Methode vernachlässigt werden, können jedoch in Extremfällen zu sehr wesentlichen Abweichungen führen.

Die unerwünschten Folgen einer solchen systematischen Verzerrung bei der Bewertung der Saprobität nach der Methode von PANTLE & BUCK (1955) mittels der in Abb. 1 dargestellten Grenzwerte erläutert folgendes Beispiel: Auf Grund der Auswertung von Untersuchungsergebnissen aus Fließgewässern eines bestimmten Gebiets sind schon mehrmals stochastische Beziehungen zwischen der Saprobität und einzelnen chemischen Kennwerten, insbesondere dem BSB_5 aufgestellt worden (ZELINKA & MARVAN 1957, ZELINKA, MARVAN & KUBÍČEK 1959, LIEBMANN & REIMANN 1964, KLOTTER & HANTGE 1966, PREKA 1966, VON TÜMPLING 1966, 1968, NEHRKORN 1967, GOŁOWIN 1971, ROTHSCHEIN 1972, SLÁDEČEK 1973, SLÁDEČEK & TUČEK 1974 u. a.). Alle diese Untersuchungen stimmen darin überein, daß mit steigender Saprobität auch der durchschnittliche BSB_5-Wert ansteigt, d. h. daß zwischen beiden Größen eine ausgeprägte positive Korrelation besteht. Weniger Übereinstimmung besteht bei der Bestimmung der zugehörigen BSB_5-Grenzwerte für die einzelnen Saprobitätsstufen. Der Hauptanteil dieser Unterschiede ist sicher auf die Unterschiede in den zur Beurteilung herangezogenen statistischen Stichproben zurückzuführen, denn es sind in diesen Stichproben Fließgewässer mit verschiedener Tiefe, Fließgeschwindigkeit, verschiedener Beschaffenheit des Grundes usw. vertreten. Es ist das ein Resultat der Tatsache, daß die empirische Kalibration der Beziehung zwischen BSB_5 und Saprobität durch eine ganze Reihe von Faktoren beeinflußt wird und daß deshalb die abgeleiteten Abhängigkeiten nicht als allgemeingültig bezeichnet werden können. So geht z. B. aus den Ergebnissen VON TÜMPLINGS (1968, Abb. 2) hervor, daß für Gewässer an der Grenze zwischen der β- und α-mesosaproben Stufe etwa doppelt so hohe BSB_5-Werte resultieren, als in Gewässern in der ČSSR beobachtet wurde (ZELINKA & MARVAN 1957, SLÁDEČEK 1973). Dabei vergrößert sich dieser Unterschied in Richtung auf die stärker verunreinigten Gewässer zusehends. Wir vermuten, daß diese Divergenz durch die Art und Weise der Saprobitätsbestimmung wesentlich beeinflußt wird. Während VON TÜMPLING seine Bestimmungen auf den Saprobieindex nach PANTLE & BUCK und auf die in Abb. 1 dargestellten Grenzwerte stützt, werden die in der ČSSR festgestellten Saprobitätsstufen nach der Methode von ZELINKA & MARVAN bestimmt. Bei einer Kalibration der Beziehungen zwischen chemischen und biologischen Kennwerten muß diesem Umstand Rechnung getragen werden und es muß streng unterschieden werden, welche numerische Charakteristik der Saprobität in Beziehung zum BSB_5 gebracht wird. Anderenfalls kommt es zu Mißverständnissen, die u. a. zu einer allzu toleranten Beurteilung der Verunreinigung führen können.

3. Die Genauigkeit der Saprobitätsbestimmung

Wir wollen nun die dritte Kernfrage betrachten: Wie steht es eigentlich mit der Genauigkeit der Saprobitätsbestimmung? Die Gesamtheit der Werte S_i und h_i, auf denen die Methode nach PANTLE & BUCK (1955) basiert, verlockt dazu, zur Bearbeitung dieses Materials die üblichen statistischen Methoden anzuwenden. Dieses hat insbesondere VON TÜMPLING (1962, 1966a) versucht und ist dabei zu gewissen Vorstellungen über das Vertrauensintervall des Saprobieindexes gekommen. Er ging dabei von der Annahme aus, daß das Vorkommen einer bestimmten Art mit einer Häufigkeit von z. B. $h = 3$ drei unabhängige Beobachtungen derselben Zufallsgröße (des Saprobiewertes S) darstellt. Diese Verfahrensweise ist jedoch nicht ganz einwandfrei (MARVAN 1969). Würden wir nämlich zu derselben Auswertung eine andere Häufigkeitsskala heranziehen, würde das Vertrauensintervall enger werden, mit anderen Worten das Resultat desto genauer werden, je genauer wir die Häufigkeit der Art bestimmen könnten. Die Saprobitätsbestimmung auf Grund eines einzigen Indikators mit $h > 1$ sollte eigentlich absolute Gültigkeit haben. Dieser Konzeption nach sollte die Saprobität aller Gewässer mit beliebiger Genauigkeit bestimmt werden können, ohne Rücksicht darauf, wie viele Indikatorarten uns dafür zur Verfügung stehen. Wir gelangen auf diesem Wege in ein Dilemma. Kann eine Erhöhung der Präzision in der Bestimmung des gegenseitigen Verhältnisses von zwei oder mehr Arten, die auf verschiedene Saprobitätsstufen hinweisen, wesentlich zu einer höheren Präzision des endgültigen Urteils über die saprobielle Einstufung beitragen? Ganz gewiß nicht. Die Tatsache, welche unserer eindeutigen Beurteilung der saprobiellen Situation im Wege steht, ist die Widersprüchlichkeit

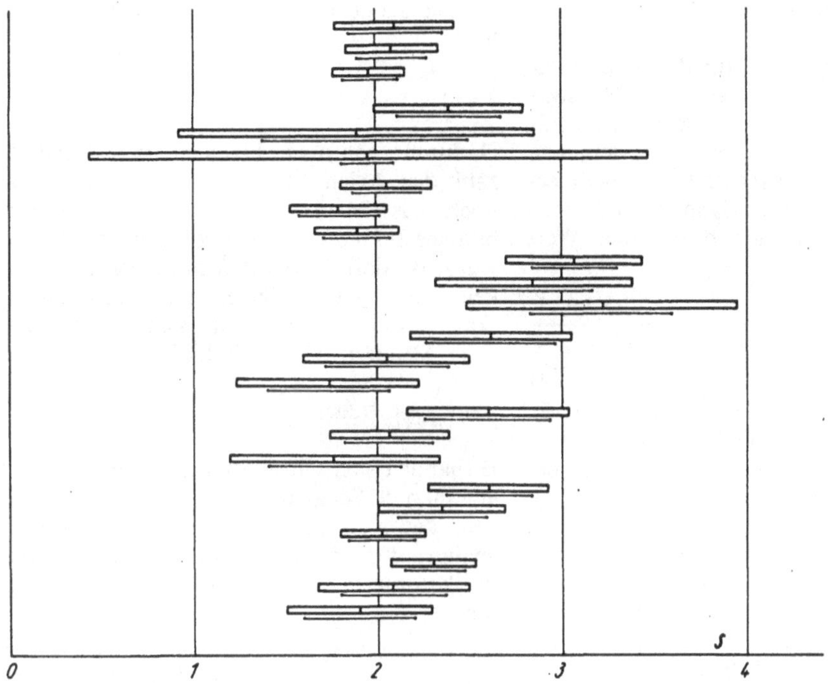

Abb. 4. 95%-Vertrauensintervall des Saprobieindexes der Aufwuchsbiozönosen des Baches Ammersbek. Die mittlere Linie in den einzelnen Rechtecken kennzeichnet die Position des nach [3] berechneten Saprobienindexes. Die Länge der Rechtecke kennzeichnet die Breite des Vertrauensintervalls, berechnet nach der Formel [5]. Die nach der Methode von Tümplings berechneten Vertrauensintervalle sind durch Balken unterhalb der Rechtecke dargestellt.

der Aussagen der einzelnen Indikatorarten, gegeben durch ihre Koexistenz. Den zahlenmäßig weniger vertretenen Arten kann ein geringeres, den zahlenmäßig stärker vertretenen Arten ein größeres Gewicht zuerkannt werden; folglich werden diese dann verschiedenen Einfluß auf die resultierende Punktcharakteristik (z. B. den Saprobieindex) haben. Demgegenüber kann jedoch die Streuung als Maß der Variabilität nicht von der Genauigkeit der Häufigkeitsbestimmung abhängig gemacht werden.

Wenn die Streuung des Saprobieindexes $\bar{S}$ als Maß der Übereinstimmung und der Widersprüchlichkeit der Einzelaussagen der Indikatoren dienen soll, ist es angemessener für diese Charakteristik nicht die Streuung des arithmetischen Mittels, sondern die Streuung des gewogenen arithmetischen Mittels zu verwenden; diese wird nach der Formel berechnet

$$s_{\bar{S}}^2 = \frac{\sum h_i(S_i - \bar{S})^2}{(n-1)\sum h_i} = \frac{(\sum h_i)(\sum h_i S_i^2) - (\sum h_i S_i)^2}{(n-1)(\sum h_i)^2} . \quad [5]$$

Von den üblichen Berechnungen der Streuung des Mittelwerts unterscheidet sich diese Formel dadurch, daß als Freiheitsgrad nicht der Wert $f = h_i - 1$ benutzt wird (vgl. von Tümpling l.c.) sondern der Wert $f = n - 1$ (Anzahl der Indikatoren um 1 verringert). Dem Häufigkeitswert h ist in diesem Falle nur die Bedeutung eines das Gewicht bestimmenden Wertes gegeben, mit welchem die Saprobiewerte der einzelnen Arten an der Gesamtbewertung teilnehmen. Die Berechnung des eigentlichen Saprobieindexes wird durch diese abweichende Auffassung von h in keiner Weise beeinflußt, für die Berechnung des

Vertrauensintervalls hat sie jedoch grundsätzliche Bedeutung.

Die Formel [5] kann auch für den Fall modifiziert werden, bei dem nach der Methode von ZELINKA & MARVAN verschiedene Indikationsgewichte g_i unterschieden werden, was die Methode nach PANTLE & BUCK nicht berücksichtigt. Wir ergänzen dann in der Formel [5] alle Werte h_i einfach durch den Wert $g_i h_i$:

$$s_{\bar{S}}^2 = \frac{\sum g_i h_i (S_i - \bar{S})^2}{(n-1)\sum g_i h_i} = \frac{(\sum g_i h_i)(\sum g_i h_i S_i^2) - (\sum g_i h_i S_i)^2}{(n-1)(\sum g_i h_i)^2} \qquad [5a]$$

Das mit Hilfe der Formel [5] oder [5a] für den Saprobieindex $\bar{S}$ berechnete Vertrauensintervall ist selbstverständlich breiter als bei dem Verfahren nach VON TÜMPLING (l.c.). Beispiele für diese Unterschiede sind in den Abb. 3a und 3b enthalten. Als Grundlage für die Abbildungen dienten die Ergebnisse von Analysen des Aufwuchses im Bach Ammersbek (Hamburg, BRD). Die Häufigkeit der einzelnen Arten wurde nach einer fünfstufigen Häufigkeitsskala bewertet. In der Abbildung sind die Werte für ein beiderseitiges 95% Vertrauensintervall des Saprobieindexes aufgetragen; diese wurden einerseits nach der Formel [5a], andererseits nach der Methode von TÜMPLINGS berechnet, in beiden Fällen wurde jedoch das Indikationsgewicht g_i berücksichtigt, d. h., es wurde das Prinzip der Beurteilung nach ZELINKA & MARVAN angewandt.

Die Unterschiede in den Ergebnissen beider Berechnungsmethoden sind selbstverständlich nicht nur durch Unterschiede in der Abschätzung der Streuung hervorgerufen worden, sondern auch durch die verschiedenen kritischen Werte der Variablen t. Diese sind manchmal beträchtlich. Die breiten, nach der Formel [5a] berechneten Vertrauensintervalle zeugen gleichzeitig davon, daß die Genauigkeit der Saprobitätsbestimmung nicht eben groß ist, hauptsächlich dann, wenn nur wenige Indikatoren zur Verfügung stehen. Mit steigender Anzahl der bewerteten Arten erhöht sich selbstverständlich auch die Genauigkeit der Saprobitätsbestimmung. Aus einer Gesamtbearbeitung der Unterlagen aus dem Bach Ammersbek geht z. B. hervor, daß das 95%-Vertrauensintervall für den Wert $\bar{S}$ von Aufwuchsbiozönosen annähernd in den Grenzen liegt

$$\bar{S} \pm \frac{1{,}36}{\sqrt{n}}. \qquad [6]$$

Dadurch kann auch die annähernde Mindestzahl der Arten bestimmt werden, um eine noch ausreichende Genauigkeit der Saprobitätsbestimmung erzielen zu können. Wollen wir z. B., daß der Wert $\bar{S}$ mit einer Genauigkeit von $\bar{S} \pm 0{,}25$ Einheiten der Saprobitätsskala bestimmt wird, ergibt sich die erforderliche Mindestzahl der Indikatorarten zu

$$n = \left(\frac{1{,}36}{0{,}25}\right)^2 \doteq 30.$$

Es handelt sich selbstverständlich nur um eine annähernde Schätzung; man muß damit rechnen, daß von guten Indikatorarten weniger genügen werden, dagegen wird bei schlechteren Indikatorarten eine größere Anzahl notwendig sein.

Im Zusammenhang damit muß noch auf einen weiteren Faktor aufmerksam gemacht werden, der die Genauigkeit der Saprobitätsbestimmung verringert oder allenfalls verringern kann. Die Anwendung der Berechnungsformeln für die Schätzung der Streuung setzt voraus, daß die Auswahl der Angaben, auf Grund deren wir die Schätzung durchführen, rein zufällig erfolgt. Im gegebenen Fall ist diese Zufälligkeit nicht vollständig garantiert; der mit der Untersuchung beauftragte Biologe führt je nach seiner Erfahrung, Einstellung, taxonomischen Interessen auch eine gewisse (und wohl kaum zufällige) Auswahl der Bewertungsunterlagen durch. Die Bedeutung dieses Eingriffs ist schwer zu beurteilen. Dieser Eingriff wird sich dort bemerkbar machen, wo bei der Auswahl der Indikatorarten die Vertreter einer gewissen systematischen Gruppe begünstigt werden, die keinesfalls über die ganze Saprobitätsskala gleichmäßig vertreten sein müssen. Das bezieht sich namentlich auf eine Reihe von Aufwuchsorganismen.

Nach unseren Beobachtungen (die von BUCK 1971 und SCHREIBER 1975 bestätigt wurden) besitzen die Algen in der Mehrzahl der Arten eine verhältnismäßig breite saprobielle Valenz und sind aus diesem Grunde schlechtere Indikatoren der Saprobität als z. B. das Makrozoobenthos. Dasselbe betrifft auch die Mikrofauna (Protozoen, Nematoden), welche einen unzertrennlichen Bestandteil des Aufwuchses bildet. Bei Untersuchungen der Testazeen hat sich z. B. erwiesen, daß viele Arten durchgehend von der polysaproben Stufe bis in die oligosaprobe Stufe verbreitet sind. Von den 74 bei den Untersuchungen des Baches „Bílý potok“ (ZELINKA et al. 1977) festgestellten Testazeenarten hatten 40 eine solche breite Valenz und meistens waren es eben die am häufigsten vorkommenden Arten. Daneben zeigt die Mikrofauna mehr auf den im Sediment herrschenden Zustand hin als auf den des darüber fließenden Wassers. Für die saprobiologische Beurteilung verunreinigter Gewässer sind jedoch Aufwüchse von Bakterien und Pilzen von großer Wichtigkeit.

4. Primäre und sekundäre Saprobität

Unsere letzten Untersuchungen zeigen an, daß in stoffwechseldynamischer Hinsicht bedeutende Unterschiede zwischen einer durch natürliche Verunreinigungsvorgänge bedingten Oligo- bzw. β-Mesosaprobität und einer als Folge der Selbstreinigung unterhalb einer exogenen Verunreinigungsquelle entstandenen identischen Saprobitätsstufe bestehen können. Es ist allgemein bekannt, daß der Selbstreinigungsvorgang meistens bis in die β-mesosaprobe Stufe führt; bei günstigen Bedingungen kann sogar die oligosaprobe Stufe erreicht werden. Dies wurde von SCHREIBER (1975) festgestellt und durch unsere komplexen Untersuchungen des Forellenbachs „Bílý potok“ (ZELINKA et al. 1977) bestätigt. Der erwähnte Bach ist unterhalb der Gemeinde Velká Bíteš beinahe bis zur Polysaprobität (das Makrozoobenthos zeigt Polysaprobität an) verunreinigt. Etwa nach 15 km entspricht die Zusammensetzung der Bodenmakrofauna wieder der Oligosaprobität ($\bar{S} = 0{,}9$). Der Sauerstoffgehalt bewegt sich im Durchschnitt um 11 mg O_2 l^{-1} ohne größere Schwankungen, der BSB_5 um 2,7 mg $O_2\,l^{-1}$. Die günstige Einstufung geht jedoch nur aus den Analysen des Makrozoobenthos hervor. Der Zusammensetzung der Aufwuchszönose nach wird nur etwa die Grenze zwischen der Oligo- und β-Mesosaprobität erreicht.

Die Voraussetzung für das Wiedererreichen der Oligosaprobität durch natürliche Selbstreinigungsprozesse liegt in der Erhaltung des Grundcharakters eines Forellengewässers, d. h. namentlich der Temperatur des Wassers und des Gefälles, und selbstverständlich ist ein genügend langer Abschnitt ohne weitere Verunreinigungen notwendig. Wir haben bei einem Vergleich mit reinen Forellenbächen der Beskiden (HELAN et al. 1973) eine höhere Primärproduktion sowie Sekundärproduktion festgestellt. Diese ist wohl durch den höheren Gehalt an Mineralnährstoffen (namentlich Phosphor und Stickstoff) gegeben, welche die sonst in reinen Forellengewässern üblichen Werte bei weitem übertreffen. In Anbetracht der erwähnten quantitativen Unterschiede zwischen der durch natürliche Vorgänge entstandenen oligosaproben Stufe und der als Folge von Selbstreinigungsprozessen entstandenen empfehlen wir eine p r i m ä r e und s e k u n d ä r e O l i g o s a p r o b i t ä t zu unterscheiden. Dasselbe gilt für die β-mesosaprobe Stufe. Das bedeutet gleichfalls, daß in Forellenbächen eine erhöhte Zufuhr der Mineralnährstoffe — d. h. eine erhöhte Trophie — beinahe keinerlei Einfluß auf die qualitative Zusammensetzung der Lebensgemeinschaften hat.

5. Diskussion

Die vorgelegte Analyse der Möglichkeiten zur Erreichung einer angemessenen Genauigkeit der Saprobitätsbestimmung bestätigt einerseits, daß die biologische Analyse fähig ist, verschiedene durch die Verunreinigung verursachte Situationen zu unterscheiden, und daß die Möglichkeiten einer Koexistenz von Organismen, denen eine verschiedene saprobielle Zugehörigkeit zugeschrieben wird, keinesfalls unbeschränkt sind. Andererseits soll dieselbe Analyse vor zu großen Anforderungen an die Genauigkeit der Methode abraten: gleichzeitig ist von einer rein „gefühlsmäßigen“ Bewertung bei solchen Methoden abzuraten, welche eine subjektive Abwägung der Indikatoren betonen und die sich daher oft in scharfer Form gegen die Anwendung jeglicher Berechnungsmethoden richten, durch welche eben eine objektive Bewertung bewiesen werden kann. Es ist gleichfalls auch von der Tendenz abzuraten, kleinen Unterschieden im Saprobieindex allzu große Bedeutung beizumessen. Gegen diese Tendenzen sind schon viele kritische Worte gefallen

(z. B. ELSTER 1966, CASPERS & KARBE 1966), die im Hinblick auf die praktisch erzielbare Genauigkeit der Methoden in mancher Hinsicht berechtigt sind. Leider wird diese Kritik oft mit einer generellen Ablehnung von Berechnungsmethoden bei der Saprobitätsbestimmung verbunden, wodurch sich diese Kritik selbst ihrer besten Argumente entledigt.

Die Analyse der erzielbaren Genauigkeit warnt schließlich vor Methoden, welche die Auswahl der Indikatoren zu eng fassen. Zu diesen gehört auch die von FJERDINGSTAD (1964) in der bisher vorgelegten Form. Der Autor betont ihren phytozönologischen Charakter und stellt sie in Widerspruch mit der auf dem Indikatorprinzip aufgebauten Methode von KOLKWITZ & MARSSON. FJERDINGSTADS Auffassung ist gewiß im Prinzip sehr vielversprechend und attraktiv. Seine heutige konkrete Form erinnert jedoch an die phytozönologische Konzeption nur in formeller Hinsicht: Durch ihr Wesen ist die Methode von KOLKWITZ & MARSSON in ihren heutigen Modifikationen dieser gewiß näher. FJERDINGSTADS Gemeinschaften werden meist nur durch eine knappe Aufzählung von Dominanten und Subdominanten definiert (insbesondere in reinen Gewässern), dadurch engt der Autor die Basis für die Saprobitätsbestimmung auf einige wenige Arten ein. Prinzipiell ist diese Verfahrensweise zwar möglich und kann sogar einmal zu einer eindeutigeren Eingliederung des Biotops in die diesbezügliche Zone führen, als es die Methode von KOLKWITZ & MARSSON erlaubt. Das ist jedoch keinesfalls ein großer Vorteil. Die Erfahrung zeigt, daß selbst eine sehr enge Auswahl der Dominanten Fälle einer Koexistenz der für verschiedene (nicht nur benachbarte!) Zonen charakteristischen Arten nicht vermeiden kann und daß also selbst diese Methode ohne eine quantitative Auswertung der Anteile von Elementen verschiedener Zonen auskommen kann, was jedoch der Autor strikt ablehnt. Es kommt noch das Problem der Bindung an das ursprüngliche System von KOLKWITZ & MARSSON dazu: Die β-mesosaprobe Zone sensu FJERDINGSTAD braucht nicht immer der β-mesosaproben Stufe nach KOLKWITZ & MARSSON zu entsprechen. Einige andere problematische Seiten des Systems von FJERDINGSTAD sind schon früher diskutiert worden (BACKHAUS 1968). Es handelt sich in den meisten Fällen um kritische Bemerkungen, welche den Grundgedanken dieses Systems nicht berühren. Heute ist es kaum möglich, dieses System in vollendeter Form noch weiter auszubauen. Man kann jedoch erwarten, daß auch nach dessen Ergänzung die numerischen Kennwerte der Saprobität, welche bereits jetzt als direktes Kriterium der Verunreinigung von Gewässern benutzt werden, noch weiter eine wichtige Stellung einnehmen werden.

Tab. 1. Beispiel der Berechnung des Saprobieindexes nach PANTLE & BUCK

1 i	Art	Häufigkeit h_i	Saprobiewert S_i	h_iS_i
1	A	5	4	20
2	B	2	4	8
3	C	2	4	8
4	D	1	4	4
5	E	3	3	9
6	F	2	3	6
7	G	2	2	4
8	H	1	2	2
9	J	1	1	1
		19		62

$$\bar{S} = \frac{\sum h_i S_i}{\sum h_i} = 62 : 19 \doteq 3{,}3 \quad (\alpha\text{-Mesosaprobität})$$

6. Zusammenfassung

Der Beitrag befaßt sich mit der statistischen Problematik der Methoden zur Bestimmung der Saprobität von Gewässern. Weder LIEBMANN's Revision, noch FJERDINGSTAD's auf den Gemeinschaften von Organismen aufgebautes Saprobiensystem haben Fälle der Koexistenz von Indikatorarten bzw. von Dominanten und Subdominanten verschiedener, oft nicht einmal direkt benachbarter Saprobitätsstufen an einer und derselben Stelle beseitigen können. Die Streuung der Saprobiewerte der einzelnen Indikatorarten um das arithmetische Mittel — den Saprobieindex der Gemeinschaft — ist deshalb bedeutend. Insbesondere bei den Aufwuchsgemeinschaften kann die Bestimmung des Saprobitätsgrades praktisch kaum mit einer größeren Genauigkeit als einer halben Saprobitätsstufe durchgeführt werden.

Es wird eine einfache graphische Methode zur Ermittlung des Zentralwertes auf der Saprobitätsskala vorgelegt, bei der die Distributionsfunktion der Saprobiewerte eben den Wert 0,5 erreicht. Der auf diese Weise ermittelte Zentralwert (Median) erweist sich als besseres Saprobitätskriterium als das arithmetische Mittel der Saprobiewerte.

Summary

The present paper deals with the statistical evaluation of methods for the determination of saprobity. Neither LIEBMANN's revision of the saprobic system, nor FJERDINGSTAD's saprobic system involving communities of organisms could eliminate all cases of coexistence of indicator organisms resp. of dominants and subdominants relating to various, sometimes very different saprobic degrees.
For that reason the deviation of the saprobic values of the individual indicator organisms from the arithmetic mean (the saprobic index of the community) is substantially great. Specially at the periphyton the determination of saprobity cannot reach a higher degree of accuracy than 0,5 saprobic degree. A simple graphical method for the determination of the median point on the saprobic scale is described, at which the distribution function of the saprobic values reaches the value of 0,5. This value — the median — is a better criterion of saprobity than the arithmetic mean of saprobic values.

Резюме

В настоящей работе рассматривается статистическая проблематика методов оценки сапробности. Ревизия Либманна и сапробная система Фердингстада, основанная на обществах организмов, не смогли удалить случаи совместного нахождения индикаторных организмов или доминантов и субдоминантов разных, даже совсем не близких степеней сапробности. Из этих причин отклонение сапробных величин отдельных индикаторных организмов от их арифметической средней (сапробного индекса общества) довольно большое. Особенно у перифитона точность определения сапробности на практике не превышает половины степени сапробности.
Предложен простой графический метод определения медиана на сапробной шкале, дистрибуционная функция сапробных величин достигает тогда 0,5. Медиан является более выгодным критерием сапробности, чем арифметическая средняя сапробных величин.

7. Literatur

BACKHAUS, D., 1968: Ökologische Untersuchungen an den Aufwuchsalgen der obersten Donau und ihrer Quellflüsse. III. Algenverteilung und ihre Beziehung zur Milieuofferte. — Arch. Hydrobiol., Suppl. **34** (Donauf. **3**), 130—149.

BUCK, H., 1971: Statistische Untersuchungen zur Saprobität und zum Leitwert verschiedener Organismen. — Münchner Beitr. Abwasser-, Fischerei- u. Flußbiol. **19**, 14—44.

CASPERS, H., & L. KARBE, 1966: Trophie und Saprobität als stoffwechseldynamischer Komplex. — Arch. Hydrobiol. **61** (4), 453—470.

— 1967: Vorschläge für eine saprobiologische Typisierung der Gewässer. — Internat. Rev. ges. Hydrobiol. **52**, 145—162.

DOLEJŠ, P., 1974: Grafická a numerická metoda vyhodnocení saprobity. — Vodní hospodářství **24B** (10), 268—271.

ELSTER, H. J., 1966: Über die limnologischen Grundlagen der biologischen Gewässer-Beurteilung in Mitteleuropa. — Verh. internat. Ver. Limnol. **16**, 759—785.

FJERDINGSTAD, E., 1964: Pollution of streams estimated by benthal phytomicro-organisms I. A saprobic system based on communities of organisms and ecological factors. — Internat. Rev. ges. Hydrobiol. **49**, 63—131.

GOŁOWIN, S., 1971: Comparison of pollution degree of fluvial waters evaluated by means of the BOD_5 test and a saprobiological method. — Pol. Arch. Hydrobiol. **18**, 381—391.

HAVRÁNEK, M., 1966: Einige Bemerkungen zur Theorie des KOLKWITZ-MARSSON'schen Saprobiensystems vom chemischen Standpunkt gesehen. — Verh. internat. Ver. Limnol. **16**, 823—829.

HELAN, J., et al., 1973: Production conditions in the trout brooks of the Beskydy mountains. — Folia Fac. Sci. Nat. Univ. Purkynianae Brunensis, Biol. **14** (4), 1—105.

KLOTTER, H. E., & E. HANTGE, 1966: Über die Auswertung biologischer Gewässeruntersuchungen und ihre Relationen zum biochemischen Sauerstoffbedarf (BSB_5). — Wasserwirtschaft **56**, 21—26.

KOLKWITZ, R., & M. MARSSON, 1908: Ökologie der pflanzlichen Saprobien. — Ber. dt. bot. Ges. **26**, 505—519.

— 1909: Ökologie der tierischen Saprobien. — Internat. Rev. ges. Hydrobiol. **2**, 126—152.

LIEBMANN, H., 1947: Die Notwendigkeit einer Revision des Saprobiensystems und deren Bedeutung für die Wasserbeurteilung. — Ges.-Ing. **68**, 329—334.

— 1951: Handbuch der Frischwasser- und Abwasserbiologie. Bd. I. — München, 539 S.

— 1958—1960: Handbuch der Frischwasser- und Abwasserbiologie. Bd. II. — Jena, 1149 S.

LIEBMANN, H., & K. REIMANN, 1964: Hydrobiologische Prüfungsmethoden. — Inf.-Bl. Nr. 11 Föder. Europ. Gewässerschutz, 43—53.

MARVAN, P., 1969: Notes to the application of statistical methods in evaluation of saprobiology. —

Symposium CMEA on Questions of Saprobity, 19—43.

MARVAN, P., J. ROTHSCHEIN & M. ZELINKA, 1975: Diagnostická hodnota saprobiologickych metod. — Vodní hospodářství 25 (4), 107—112.

NEHRKORN, A., 1967: Statistische Beziehungen zwischen biologischen und chemischen Vorfluteruntersuchungen. — Wasserwirtschaft 55, 220—229, 256—261, 304—307.

PANTLE, R., & H. BUCK, 1955: Die biologische Überwachung der Gewässer und die Darstellung der Ergebnisse. — Gas- und Wasserfach 96, 604—620.

PREKA, N., 1966: The state of water quality in Bosnia and Herzegovina and works on the problem of its classification. — Zavod za gidrotechniku Gradž. fak. u Sarajevu, Saopš. ser. S (1), 1—8.

ROTHSCHEIN, J., 1962: Grafické znázornenie výsledkov biologického hodnotenia čistoty vod. — Výsk. ústav vodohosp. Bratislava 9, 1—63.

— 1969: Trends in the development of recent saprobiology. — Symposium of CMEA on Questions of Saprobity, 44—53.

— 1972: Saprobita ako kritérium kyslíkového režimu. — Výsk. úst. vodného hosp., Bratislava, Práce a štúdie 63, 1—134.

SCHREIBER, I., 1975: Biologische Gewässerbeurteilung der Mettma anhand des Makrobenthos: Methodenvergleich. — Arch. Hydrobiol., Suppl. 47 (Falkau-Arb. 9), 432—457.

SLÁDEČEK, V., 1963a: Zur Ermittlung des Indikationsgewichtes in der biologischen Gewässeruntersuchung. — Arch. Hydrobiol. 60, 241—243.

— 1963b: Schéma biologického třídění vod. — Vodní hospodářství 13, 421—422.

— 1973: System of Water Quality from the Biological Point of View. — Arch. Hydrobiol. Beih., Ergeb. Limnol. 7, 1—218.

SLÁDEČEK, V., & F. TUČEK, 1974: Vztah saprobního indexu k BSK_5. — Vodní hospodářství 24, 323.

ŠTĚRBA, O., 1959: Faunisticko-saprobiologická studie o horní části řeky Oslavy vzhledem k výstavbě nádrže u Mostiště. — Zool. listy 8 (4), 329—356.

TÜMPLING, W. v., 1960: Probleme, Methoden und Ergebnisse biologischer Güteuntersuchungen an Vorflutern, dargestellt am Beispiel der Werra. — Internat. Rev. ges. Hydrobiol. 45, 513—534.

— 1962: Statistische Probleme der biologischen Gewässerüberwachung. — Wasserwirtschaft—Wassertechnik 12, 353—357.

— 1965: Die biologische und chemische Gewässeranalyse — ein Vergleich. — Fortschr. Wasserchemie 5, 232—237.

— 1966a: Über die statistische Sicherheit soziologischer Methoden in der biologischen Gewässeranalyse. — *Limnologica* (Berlin) 4, 235—244.

— 1966b: Über den Zusammenhang zwischen Saprobiezustand und Faktoren des Sauerstoffhaushaltes in Fließgewässern. — Verh. internat. Verein. Limnol. 16, 860—870.

—, 1968: Suggested Classification of Water Quality based on Biological Characteristics. Fourth Internat. Conf. on Water Pollution Research, Prague, Sect. I. Paper 16, 1—8. Pergamon Press. Ltd.

ZELINKA, M., & P. MARVAN, 1957: Nejdůležitější poznatky ze statistického zpracování výsledků rozborů vod z moravských toků. — Voda 36 (6), 152—155.

— 1961: Zur Präzisierung der biologischen Klassifikation der Reinheit fließender Gewässer. — Arch. Hydrobiol. 57, 389—407.

— 1963: Porovnání metod saprobiálního hodnocení vody. — Vodní hospodářství 13, 291—293.

— 1966: Bemerkungen zu neuen Methoden der saprobiologischen Wasserbeurteilung. — Verh. internat. Verein. Limnol. 16, 817—822.

ZELINKA, M., P. MARVAN & F. KUBÍČEK, F., 1959: Hodnocení čistoty povrchových vod. — Slezský ústav ČSAV Opava, 1—155.

ZELINKA, M., et al., 1977: Production conditions of the polluted trout brook. — Folia Fac. Sci., Nat. Univ. Purkynianae Brunensis, Biol. 18 (7), 5—105.

Eingegangen am 23. 5. 1977.

Anschriften der Verfasser:
RNDr. PETR MARVAN, CSc.,
Hydrobotanické oddělení botanického ústavu ČSAV
Mendlovo nám. 1,
60200 Brno, ČSSR.
RNDr. JOZEF ROTHSCHEIN, CSc.
Výskumný ústav vodného hospodárstva
Nábr. arm. gen. L. Svobodu 5
88101 Bratislava, ČSSR
RNDr. MILOŠ ZELINKA, CSc.
Katedra biologie živočichů Univ. J. E. Purkyně
Kotlářská 2
61137 Brno, ČSSR

Limnologica (Berlin) **12** (2), 313—314, Juni 1980

Lothar Täuscher

Bemerkungen zu endo- und epiphytischen Algen von *Microcystis* Kütz. im Großen Müggelsee

Bei der Durchsicht von Planktonproben aus dem Großen Müggelsee fielen bei der Bestimmung der *Microcystis*-Arten Besonderheiten auf, über die im folgenden berichtet werden soll.

Die Gattung *Microcystis* Kütz. ist im Müggelsee durch die Arten *Microcystis aeruginosa* (Kütz.) Kütz., *Microcystis novacekii* (Komarek) Compere, *Microcystis reinboldii* (Richter in Reinb.) Forti in De Toni, *Microcystis viridis* (A. Br. in Rbh.) Lemm. und *Microcystis wesenbergii* (Komarek) Starmach vertreten. Den Hauptanteil bildet *Microcystis aeruginosa*. Bei diesen Arten konnte beobachtet werden, daß in und auf ihrer Gallerthülle andere Algen leben. Über das Zusammenleben mehrerer Algenarten ist schon oft in der Literatur berichtet worden, vgl. Fott (1972), Pankow (1976b und dort zit. Lit.).

Häufig war *Phormidium mucicola* Hub.-Pest. & Naum. in der Gallerte von *Microcystis aeruginosa* zu finden. Die von uns untersuchten Trichome haben eine Länge von 10—40 µm und eine Breite von 1,5—2 µm. Außerdem ist zu beobachten, daß sich mit zunehmenden Zerfall der *Microcystis*-Kolonien die *Phormidium*-Zellen immer besser entwickeln (vgl. Geitler 1932). Bei der Durchsicht von *Microcystis*-Rohkulturen von Broschinski wurde folgendes festgestellt: In den Kulturgefäßen, in denen die *Microcystis*-Kolonien anfangs nur wenig *Phormidium mucicola* enthielten, entwickelte sich eine reine *Phormidium*-Kultur. Wir konnten dann in dieser keine *Microcystis*-Zellen mehr finden.

Weiterhin befanden sich neben den durch die Gasvakuolen dunklen *Microcystis-aeruginosa*-Zellen zylindrische Zellen ohne Gasvakuolen mit 4 µm Breite und 6,2 µm Länge. Sie können *Aphanothece stagnina* (Sprengel) Boye-Petersen zugeordnet werden. Durch diesen Fund wird die Angabe von Pankow (1976a, b), daß *Aphanothece stagnina* in der Gallerte von *Microcystis aeruginosa* leben kann, bestätigt.

Auch die Diatomee *Nitzschia fonticola* Grunow lebt in und auf den Kolonien von *Microcystis aeruginosa*. Sie ist durch ihre spindelförmige Gestalt gut von den kugeligen *Microcystis*-Zellen zu unterscheiden. Die Zellen von *Nitzschia fonticola* haben eine Länge von 20—25 µm und eine Breite von 3—4 µm. Schon Lemmermann (1903) berichtet aus dem Müggelsee von dem Zusammenleben: „Diese Form kommt in und auf den Gallerthüllen von *Clathrocystis*-Kolonien zeitweilig in größeren Mengen vor.“ Durch dieses Zusammenleben könnte die Feststellung von Cholnoky (1968) bestätigt werden, der *Nitzschia fonticola* zu den „stickstoffheterotrophen“ Kieselalgen rechnet, die zur Aufnahme von Aminosäuren befähigt sind. In dem beobachteten Fall wäre diese Heterotrophie durch das Leben in und auf der Blaualge möglich. Bei *Microcystis* konnten als extrazelluläre Produkte Aminosäuren, Peptide und Proteine festgestellt werden (Hellebust 1974). In der Literatur werden außer *Nitzschia fonticola* auch noch *Nitzschia palea* (Kütz.) W. Sm. (20—65 × 2,5—5 µm) und *Nitzschia kuetzingiana* Hilsen (10—25 × 3,5 bis 5 µm) auf *Microcystis*-Kolonien beschrieben (Huber-Pestalozzi 1942). Dies sollte bei der Bestimmung beachtet werden, da die genannten epiplanktischen *Nitzschia*-Arten nur schwer voneinander zu unterscheiden sind (Pankow & Martens, pers. Mitt.).

Ebenfalls als Epiplankter sind die Protomonadalen *Salpingoeca frequentissima* (Zach.) Lemm. und *Bicoeca ovata* Lemm. zu finden. Sie sitzen auf der Gallerte von *Microcystis aeruginosa* und *Microcystis viridis*.

Zusammenfassung

Es werden die Blaualgen *Phormidium mucicola* und *Aphanothece stagnina*, die Diatomee *Nitzschia fonticola* und die farblosen Flagellaten *Salpingoeca frequentissima* und *Bicoeca ovata* vorgestellt, die in und auf *Microcystis*-Kolonien im Phytoplankton des Großen Müggelsees leben.

Summary

About the endophytic blue-green algae *Phormidium mucicola* and *Aphanothece stagnina*, the endo- and epiphytic diatomee *Nitzschia fonticola*, and the colourless flagellates *Salpingoeca frequentissima* and *Bicoeca ovata* in *Microcystis*-colonies in the phytoplankton of Großer Müggelsee remarks were made.

Резюме

В и на колониях Микроцистиса (*Microcystis* KÜTZ.) в планктоне озера Großer Müggelsee живут другие водоросли. *Phormidium mucicola* и *Aphanothece stagnina* растут в колониях, *Nitzschia fonticola* — в и на колониях и *Salpingoeca frequentissima* и *Bicoeca ovata* на этих.

Literatur

CHOLNOKY, B. J., 1968: Die Ökologie der Diatomeen in Binnengewässern. — Lehre.

FOTT, B., 1972: Chlorophyceae (Grünalgen) Ordnung: Tetrasporales. — In: HUBER-PESTALOZZI, G.: Das Phytoplankton des Süßwassers (Die Binnengewässer **XVI**, 6. Teil). — Stuttgart.

GEITLER, L., 1932: Cyanophyceae. — In: RABENHORST, L.: Kryptogamen-Flora von Deutschland, Österreich und der Schweiz. XIV. — Leipzig.

HELLEBUST, J. A., 1974: Extracellular products. — In: STEWART, W. D. P. (ed.): Algal Physiology and Biochemistry. — Oxford, London, Edinburgh, Melbourne.

HUBER-PESTALOZZI, G., 1942: Diatomeen. Das Phytoplankton des Süßwassers (Die Binnengewässer XVI, 2. Teil, 2. Hälfte). — Stuttgart.

LEMMERMANN, E., 1903: Brandenburgische Algen. II. Das Phytoplankton des Müggelsees und einiger benachbarter Gewässer. — Z. Fisch. **11**, 73—123.

PANKOW, H., 1976a: Algenflora der Ostsee. II. Plankton. — Jena.

— 1976b: Taxonomische Bemerkungen zu einigen Algen aus den Boddengewässern des Darß und des Zingst (südliche Ostsee) II. — Wiss. Z. Wilhelm-Pieck-Univ. Rostock, Math.-nat. R. **25**, 255—262.

Eingegangen am 22. 5. 1978.

Anschrift des Verfassers:
Dipl.-Biol. LOTHAR TÄUSCHER
Humboldt-Universität zu Berlin
Sektion Biologie
Bereich Ökophysiologie
DDR-104 Berlin
Invalidenstraße 43

Limnologica (Berlin) **12** (2), 315—348, Juni 1980

Rezensionen

HEINZ GEILER: **Ökologie der Land- und Süßwassertiere.** 2., bearb. u. erw. Aufl. (Wissenschaftliche Taschenbücher, Biologie **64**). Berlin: Akademie-Verlag 1976. 246 S., 46 Abb., 5 Tab., Brosch. M 8,—

Das Buch gliedert sich in 6 Abschnitte: Einführung, ökophysiologische und ethologische Grundlagen, Dynamik der Landtierbevölkerungen, Strukturen und Verknüpfungsgefüge terrestrischer Ökosysteme, Literaturverzeichnis, Sachregister. Entsprechend dem Titel handelt es sich nicht um ein Lehrbuch der Ökologie, wenn auch der Text die wichtigsten ökologischen Grundbegriffe vermitteln will. Das Tier schlechthin steht im Vordergrund mit seinen Reaktionen auf die unbelebte und belebte Umwelt, mit den Bedingungen der Individual- und Populationsentwicklung, mit den Vergesellschaftungen und den Leistungen der Gesellschaften in der Natur. Das Kapitel über anthropogene Ökosysteme rundet das Büchlein ab und gibt ihm einen aktuellen Bezug, den auch Nichtzoologen begrüßen werden. Eine wesentliche Erweiterung erfuhren die Beschreibung einzelner Ökosysteme und die angewandte Ökologie, womit sich diese Auflage deutlich von der ersten abhebt.
Bei dem Umfang des Heftes ist es selbstverständlich, daß der Autor sich auf ihm gut bekannte Beispiele stützt. Sie stammen hauptsächlich aus dem Bereich der terrestrischen Ökologie (siehe auch Themen der Gliederung). Demgegenüber fällt der limnologische Bereich ab. Das ist um so betrüblicher, als ein weites Interesse vor allem unter Lehrern und Schülern an dem handlichen Büchlein besteht.
Eine neue Auflage sollte hinsichtlich der limnologischen Terminologie gründlich überarbeitet werden; als Folge werden sich auch Änderungen tierökologischer Aussagen ergeben.

G. MOTHES, Berlin

WOLFGANG FREY, HERBERT HURKA & FRANZ OBERWINKLER (Hrsg): **Beiträge zur Biologie der niederen Pflanzen.** Systematik—Stammesgeschichte—Ökologie. Stuttgart, New York: Gustav Fischer Verlag 1977. 233 S., 122 Abb., 8 Tab., Ln. DM 58,—

Der Sammelband ist dem Tübinger Botaniker Prof. Dr. KARL MÄGDEFRAU zum 70. Geburtstag gewidmet. Unter Berücksichtigung des wissenschaftlichen Wirkens des Jubilars steht die Anpassung der Organismen an ihre Umwelt als Bedingung für ihren Wandel im Mittelpunkt der 10 Einzelbeiträge. W. JUNG berichtet über die ersten Landpflanzen; H. HURKA führt in den Problemkreis von Isoenzymen und Systematik ein; A. BRESINSKY setzt sich mit der Chemotaxonomie der Pilze auseinander; E. MÜLLER erörtert Systemfragen bei Ascomyceten; F. OBERWINKLER führt ausführlich das neue System der Basidiomyceten vor; R. M. SCHUSTER bespricht die Evolution der Hepaticae und Anthocerotae; W. FREY vermittelt neue Vorstellungen über die Verwandschaftsgruppen und die Stammesgeschichte der Laubmosse; J. POELT & E. ROMAUCH behandeln die Lagerstrukturen placodialer Küsten- und Inlandflechten; S. WINKLER betrachtet Flechten und Moose als Bioindikatoren; K. DOBAT analysiert die Ökogenese und Ökologie der Lampenflora deutscher Schauhöhlen. Insgesamt wird ein Überblick über wichtige Gruppen niederer Pflanzen auf der Grundlage neuester Forschungsergebnisse vermittelt. Eine kurze Würdigung von Leben und Werk des Jubilars aus der Feder E. BÜNNINGS, ein Curriculum vitae, ein Verzeichnis der wissenschaftlichen Abhandlungen und Bücher sowie der unter MÄGDEFRAUS Anleitung entstandenen Dissertationen entsprechen dem Grundanliegen des hervorragend gedruckten und ausgestatteten Bandes, der mit dem Interesse vor allem der Kryptogamenforscher rechnen kann.

S. J. CASPER, Jena

Applied Ecology Abstracts. Studies in Renewable Natural Resources. Vol. 2, No. 8. London: Information Retrieval Limited 1976. 181 S. Brosch. £ 5,00 (£ 60,00 je Band)

In dem vielfältigen Programm der IRL an Periodicals und Abstract Journals erscheint seit 1975 diese neue Zeitschrift. Sie befaßt sich mit den Wechselbeziehungen zwischen Mikroben, Pflanzen, Tieren und deren Umgebung sowie dem Einfluß von Klima, Wasserressourcen, Boden und Mensch darauf. Je Heft waren ursprünglich ca. 800 „Abstracts" vorgesehen, bei den neueren Jahrgängen sind es inzwischen ca. 1000. Diese Referate werden entweder den Originalarbeiten direkt entnommen (bei englischsprachigen) oder neu angefertigt. Ausgewertet werden über 4300 Primärzeitschriften und andere Informationsquellen.
Die je Band fortlaufend numerierten Abstracts werden folgenden Hauptthemenkreisen zugeordnet: Methods

& Equipment — Climate & Water Resources — Soils — Microbial, Plant and Animal Resources — Ecosystems and Their Analysis — Agrochemicals — Pollution — Planning — General Subjects — Documentation. Die Titel der Arbeiten sind in englisch wiedergegeben, teils steht der Originaltitel darunter, die bibliographischen Angaben und die jeweils festgestellte neueste Adresse des Autors gehen dem Referat voraus, an dessen Ende noch die Sprache des Originals und der Zusammenfassung angegeben ist. Die Auszüge sind den Themenkreisen zugeordnet, für die sie am wichtigsten erscheinen, bei den anderen sind sie durch Querverweise angeführt.

Das Erscheinen dieser inhaltsreichen Zeitschrift ist zu begrüßen, sie bietet meist sehr gute Referate und verweist auf die notwendige interdisziplinäre Zusammenarbeit.

D. Storch, Jena

R. Amavis & J. Smeets (eds.): **Principles and Methods for Determining Ecological Criteria on Hydrobiocenoses.** Proceeding of the European Scientific Colloquium Luxembourg, November 1975. Oxford, New York, Toronto, Sydney, Paris, Frankfurt: Pergamon Press 1976. 531 S., 48 Abb., 14 Tab. Brosch. US $ 35.00

Der Band enthält die Vorträge eines Kolloquiums, das im November 1975 in Luxemburg stattfand. Organisiert wurde die Veranstaltung von dem „Health Protection Directorate of the Directorate-General for Social Affairs", zusammen mit der „Environmental Research Division of the Directorate-General for Research, Science and Education". Ziel des Kolloquiums war die Erarbeitung von Kriterien zur Erfassung des Abwassereinflusses auf die Fauna und Flora der Gewässer sowie die Beurteilung der Abwasserlast mit Hilfe aquatischer Zönosen.

Die nach jedem Vortrag geführte Diskussion wurde zusammengestellt und ist ebenfalls gedruckt. Synthesen und Schlußfolgerungen aus dem Kolloquium werden zum Schluß von G. Tendron & O. Ravera gegeben. Zu dem Komplexthema „Ecological consequences of water pollution. Establishment of criteria (Dose/Effect)" berichteten H. A. Hawkes, L. Tonelli und J. P. Descy. J. Verneaux und H. v. Genderen sprachen über „General principles of the biological monitoring of surface waters" und L. R. Pittwell, H. Knöpp, H. J. Hueck und R. Lesel über „The practical methods used in the biological monitoring of surface waters". In einem Anhang berichten T. R. Tittizer über „Comparison of biological-ecological procedures of assessment of water quality" (Practical demonstration on the river Main, 2.—6. Juni 1975) und H. P. Hueck und E. H. Hueck-van der Plas über „A system of tests for the assessment of potential effects of chemicals and quality data in the aquatic environment".

In den Vorträgen wird eine Fülle von Ergebnissen, Hinweisen und Anregungen zur biologischen Beurteilung der Wasserqualität gegeben. Immerhin muß festgestellt werden: „Our present knowlegde on typology of hydrobiocenoses and even more of dose/effect relationships of the ecosystem is scarce and an appropriate research programme is necessary". Empfohlen wird eine Standardisierung der Beschreibung von Kriterien für die Beurteilung von Hydrobiozönosen, bezogen auf Parameter, Indizes, Indikatoren, Testorganismen, biologische Kontrollsysteme, Beschaffenheit von Methoden für die praktische Handhabung usw. Auch nach Spezialisten für Taxonomie und Populationsdynamik wird wieder verlangt! Dies alles ist sicherlich richtig und dringend notwendig. Doch hat man den Eindruck, daß trotz einer ständig zunehmenden Datenfülle und auch Mathematisierung der ökologischen Forschung der richtige Ansatz zur Bewältigung der genannten Probleme noch nicht gefunden ist. Daher ist vor allem größere Toleranz in der Forschung nötig, denn nur diese vermag die neuen Wege zu finden, deren wir in der Ökologie bedürfen.

Die Vortragsmanuskripte wurden im Photo-Offset-Verfahren vervielfältigt, wodurch der Band sehr schnell erscheinen konnte. Er stellt ein wertvolles Arbeitsbuch für den auf dem Gebiet der Abwasserbiologie tätigen Forscher dar.

W. Schönborn, Jena

Exkursionsflora für die Gebiete der DDR und der BRD. Kritischer Band. Hrsg.: W. Rothmaler. Weitergeführt von R. Schubert & W. Vent unter Mitarbeit von M. Bässler. 4., erg. u. bearb. Aufl. Berlin: Volk und Wissen Volkseigener Verlag 1976. 812 S., 743 Abb. Ln. M 28,—

Als 1963 zum ersten Male der „Kritische Ergänzungsband Gefäßpflanzen" zur „Exkursionsflora von Deutschland" erschien, konnte sein 1962 verstorbener Initiator und Hauptautor W. Rothmaler nicht mehr erleben, welch bemerkenswertes Echo sein Werk fand (vgl. Rezension in *Limnologica* **2**, 260—261, 1964). Inzwischen ist der „Rothmaler", vielfach verändert, erweitert und vertieft, aus der floristischen Literatur Mitteleuropas nicht mehr wegzudenken. Erst 1972 (sogenannte 1. Auflage, vgl. Rezension in *Limnologica* **9**, 313—316, 1974; im wesentlichen unveränderter Nachdruck als 8. „Auflage" 1976) erlebte die „Basisflora" eine stark überarbeitete Neuauflage. Mit dem vorliegenden „Kritischen Band" (4. Auflage) tritt nun auch der ehemalige „Kritische Ergänzungsband", neu konzipiert und mit neuem Titel, an die Öffentlichkeit.

Was hat es mit der erwähnten „neuen Konzeption" auf sich? Behandelte der frühere „Kritische Ergänzungsband" nur die „kritischen" polymorphen Sippen ausführlich — alle übrigen Arten wurden nur mit Namen und Chromosomenzahl aufgeführt —, so bringt der jetzt erschienene „Kritische Band" für alle Arten Bestimmungsschlüssel, also nicht nur für die Kleinarten und infraspezifischen Sippen. Durch die Aufnahme der Familien-, Gattungs- und Artenschlüssel wird er von den anderen Bänden der Exkursionsflora „unabhängig". Der Umfang ist beträchtlich angeschwollen, obwohl durch verändertes Format und bessere Raumausnutzung in Grenzen gehalten (1963: 622 S., 1976: 812 S.). Freilich muß der Informationszuwachs bezahlt werden, was insofern nicht erfreulich ist, weil der Käufer im Grunde genommen den 2. Band (1972), den er bereits besitzt, noch einmal mit bezahlen muß.

Sieht man von diesen unbefriedigenden Begleiterscheinungen ab, so entpuppt sich der „Kritische Band" als eine wichtige, notwendige und daher begrüßenswerte Neuerscheinung, die geeignet ist, ein tieferes Eindringen in und ein besseres Verständnis für die Flora des Gebiets zu vermitteln und das Bemühen zu fördern, die Lücken unserer Kenntnis allmählich zu schließen. Außer den im Titel verantwortlich zeichnenden Autoren haben sich rund 50 in- und ausländische Taxonomen durch die Bearbeitung einzelner Sippen verdient gemacht. Der Druck genügt allen Anforderungen.

Im Sinne des im Vorwort ausgesprochenen Wunsches, auf Verbesserungsmöglichkeiten aufmerksam zu machen, sei auf einige Mängel und Lücken hingewiesen.

Auf dem Vorsatzblatt steht fälschlich Arealformel statt Arealdiagnose (vgl. S. 19), „l.s." statt „s.l.", „AP" statt „Ap"; unter den Abkürzungen fehlen ABESS (S. 662), IND (S. 611, 662). Daß von dem Abschnitt „Der Bau der Pflanzen" nur die wenigen Abbildungen aus Band 2 übernommen sind, ist bedauerlich, um so mehr, als einige fehlerhafte Formulierungen auftauchen, so z. B. bei *Caltha* Frucht statt Früchtchen und BBl statt Perigon-Bl, oder bei *Betula* (S. 134), wo es statt TragBl besser „Fruchtschuppe" (als Verwachsungsprodukt von 1 Tragblatt und 2 Vorblättern) heißen sollte. Bei *Biscutella* steht in der Artbeschreibung und im Gattungsschlüssel richtig „Spaltfrucht", bei den Unterarten fälschlich „Schötchen". Im Band 2 („Exkursionsflora") wird auf S. 53 darauf hingewiesen, daß die mit Sternchen für Sammel- und Unterarten versehenen Sippen mit Hilfe von Band 4 bestimmt werden können. Doch kommt es jetzt recht oft vor, daß Sippen, die in Band 2 Sternchen tragen, in Band 4 nicht weiter aufgeteilt sind und umgekehrt. Daß die Abstimmung beider Bände nicht völlig gelungen ist, zeigen auch die nomenklatorischen Diskrepanzen. Einige Anmerkungen zur Nomenklatur: Korrekt sind die Namen *Arabis auriculata* LAM. (statt *recta*), *Avenula* (DUM.) DUM. (*Avenochloa*), *Crepis pyrenaica* (L.) GREUTER (*blattarioides*), *Gentianella amarella* (L.) BÖRN. (*axillaris*), *Medicago nigra* (L.) KROCK. (*polymorpha*), *Potentilla neumanniana* RCHB. (*tabernaemontani*), *Rubus divaricatus* P. J. MUELL. (*nitidus*), *Sedum vulgare* (HAW.) LINK (*fabaria*), *Stipa tirsa* STEV. emend. ČELAK. (*stenophylla*), *Hepatica nobilis* SCHREBER (S. 112), nicht MILL. (S. 15), *Galium harcynicum* (S. 422), nicht *harzynicum* (S. 15), *Echium lycopsis* L., nicht GRUFBERG (bei schwedischen Dissertationen des 18. Jahrhunderts ist in Bd. 2 und 4 sonst stets der „Praeses" (Lehrer), hier LINNÉ, als Autor angeführt); *Rhamnus* sollte dasselbe Geschlecht wie *Euonymus* haben; *Montia fontana* subsp. *minor* (C. C. GMELIN) ČELAK. (nicht subsp. *chondrosperma*); *Rorippa austriaca* (CRANTZ) BESSER (statt SPACH); *Carex* × *heterophyta* HOLMBERG und *C.* × *abortiva* HOLMBERG (statt HOLMBOF), *C. elanescens* (statt *elanesiens*), *C. strictiformis* (*striaeformis*), *C. kuekenthaliana* (*kükenthaliana*), *Moenchia erecta* subsp. *erecta* (*erectum*); *Galium anisophyllon* (*anisophyllum*); *Epilobium dufftii* (*duftii*), *E. schulzeanum* (*schultzeanum*); *Aethionema* THELL. (infolge Weglassens des Tremas wird die Anführung des Synonyms sinnlos); *Verbascum phoeniceiforme* (*phoeniciforme*); *Scirpoides holoschoenus* subsp. *australis* (MURRAY) SOJÁK (nicht BENKERT). Die Neukombinationen, bei denen als Autor BENKERT, STOHR bzw. NATHO zitiert sind, ebenso wie nicht wenige aus der 1. Auflage (1963) übernommene, wurden meist bisher noch nicht gültig publiziert. Bei anderen Neukombinationen infraspezifischer Taxa wurde inkorrekt das frühere Autorzitat einfach aus der 1. Auflage (1963) unverändert übernommen, obwohl infolge Änderung der Artnamen ein Neukombinator hätte genannt werden müssen (z. B. fälschlich A. & G. bei *Phragmites australis*, VOLKMANN & MURBECK bei *Gentionella campestris* und *G. obtusifolia*.

Unklar bleibt die Synonymie von *Baeothryon* bezüglich *Trichophorum* (vgl. auch Bd. 2, S. 512). Druckfehler im Register: *allolepsis* (statt richtig *allolepis*, S. 772), *friscus* (*frisicus*, S. 781), *heiligensis* (*heilingensis*, S. 790), *polycroum* (*polychroum*, S. 781), *doepii* (*doeppii*, S. 793). Folgende Sippen sollten zukünftig aufgenommen werden: *Elodea nuttallii* (PLANCHON) St. JOHN, *Myriophyllum heterophyllum* MICHX., *Cardamine udicola* JORDAN, *C. opizii* J. et C. PRESL, *Ranunculus grenieranus* JORDAN, *Salix alpina* SCOP., *Stipa borysthenica* KLOKOV. Dagegen sollten *Achillea moschata*, *Arenaria biflora*, *Carex curvula* und *Festuca violacea* ausgeschlossen werden, da sie erst auf österreichischem Boden ihre nächsten Fundorte haben.

Nicht dem gegenwärtigen Stand entsprechen u. a. die Bearbeitung der Gattungen *Pulmonaria*, *Cardamine*, *Rorippa*, *Agrostis* und *Najas* sowie z. T. *Oenanthe* (*silaifolia*). Bei *Thelypteris thelypteroides* fehlt der in einer „Kritischen Flora" nicht unwichtige Hinweis, daß im Gebiet nicht die (nordamerikanische) Typussippe, sondern die subsp. *glabra* HOLUB vorkommt. Ergänzungen zu den Verbreitungs- und Standortsangaben: *Asplenium poscharskyanum* nicht „z", sondern nur bei Zöblitz (locus typi), *A. fontanum* auch Ba: Jura; *Betula carpatica* auch im S in Mooren, *B. nana* auch als (N) im Georgenfelder Hochmoor und im Pfahlbergmoor im Erzgebirge; *Calamagrostis pseudopurpurea*: Verbreitung nicht fraglich (vgl. Feddes Repert. **83**, S. 275 ff.); *Cicerbita alpina* auch im Harz; *Elatine triandra* fehlt in Thüringen nicht; *Galium lucidum* auch im südlichen Schwarzwald; *Puccinellia limosa* auch bei Auleben spontan; *Pulmonaria angustifolia* auch in Thüringen: *Sagina saginoides* kommt nicht im Fichtelgebirge, sondern auf dem Fichtelberg vor; *Sorbus multicrenata* ist endemisch in Thüringen und fehlt im Frankenjura (dort *S. franconica* BORNM. ex DÜLL); *Stipa eriocaulis* auch SW (Elsteiner Klotz), nicht nur im Donautal; *Stipa stenophylla* nicht „SW Horneck" (gemeint ist der Florist D. KORNECK!); *Urtica kioviensis* auch in Nordanhalt; *Woodsia pulchella* auch im Allgäu; Naumburg S. 415, 542 muß „Numburg" heißen. Das Areal von *Biscutella laevigata* subsp. *gracilis* reicht nordwärts nur bis Magdeburg, wie (S. 227) richtig angegeben, ebenso aber auch das der Gesamtart (nicht „bis Tangermünde", S. 226); im Saalegebiet von Halle bis Wettin (S. 226) kommt ebenfalls subsp. *gracilis* vor, was auf S. 227 „vergessen" worden ist.

Bei den Bastarden scheint für die Reihenfolge der Eltern kein einheitliches Konzept zu existieren (keine konsequente alphabetische Reihung, keiner Regel folgende Anordnung innerhalb einer Gattung). Einige Bastarde und Bastardnamen fehlen. Ganze Zeilen sind ausgefallen auf den S. 57 (27+) und S. 436 (bei *Cuscuta* vor „f im S..") und S. 311 (*Sorbus*, siehe oben). Auf S. 52 und S. 61 sind in der Kopfleiste die Tabellen-Nummern vertauscht.

Rezensent hofft, mit diesen Anmerkungen Anregungen für die Neuauflage gegeben zu haben. Angesichts der Bedeutung des „Kritischen Bandes" ist zu hoffen, daß sich viele Floristen und Taxonomen zur weiteren Mitarbeit bereit finden.

S. J. CASPER, Jena

SEBASTIAN DWORATSCHEK: **Grundlagen der Datenverarbeitung.** 6., völlig neu bearb. u. erw. Aufl. Berlin, New York: Walter de Gruyter 1977. 538 S., 208 Abb., 212 Übungsaufgaben, 59 Fot. (Anhang). Kart. DM 38,—

Die bisherigen fünf Auflagen waren seit 1969 unter dem Titel „Einführung in die Datenverarbeitung" erschienen. Unter Berücksichtigung der stürmischen technischen Entwicklung wurde das Werk stark überarbeitet. Es ist als Lehr- und Nachschlagebuch gedacht und vermittelt schrittweise und gut gegliedert das vielschichtige Basiswissen an alle diejenigen, die mit der EDV konfrontiert werden. Im Teil I werden die Entwicklung und die funktionalen Grundlagen der Datenverarbeitung dargeboten. Es folgen dann im Teil II die notwendigsten mathematischen und im Teil III die informationslogischen Grundlagen (Datenarten, Codierung, Schaltalgebra). Teil IV ist den technologischen Grundlagen gewidmet (Bauelemente, Speicherarten, Endgeräte). Nun folgt die Praxis der Datenverarbeitung: Teil V erläutert die betriebsorganisatorischen Grundlagen (Datenorganisation, Programmierung, Betriebsarten, Betriebssysteme). Im letzten Kapitel (Teil VI) werden anwendungsorganisatorische Grundlagen vorgestellt und Hinweise für die vielseitigen Anwendungs- und Einsatzmöglichkeiten gegeben. Am Ende eines jeden Kapitels sind zahlreiche Übungs- und Kontrollaufgaben gestellt und für das Selbststudium am Ende des Buches die Lösungen angegeben. Ein Literaturverzeichnis englisch/deutsch und ein Stichwortverzeichnis erleichtern die Nachschlagearbeit. Leider haben sich bei der Überarbeitung auch einige Druckfehler eingeschlichen. Die straffe ausgewogene Gliederung des Stoffes, die Verwendung zahlreicher Graphiken und Fotos und die Aufforderung zur Selbstkontrolle nach jedem Kapitel widerspiegeln die jahrelangen Lehrerfahrungen, die hier ihren Niederschlag gefunden haben.

H. GRIMM, Jena

H. LÖFFLER & D. DANIELOPOL: **Proceedings of the Sixth International Symposium on Ostracoda (Saalfelden, Salzburg).** The Hague: Dr. W. Junk b. v. Publishers 1977. XII, 521 S., 155 Abb., 24 Taf., 51 Tab., Ln. Dfl. 150,—

Bereits zwei Jahre nach dem Hamburger Treffen von 1974 (vgl. Rezension in *Limnologica* **12** (2), S. 324) fand in Saalfelden (Salzburg) das 6. Internationale Symposium über Ostracoden statt, an dem 87 Wissenschaftler aus 17 Ländern Europas, Asiens, Nord- und Südamerikas teilnahmen. Die 40 auf diesem Treffen gehaltenen Vorträge vereint der vorliegende Band. Sie gruppieren sich um die drei großen Themenkomplexe „Allgemeine Aspekte und Morphologie (10 Titel), „Ökologie und Tiergeographie" (14 Beiträge) und „Paläoökologie und Paläozoogeographie" (15 Vorträge). Gegenüber dem Hamburger Symposium treten Beiträge zur Ökologie und Zoogeographie rezenter Ostracoden viel stärker in den Vordergrund.

Insgesamt befassen sich 10 Arbeiten mit limnischen Arten und Faunen, auf die hier, ohne damit eine Wertung vornehmen zu wollen, besonders eingegangen sei. A. ROSENFELD & B. VESPER fanden an rezentem Material von *Cyprideis torosa* (JONES) eine Beziehung zwischen Siebporen-Form und Salzgehalt. Die gewonnenen Ergebnisse ließen sich auf pleistozänes Material der untersuchten Art übertragen, wodurch eine Abschätzung der Paläosalinität entsprechender Fundschichten möglich ist. — Die Ostracodenfauna der Reisfelder von Sri Lanka (Ceylon) und ihre Verbreitungsbeziehungen zu umliegenden Regionen behandelt J. W. NEALE. Die engen Beziehungen der Fauna der zentralen und südlichen Teile der Insel zu der von Indonesien werden auf Einschleppung mit Reissamen und Reispflanzen in der Vergangenheit zurückgeführt. — P. DE DEKKER erklärt das Verbreitungsmuster der in Australien endemischen Gattungen *Australocypris*, *Mytilocypris* und *Trigonocypris* mit Hilfe passiver Verschleppung durch ziehende Wasservögel, wobei die Ausbreitung in andere

Gewässer durch unbeschadete Darmpassage (Ostracodeneier) und durch den Transport von Eiern und ad. Tieren an Füßen und Federn der Vögel erfolgen kann. — D. C. DANIELOPOL befaßt sich mit der Herkunft und Diversität der Ostracoden interstitieller Süßwasserbiotope Europas. Formen mit kriechender Fortbewegung, die durch fehlende oder reduzierte antennale Schwimmborsten ausgezeichnet sind, eignen sich besonders für die Besiedlung des Grundwassers. Die meisten biotopspezifischen Arten leiten sich von Bewohnern oberirdischer limnischer Gewässer ab. Sie gehören überwiegend der artenreichen Unterfamilie der Candoninae an. — Von besonderem Interesse für den Limnologen ist der Beitrag von H. LÖFFLER über die ehemalige spätpleistozäne Meromixis des Kleinsees (Kärnten), die sich durch den Faunenwechsel subfossiler Ostracoden im Sediment des Sees nachweisen läßt. Auf diese Weise werden die früheren verdienstvollen Untersuchungen von I. FINDENEGG und D. G. FREY zur Meromixis der Kärntner Seen wirkungsvoll ergänzt und ausgeweitet.

Insgesamt ein sehr gehaltvoller und hervorragend ausgestatteter Band, der einen vorzüglichen Einblick in den gegenwärtigen Stand der sich rasch entwickelnden Ostracodenkunde vermittelt.

D. FLÖSSNER, Jena

ADAM HÖLZER: **Vegetationskundliche und ökologische Untersuchungen im Blindensee-Moor bei Schonach** (mittlerer Schwarzwald) unter besonderer Berücksichtigung des Kationengehaltes (Dissertationes Botanicae Bd. 36). Vaduz: J. Cramer 1977. 195 S., 14 Abb. auf Taf., 98 Abb., 13 Tab., 1 Vegetationskt. Brosch. DM 60,—

Gegenstand der Untersuchungen ist das in etwa 1000 m Höhe im mittleren Schwarzwald gelegene, 28 ha große und unter Naturschutz stehende Blindensee-Moor. Es handelt sich um ein noch lebendes, wenn auch durch Eutrophierung gefährdetes Hang-Hochmoor. Die heutige Vegetation wird durch pflanzensoziologische Aufnahmen belegt, sie setzt sich aus Fichtenbeständen und Niedermoorgesellschaften der Randzonen und aus verschiedenen *Sphagnum*-reichen Gesellschaften sowie Spirken-Beständen der Übergangszonen und des Hochmoor-Komplexes zusammen. Der Schwerpunkt der Arbeit liegt auf dem Gebiet der Ökologie. Das Kleinklima, vor allem aber der Kationengehalt des Moorwassers, werden eingehend untersucht. Gegenüber anderen Hochmooren Europas unterscheidet sich das Blindensee-Moor durch niedrigere pH-Werte, Na^{+}- und Mg^{++}-Gehalte. Niedermoor- und Hochmoorkomplex des Moores zeigen in pH-Wert und Kationengehalt signifikante Unterschiede. Es besteht ein Zusammenhang zwischen der Konzentration bestimmter Kationen im Moorwasser und dem Vorkommen einzelner Arten, was auch in den beigegebenen 12 Verbreitungskarten ausgewählter Pflanzen (und der Ameisenhaufen) gut zum Ausdruck kommt. Alles in allem eine wichtige Arbeit.

H.-D. KRAUSCH, Potsdam

HERMANN PLEISS: **Der Kreislauf des Wassers in der Natur** (Reihe Umweltforschung). Jena: VEB Gustav Fischer Verlag 1977. 192 S., 63 Abb., 33 Tab., 7 Übersichten. Brosch. M 13,—

In offenbar zufälliger Folge legt der Verlag in seiner Reihe „Umweltforschung“ nach Titeln über Luftverunreinigung, Krebsverhütung und Agrochemikalien einen wichtigen Band über den Kreislauf des Wassers vor. Der Umweltschutz ist hier jedoch weder im Titel noch im Text dominant, sondern es wird von dem berufenen Autor mit Vielseitigkeit und großer Anschaulichkeit insbesondere jener Teil des Wasserkreislaufs intensiv analysiert, der Arbeitsgebiet der Hydrometeorologie ist. Die wasserwirtschaftlichen, hydrogeologischen und limnologischen Teile des Wasserkreislaufs werden nur sehr am Rande beschrieben, obwohl sie doch auch wichtige Elemente darstellen, die unter dem Aspekt der Umweltforschung großes Gewicht haben.

Der Band liest sich sehr anregend und vermittelt dem Leser viele Details und eine gelungene Einführung in den Kreislauf des Wassers und seine Triebkräfte. Kleinere Ungenauigkeiten (z. B. Füssen nicht an der Donau, HHQ Dresden Abb. 60) sollten bei einer Neuauflage bereinigt werden. Auch wären bei einigen der sehr anschaulichen graphischen Darstellungen Herkunftshinweise angebracht.

L. KREY, Jena

GILBERT M. SMITH: **Phytoplankton of the Inland Lakes of Wisconsin** (Reprint). Vaduz: J. Cramer 1977. X, 470 S., 88 Taf., 17 Textfig., 2 Tab. Geb. DM 150,—

Die von J. CRAMER herausgegebene „Bibliotheca Phycologica“ hat mittlerweile die stattliche Anzahl von 30 Bänden erreicht. Das hier in sauberem Nachdruck vorliegende Werk besteht aus zwei Teilen, die 1920 bzw. 1924 in Madison (USA) zum ersten Male erschienen sind. Der erste Teil umfaßt die Myxophyceae, Phaeophyceae, Heterokonteae und Chlorophyceae, der zweite die Desmidiaceae, alle Planktonalgen also mit Ausnahme der Kieselalgen. Die besondere Bedeutung der 1913 bis 1917 unter der Schirmherrschaft des Wisconsin Geological and Natural History Survey durchgeführten Untersuchungen besteht vor allem darin, daß sie zum ersten Male das Phytoplankton neuweltlicher Seen unter systematischen Gesichtspunkten erfassen und damit eine Entwicklung nachvollziehen, die in Europa längst abgeschlossen und mit Namen wie W. WEST, G. S. WEST, FRITSCH, CHODAT, BACHMANN, LEMMER-

MANN, SCHMIDLE, SCHRÖDER, VOLK, PASCHER, WOŁOSZYNSKA und WESENBERG-LUND eng verknüpft ist. In diesem Sinne ist das „Wisconsin-Phytoplankton" von G. M. SMITH der Klassiker der Phytoplanktonkunde in Nordamerika. Es ist nur natürlich, wenn sich in dem Werk etwa 50 Neubeschreibungen von Sippen, zahlreiche Neukombinationen und neue Benennungen finden. Alle Sippen sind durch vorbildliche Zeichnungen, oft nach Lebendmaterial angefertigt und in der Regel auf Wisconsin-Aufsammlungen fußend, belegt. Bestimmungsschlüssel führen bis zur Art. Der Sippenindex ist umfassend. Eine kurze Einführung macht mit der Geographie und Geologie des Untersuchungsgebiets bekannt, analysiert die chemischen Komponenten des Wassers der Seen, stellt die untersuchten Seen tabellarisch mit ihren wichtigsten hydrographischen Daten vor und erläutert die angewandten Methoden.
Herausgeber und Verlag gebührt Dank für die „Auferweckung" des klassischen, aber selten gewordenen Werkes.

S. J. CASPER, Jena

HEINRICH K. ERBEN: **Die Entwicklung der Lebewesen.** Spielregeln der Evolution. München, Zürich: R. Piper & Co. Verlag 1975. 2. Aufl. 1976. 518 S., 62 Abb., 2 Tab. Ln. in Schuber. DM 68,—

Dieses äußerst interessante Buch ist folgendermaßen gegliedert: Vorwort, I. Paläobiologie — Einführung in eine Wissenschaft, II. Datierung von Äonen, III. Chemo-Evolution und Bio-Evolution, IV. Die Trinität. Form — Funktion — Umwelt, V. Evolution: Das Entstehen des Neuen, VI. Evolution: Zufall oder Regel?, VII. Evolution: Das Aussterben, VIII. Der Mensch als Geschöpf der Bio-Evolution, IX. Der Mensch als Geschöpf der Psycho-Evolution; Zwischen-Synthese und X. Ultramensch oder Untergang? Den Band beschließen 36 S. Anmerkungen und Literaturhinweise, ein Glossar von 17 S. und ein Register von 14 S.
Der Verfasser, ein bekannter Paläontologe, schildert die Entwicklung des Lebens auf der Erde seit der Bildung der festen Erdkruste. Er weist auf die langen Zeiträume hin, in denen das Leben entstand und auf die objektiven Gesetzmäßigkeiten der Evolution, die zu immer komplexeren Lebensformen und schließlich zum Menschen führten. „Der Mensch ist eine durch die Bio-Evolution und durch die von ihr abhängige Psycho-Evolution geschaffene Spezies des Tierreiches, dessen allgemeine Grenzen der *Homo sapiens* in psychischer, wenn auch nicht in somatischer Hinsicht weit überschritten hat. ... Die eigentliche Adaptation des Menschen ist psycho-evolutiver Art, sie besteht im wesentlichen in der Spezialisation, sich mittels der Technik und der Wissenschaften zunehmend vom Druck der Umwelt befreien zu können." (S. 392). Die Befreiung des Menschen von der natürlichen Umwelt und deren Einflüssen gelingt ihm aber nur scheinbar, denn die Rohstoffe sind begrenzt. Auf Grund einer umfassenden biologischen und soziologischen Analyse der gegenwärtigen Situation und von Vergleichen mit anderen früher dominierenden und dann ausgestorbenen Arten kommt der Verf. zu folgenden deprimierenden Feststellungen: „Alle diese Anzeichen deuten darauf hin, daß die einseitig spezialisierte Spezies Mensch ihr Anpassungsoptimum jedenfalls erreicht, vermutlich aber sogar schon überschritten hat (S. 427). Was vor dem *Homo sapiens* liegt, wird also mit großer Wahrscheinlichkeit ein allmählicher Abstieg in der Entwicklung sein. Ihm muß später das Ende folgen, weil die Überpopulation dieser Spezies zu einer völligen Erschöpfung der verwertbaren Rohstoffe ihrer natürlichen Umwelt geführt haben wird ..." (S. 439). Diese Annahmen bzw. Resultate seiner Untersuchungen sind nach Ansicht des Verfassers unausweichlich. Sie werden umso eher eintreten, je später es der Menschheit gelingt, die gegenwärtige Bevölkerungsexplosion zu beenden. Diese Analyse der Vergangenheit, Gegenwart und der Zukunftsaussichten der Menschheit hat — nach Ansicht des Autors — „den Vorzug der Wirklichkeitsnähe und kann daher von Nutzen sein." Der Verf. hofft, mit dieser pessimistischen Analyse dazu beizutragen, daß die politisch Handelnden die Lage richtig erkennen und reagieren. Es müßte „jedenfalls erreichbar sein, die Krise so weit hinauszuschieben wie nur möglich, die Existenzdauer unserer Spezies so zu verlängern, wie die Verhältnisse es gestatten."
Diese Analyse erscheint auf Grund des bisherigen Evolutionsverlaufs als durchaus realistisch. Allerdings ist die Frage berechtigt, ob die Entwicklung wirklich so verlaufen wird, wie der Autor annimmt; TIMOFEEFF-RESSOVSKY et al. (1975) vertreten darüber z. B. ganz andere Ansichten. Das 10. Kapitel wird zahlreiche Diskussionen hervorrufen, der Leser wird aber sicher nicht allen Feststellungen des Autors ohne weiteres zustimmen können. Wenn jedoch diese Fragen diskutiert werden, so besteht die Hoffnung des Autors vielleicht zu recht, daß die Menschheit alles daran setzen wird, „noch einmal davonzukommen". Bei der Diskussion der Auffassungen des Autors sollte grundsätzlich von den spezifischen gesellschaftlichen Bedingungen ausgegangen werden.
Dem Autor ist für dieses interessante, anregende und nachdenklich stimmende Buch — übrigens eine hervorragende Einführung in die Paläobiologie — zu danken. Ebenso dem Verlag für den hervorragenden Druck. Es wurden praktisch keine Druckfehler gefunden, auf S. 391 muß es vier statt drei Tendenzen heißen (Punkt 11), auf S. 423 sind die letzten 4 Zeilen nicht in der richtigen Reihenfolge. Als störend empfindet der Rezensent die Anordnung aller Abbildungen am Ende der Kapitel IV, VII und X; wegen des ständigen Nachschlagens und Vergleichens wäre die Einfügung in den laufenden Text sicher besser, zumal auch drucktechnisch keine Notwendigkeit zu der gewählten Art vorliegt (gleiche Papierqualität!).

D. STORCH, Jena

RAYMOND P. CANALE (ed.): **Modeling Biochemical Processes in Aquatic Ecosystems.** Ann Arbor: Ann Arbor Publishers Inc. 1976. VIII, 389 S., 137 Abb., 31 Tab. Ln. US $ 28.55 (£ 19.75)

Die Anwendung mathematischer Modelle eröffnet im Zusammenhang mit der Systemtheorie und der experimentellen Freiland- und Laborforschung weitreichende Möglichkeiten zur Verallgemeinerung, Simulation und Verifizierung der komplexen Zusammenhänge zwischen den Wasserorganismen und ihrer Umwelt. Besonders für die ökologische, wasser- und fischereiwirtschaftliche Praxis entstehen damit neue Grundlagen für wissenschaftlich fundierte Prognosen und Entscheidungsfindungen. Der enorme Aufschwung, der auf diesem Sektor in den letzten Jahren zu verzeichnen ist, hat in einer Vielzahl von Originalarbeiten seinen Ausdruck gefunden. An zusammenfassenden Darstellungen mangelt es allerdings. Das hier unter der Federführung von RAYMOND P. CANALE vorgelegte Buch vermittelt nun einen umfassenden Überblick zum gegenwärtigen Kenntnisstand der mathematischen Modellierung biochemischer Prozesse im Gewässer. In 16 ausgewogenen Beiträgen wird weitestgehend der vielfältigen Verzahnung einzelner Submodelle innerhalb einer umfassenden Ökosystemanalyse Rechnung getragen. Im Mittelpunkt stehen Modelle zur Berechnung der Planktonproduktion. Es werden weiterhin Modelle zu Stofftransportvorgängen, zur biologischen Wachstumsdynamik in Abhängigkeit von verschiedenen physikalischen, chemischen und biologischen Faktoren und zur Nährstoffdynamik vorgestellt. Der Leser wird in sehr informativer Weise mit den wesentlichen Aspekten und Grundlagen der jeweiligen Modellkonzeption vertraut gemacht. Instruktive Abbildungen, Tabellen und Gleichungen ergänzen den Text. Namen wie BIERMAN, CANALE, CHEN, CHRISHOLM, DEPALMA, DITORO, KIEFER oder VERHOFF sollen stellvertretend für die 32 amerikanischen, international anerkannten und am Gelingen des Werkes mitbeteiligten Autoren genannt werden.
Ein Buch, das der in der Meeresbiologie und Limnologie tätige „Modellierer" sowie der Wissenschaftler, dem an der Verallgemeinerung wichtiger biochemischer Zusammenhänge im Gewässer gelegen ist, mit Nutzen zur Hand nehmen wird.

R. KOSCHEL, Berlin

N. N. SMIRNOV: **Macrothricidae und Moinidae der Fauna der Welt.** Fauna der UdSSR. Krebstiere, Bd. 1, Heft 3 (Russisch). Leningrad: Izd. Nauka, Leningradskoe otdel. 1976. 236 S., 213 Abb., 9 Tab. Ln. Rubel 2,68

Nach der grundlegenden Bearbeitung der Chydoridenfauna der Welt (Leningrad 1971, engl. Übersetzung Jerusalem 1974) legt der auf seinem Spezialgebiet sehr erfahrene Autor in der Reihe „Fauna der UdSSR" jetzt die umfassende taxonomische Darstellung zweier weiterer Familien der Gruppe der Cladocera („Wasserflöhe") vor. Von den beiden behandelten Familien gehören die Macrothricidae dem Benthos unserer Binnengewässer an, während die Moinidae planktische Bewohner vornehmlich kleinerer Gewässer sind, die sie oft in ungeheuren Massen bevölkern. Wegen ihrer hohen Filterleistung sind die *Moina*-Arten für den Stoffhaushalt und die biologische Selbstreinigung ihrer Wohngewässer, aber auch künstlicher Reinigungsanlagen von nicht zu unterschätzender Bedeutung. Das Buch ist deshalb nicht nur für Spezialisten an Museen und einschlägigen Instituten von großem Nutzen, sondern bildet auch für den Praktiker in der Abwasserreinigungstechnik und Fischereiwirtschaft eine wertvolle Informationsquelle.
Der taxonomischen Bearbeitung beider Familien sind je eine kurze Einführung in Morphologie, Biologie und Ökologie sowie ein umfassendes Schriftenverzeichnis vorangestellt. Den Hauptteil des Buches bildet die ausführliche und sorgfältige Beschreibung aller bislang bekannten und anerkannten Arten der Macrothricidae und Moinidae. Der Text enthält außerdem klare, übersichtliche Bestimmungsschlüssel und die Diagnosen der höheren Taxa. Die Besprechung der Arten ist einheitlich gegliedert in Synonyma, Herkunft des untersuchten Materials (falls vorhanden), Beschreibung von Weibchen und Männchen, Lebensweise, Verbreitung und, wo erforderlich, Differentialdiagnose. Unsichere Formen und Nomina nuda sind am Schluß der jeweils zugehörigen Gattung aufgeführt. Die Bestimmungsarbeit wird durch zahlreiche klare Zeichnungen, welche die entscheidenden taxonomischen Merkmale darstellen, wesentlich erleichtert. Von den häufigeren Arten ist die Gesamtverbreitung auf Punktkarten grob dargestellt, deren Informationswert wegen des sehr kleinen Maßstabes allerdings recht bescheiden ist. Den inhaltsreichen, mit Sorgfalt und Umsicht bearbeiteten Band beschließen ein Verzeichnis neuer Synonyma und der neu aufgestellten Taxa sowie ein Index der wissenschaftlichen Namen.
Während sich der Autor bei der Bearbeitung der Moinidae auf die ausgezeichnete Revision der Familie durch GOULDEN (1968) stützen konnte, war er bei den Macrothricidae weitgehend auf sein eigenes Urteil angewiesen. Wie schon in seiner Bearbeitung der Chydoridae begnügt er sich durchaus nicht mit einer einfachen kritiklosen Zusammenstellung der bislang erfolgten Artbeschreibungen, sondern ist um kritische Sichtung und Revision der vorliegenden Daten bemüht. Neu ist z. B. die Untergliederung der Macrothricidae in 4 Unterfamilien, die Aufstellung der Gattung *Cactus* für *Macrothrix cactus* (VÁVRA) und die Wiedereinführung der Gattung *Echinisca* LIÉVIN. Als eigene Arten werden überdies *Ilyocryptus silvaeducensis*, *Macrothrix bialatus*, *M. grönlandica*, *Bunops scutifrons* und *Lathonura lacustris* geführt, wofür der Autor ohne gründliche Nachuntersuchung eines genügend umfangreichen Materials aber keine überzeugenden Beweise zu liefern vermag.

Zweifellos sind dies voreilige, schwach begründete Entscheidungen, welche die Tatsache der beträchtlichen Variabilität vieler Cladoceren-Arten weitgehend außer Acht läßt. Recht großzügig wird auch mit der von GAUTHIER als *Macrothrix chevreuxi* bezeichneten Form umgegangen, die von SMIRNOV kurzerhand, ohne sie je selbst untersucht zu haben, zu der neuen Art *Echinisca gauthieri* erhoben wird. Gänzlich abwegig, weil nomenklatorisch ungerechtfertigt, ist das vom Autor schon in seinem Chydoridenband praktizierte Verfahren, bloße Varietäten, d. h. Formen, die morphologisch (meist) geringfügig von der Originaldiagnose abweichen, trinominal zu benennen. Ein solches leichtfertiges Vorgehen vermag erhebliche Verwirrung zu stiften, da eine heterogene Gruppe von morphologischen Abweichungen als Subspezies = geographische Rasse ausgegeben wird, was in den meisten Fällen sicher unzutreffend oder ohne genaue Untersuchung der geographischen Variabilität nicht eindeutig zu entscheiden ist.

Abgesehen von diesen Mängeln bildet das Buch eine überaus nützliche Zusammenstellung der in der Literatur weit verstreuten und oft schwer zugänglichen taxonomischen Fakten einer in limnischen Biotopen wichtigen Tiergruppe. Es kann jedem mit dieser Gruppe Arbeitenden sehr empfohlen werden.

D. FLÖSSNER, Jena

F. C. PAGE: **An illustrated Key to Freshwater and Soil Amoebae,** with notes on Cultivation and Ecology. Ambleside: Freshwater Biological Association (Scientific Publication No. 34) 1976. 155 S., 64 Abb. Brosch. £ 2,65

F. C. PAGE hat ein lange fälliges Werk geschrieben: einen dem neuesten Stand der Forschung entsprechenden Bestimmungsschlüssel über die freilebenden Amöben. In seinem Buch sind auch die Cochliopodiidae aufgenommen, eine Basisgruppe der Testaceen, die zwischen nackten und beschalten Amöben vermittelt. Auch fakultativ pathogene Arten sind berücksichtigt. Dem Bestimmungsschlüssel sind Hinweise über Sammelmethoden und das Anlegen von Kulturen vorangestellt. Hervorragende Zeichnungen und Fotos unterstützen den Bestimmungstext. Fast jede der behandelten Arten ist auch abgebildet!

PAGE hat das Ziel seines Buches angegeben: „The purpose has been to make the key as complete and usable as possible, not to produce a catalogue of names". Der Mangel an Merkmalen, die veränderliche Form und die große Variabilität (Standortsmodifikationen!) der Amöben führten zu einer völlig unzureichenden Taxonomie und Systematik dieser Tiergruppe. Viele der beschriebenen Formen ließen sich nicht wieder identifizieren. Der Autor ist allerdings sehr streng mit der Aussonderung beschriebener Arten verfahren. Nach Schätzung des Ref. sind nur etwa 40% der beschriebenen Arten aufgenommen [ca. 34% der bei HARNISCH (1958) gegebenen Diagnosen]. Über die Hälfte der behandelten Arten sind erst nach 1945 beschrieben worden, während die überwiegende Mehrzahl der bekannten Beschreibungen vor dieser Zeit entstand. Allerdings sind die meisten neueren Artbeschreibungen gründlicher und sorgfältiger als die früheren.

Man vermißt aber auch viele oft bestätigte Arten, wie z. B. *Amoeba gorgonia* PENARD 1902, die häufig in Gewässern und im Erdboden gefunden wird, oder *Astramoeba radiosa* (EHRENBERG 1830). Vielleicht ist diese letztere Art in den neubeschriebenen Arten der neuen Gattung *Vanella* BOVEE 1965 enthalten? Wer auf dem Gebiet der Amöben-Taxonomie nicht aktiv tätig ist, kann ein solches Vorgehen weder verurteilen noch begrüßen, sondern muß weiter abwarten, bis sich ein bestimmter Artenfundus solidiert hat. Die Auswahl der gut beschriebenen Arten scheint aber auch weiterhin noch recht subjektiv zu erfolgen. Dem Autor muß man gründliche Kenntnisse in dieser schwierigen Tiergruppe, ein sehr kritisches Verhalten gegenüber der Literatur und das Bestreben bescheinigen, nur gesicherte Diagnosen anzubieten. Sein Buch, dem umfangreiche Studien vorausgingen, ist gut durchdacht, und man sollte es als einen Vorschlag zu einer Amöben-Taxonomie auffassen, dessen Bestätigung noch erfolgen muß. F. C. PAGE ist für sein Buch zu danken.

W. SCHÖNBORN, Jena

BOB ENTROP: **Muscheln und Schnecken an Europas Küsten.** Ein Bestimmungsbuch für Strandwanderer mit 120 Farbfotos. Stuttgart: Kosmos-Verlag/ Franckh'sche Verlagshandlung 1977. 72 S., 17 Abb., 120 Farbfotos. Kart. lamin. DM 8,80

In der Reihe Bunte Kosmos-Taschenführer — vgl. Rezensionen in *Limnologica* **10** (2), S. 644, 664, **11** (1), S. 211 — liegt jetzt die Übersetzung des zuerst 1975 in den Niederlanden erschienenen Titels „Schelpen die men vinden kan" vor. In der für die Reihe charakteristischen Form werden hier 120 Arten der Nordseeküste, des Atlantiks und des Mittelmeers abgebildet und kurz beschrieben, wobei jeweils Form, Farbe, Maße und Vorkommen angegeben sind. Die „Bilder und Beschreibungen sollen in erster Linie zum Suchen, Finden und Sammeln anregen". Dazu dienen vor allem die einleitenden Ausführungen: „Wo sammeln wir?, Sammeltechnik, Präparieren der Funde, Fundortzettel und Register, Das Aufbewahren der Sammlungen". An Hand schematischer Abbildungen werden die wichtigsten Bezeichnungen der Schnecken und Muscheln erläutert. Nach Ansicht des Rezensenten erreicht das gut gedruckte Büchlein sein Ziel, zum Sammeln anzuregen, und ermöglicht auch die Bestimmung der 120 vorgestellten Arten.

D. STORCH, Jena

C. K. Varshney & J. Rzóska (eds.): **Aquatic weeds in South East Asia.** The Hague: Dr. W. Junk b.v., Publishers 1976. XVIII, 396 S., 35 Abb., 83 Tab. Geh. Dfl. 110,—

Daß höhere Wasserpflanzen eine Gefahr für die Binnengewässer und ihre Nutzung durch den Menschen darstellen können, wissen wir Europäer spätestens seit der Mitte des vorigen Jahrhunderts, als *Elodea canadensis*, die berühmt-berüchtigte „Wasserpest", ihren Einzug auf dem Kontinent hielt und sich in kürzester Frist nahezu überall ausbreitete, dabei die heimische Unterwasserflora be- und verdrängend. In den tropischen und subtropischen Gebieten unserer Erde existiert das „Problem" der „Wasserunkräuter" seit jeher. Wasserhyazinthe (*Eichhornia crassipes*), Schwimmfarn (*Salvinia*-Arten), Wassersalat (*Pistia stratiotes*), Grundnessel (*Hydrilla verticillata*) und Alligatorkraut (*Alternanthera philoxeroides*) sind einige der bekanntesten „schädlichen" aquatischen Makrophyten, die riesige Wasserflächen gleichsam „zudecken", Fischerei, Schiffahrt und Wassersport ernstlich behindern, den Wasserstrom eindämmen, Wasserverluste herbeiführen, das Wachstum von Nutzpflanzen (Reis!) hemmen und das Wasser selbst ungenießbar machen können. Wenn die UNESCO/IHD und I.B.P. zusammen mit dem National Committee on Environmental Planning and Coordination sowie der Indian National Science Academy in Vigyan Bhawan, New Delhi, vom 12.—17. Dezember 1973 ein „Regional Seminar on Noxious Aquatic Vegetation" durchgeführt haben, dann haben die Organisationen eine Entwicklung fortgesetzt, die 1972 mit verschiedenen Publikationen über die Ökologie und Taxonomie der aquatischen Makrophyten begonnen hat, und außerdem der Tatsache Rechnung getragen, daß der vom Seminar erfaßte südostasiatische Raum in sozial-ökonomischer Hinsicht zu den „wunden" Gebieten auf der Welt gehört.

Die vorliegenden „Proceedings" präsentieren 51 Beiträge, die sich mit dem qualitativen und quantitativen Maß der Gefährdung, mit speziellen ökologischen Wirkungen, mit der Biologie und Ökologie, mit Kontrollmaßnahmen physikalischer, chemischer und biologischer Art und schließlich mit dem Nutzen befassen, primär bezogen auf Indien, Sri Lanka, Thailand, Malaysia und Indonesien, aber hin und wieder übergreifend auf Zentral- und Ostafrika, Amerika und Australien. Sach- und Sippenregister, Teilnehmerlisten und Übersichten über die gebildeten Arbeitsgruppen erleichtern die Orientierung in dem großzügig ausgestatteten Band, der leider zahlreiche, darunter auch störende, weil sinnentstellende Druckfehler enthält. Ein wertvolles Nachschlagewerk von reichem Informationsgehalt für Ökologen, Hydrobiologen und Umweltforscher.

S. J. Casper, Jena

Kurt Schwabe: **pH-Meßtechnik.** 4., überarb. u. erw. Aufl. Dresden: Verlag Theodor Steinkopff 1976. 412 S., 105 Abb., 60 Tab., 4 Nomogramme. M 35,—

14 Jahre nach dem Erscheinen der 3. Auflage liegt nunmehr eine wesentlich bearbeitete und auf den neuesten Stand gebrachte Auflage vor. Besonders die Glaselektroden, welche in den letzten Jahren in vielen Spezialausführungen weiterentwickelt wurden, sowie die Einführung der Transistortechnik in den Meßverstärkerbau haben in der vorliegenden Auflage eine starke Überarbeitung erfahren. Die Skala der behandelten Methoden, in Erweiterung früherer Auflagen, reicht nunmehr von der pH-Messung bei hohen Temperaturen und Drücken über Messungen in organischen Lösungsmitteln, Suspensionen und Pasten bis zur speziellen Messung in Biologie und Medizin.

Die allgemeinverständlichen Einführungen über die Definition der pH-Skala, Pufferlösungen, theoretische Grundlagen der pH-Messung sowie die Behandlung der verschiedenen älteren und neueren Meßmethoden machen die „pH-Meßtechnik" zu einem Handbuch aller Naturwissenschaftler. Die klaren und verständlichen Zeichnungen helfen dem Naturwissenschaftler und dem Techniker bei der Auswahl und Anwendung der Meßmethoden.

D. Ronneberger, Jena

Biological and Environmental Effects of Low-Level Radiation. Proceedings of a symposium organized by the IAEA and WHO, Vienna: International Atomic Energy Agency 1976. Vol. I: 370 S., 132 Abb.; Vol. II: 451 S., 107 Abb. Brosch. US $ 23.00; 28.00

Die zweibändige Broschüre beinhaltet auf rund 900 Seiten 71 Beiträge, die anläßlich eines von der IAEA und der WHO organisierten und vom 3. bis 7. November 1975 in Chicago durchgeführten Symposiums vorgetragen wurden. 281 Teilnehmer und Beobachter aus 21 Ländern und von 5 internationalen Organisationen beschäftigten sich an 5 Tagen mit der Wirkung niederer Strahlendosen auf biologische Objekte, wobei zu folgenden Themenkomplexen Stellung genommen wurde: Genetische Effekte (5 Vorträge), Biologische (somatische) Effekte (18 Vorträge), Theoretische und experimentelle Modelle (10 Vorträge), Innere Strahlenbelastung (22 Vorträge), Versuche am Menschen (8 Vorträge) und Risikoeinschätzung (8 Vorträge); insgesamt ein recht heterogenes Angebot, das von der Inkorporation radioaktiver Isotope über den Einfluß diagnostischer Röntgenstrahlung bis zur stimulierenden Wirkung niederer Strahlendosen auf Pflanzen ein weites Spektrum umfaßt.

Im Gegensatz zur Wirkung höherer Strahlendosen, für die es experimentell hinreichend abgesicherte Dosis—Effekt-Beziehungen gibt, muß bei der Bewertung so-

wohl genetischer als auch somatischer Effekte, ausgelöst durch eine Strahlung, die im Bereich bzw. in der Nähe des natürlichen „Backgrounds" liegt, mit erheblichen Ungenauigkeiten gerechnet werden. Hierin scheint die eigentliche Problematik dieses Arbeitsgebiets zu bestehen, das angesichts der ständig zunehmenden Anwendung der Atomenergie immer mehr an Bedeutung gewinnt, und wo es deshalb immer notwendiger wird, allgemeingültige Standards zu erarbeiten.
Welche Strahlenbelastung kann der Bevölkerung ohne Risiko auf lange Sicht zugemutet werden? Diese Frage läßt sich nur beantworten, wenn es gelingt, Dosis—Effekt-Beziehungen bis in den Bereich der niederen Strahlendosen zu extrapolieren bzw. die an anderen biologischen Objekten erzielten Befunde auf den Menschen zu übertragen. Wie das Symposium gezeigt hat, und wie auch in der abschließenden Bewertung durch W. K. SINCLAIR zum Ausdruck gebracht wird, bestehen hier noch erhebliche Lücken. Trotz dieser Einschränkung dürften die vorliegenden „Proceedings" für viele Fachkollegen nicht zuletzt durch die wertvollen methodischen Hinweise von großem Interesse sein.

G. MACHOLD, Gatersleben

GERHARD HARTMANN: **Proceedings of the 5th International Symposium on Evolution of Post-Paleozoic Ostracoda.** Hamburg, 18.—25. August 1974. (Abhandlungen und Verhandlungen des Naturwissenschaftlichen Vereins in Hamburg", Neue Folge, Supplement zu Band 18/19) Hamburg und Berlin: Verlag Paul Parey 1976. 336 S., 195 Abb. im Text u. auf 49 Taf., 26 Tab. Kart. DM 150,—

In Fortsetzung entsprechender früherer Tagungsberichte enthält der vorliegende Band die 33 Vorträge, die auf dem 5. Internationalen Symposium über Ostracoda 1974 in Hamburg gehalten wurden. Da diese Tiergruppe durch ihre fast lückenlos bis in das Kambrium zurückreichende fossile Überlieferung ein hervorragendes Studienobjekt für zahlreiche phylogenetische Fragen geworden ist, überrascht es nicht, daß die Mehrzahl der Beiträge sich mit der Evolution der Muschelkrebse befaßt, und zwar sowohl auf dem Niveau höherer (Superfamilien, Familien) als auch niederer taxonomischer Kategorien (Gattungen). Weiterhin beschäftigen sich zahlreiche Vorträge mit der Morphologie der Ostracodenschale, insbesondere den Schließmuskeleindrücken sowie mit morphologischen Aspekten der Systematik und Biologie dieser Tiergruppe. Genannt seien in diesem Zusammenhang nur die Untersuchungen von E. J. SCHORNIKOV über die funktionelle Morphologie sestonfiltrierender Arten der Cylindroleberididae und Cytherellidae und die Abhandlung von R. L. KAESLER & K. C. LOHMANN zur umweltabhängigen phänotypischen Variation der Populationen von *Krithe producta* in der Magalhäesstraße. Neben den beiden Hauptthemen Evolution und Morphologie nehmen Ökologie und Zoogeographie, die in insgesamt 4 Vorträgen behandelt werden, einen relativ bescheidenen Platz ein. Auf die Beiträge von F. M. SWAIN „Evolutionary development of Cypridopsid Ostracoda", A. ABSOLON „Neue Daten zur Evolution der Süßwasserostrakoden im Pleistozän", M. N. GRAMM „On two tendencies in the evolution of Ostracod adductor muscle scar", J. G. SOHN „Antiquities of the adductor muscle attachment scar in *Darwinula* BRADY & ROBERTSON, 1885" und E. DAHM „The carapace of Cladocera — a morphological comparison of Cladocera and Ostracoda" sei besonders hingewiesen, da sie aus der Sicht des Hydrobiologen erhöhte Aufmerksamkeit beanspruchen können. Druck und Ausstattung des Bandes sind hervorragend. Alles in allem ein Werk, das den hohen Stand der Ostrakodenkunde in überzeugender Weise dokumentiert und das zahlreiche Paläontologen und Zoologen, aber auch Vertreter von Nachbardisziplinen, wie Geologen und Zoogeographen, mit Nutzen zur Hand nehmen werden.

D. FLÖSSNER, Jena

JOSEF, HOLUB (Hrsg.): **Probleme der phytogeographischen Gliederung der Erdoberfläche** (Studie ČSAV 13). Praha: Academia 1976. 104 S., 8 Abb., 1 Tab., 2 Kt. Brosch. Kčs 15,— (tschech. mit engl. o. dt. Zus.).

Das vorliegende Heft enthält die Vorträge von 10 tschechoslowakischen Geobotanikern auf einer Tagung über Probleme der phytogeographischen Gliederung der Erdoberfläche, die 1973 in Prag stattfand. Im einzelnen finden wir folgende Beiträge: JOSEF HOLUB: Grundsätzliche Probleme einer phytogeographischen Gliederung der Erdoberfläche; JAN JENIK: Theoretische Aspekte der phytogeographischen und geobotanischen Gliederung eines Territoriums; FRANTIŠEK MLADÝ: Methoden, theoretische und terminologisch-nomenklatorische Fragen der phytogeographischen Gliederung auf chorologischer Grundlage; KAREL KUBÁT: Anwendung von Phytokartogrammen bei der phytogeographischen Gebietsgliederung am Beispiel des Böhmischen Mittelgebirges; KAMIL RYBNÍČEK & ELISKA RYBNÍČKOVÁ: Paläogeobotanische Anmerkungen zur Entstehung und Entwicklung der tschechoslowakischen Flora; PAVOL PLESNIK: Obere Waldgrenze und Vegetationsgliederung der ČSSR; VOJEN LOŽEK: Die Bedeutung des Nährstoffgehaltes der Gesteine für die phytogeographische Gliederung VLADIMIR SKALICKÝ & JIŘI VÁŇA: Die Verwendung von Kryptogamen bei der regional-phytogeographischen Gliederung; JIŘI LAZEBNIČEK: Auswahl und Nutzung von Arten der tschechoslowakischen Mykoflora für die Festlegung einiger phytogeographischer Einheiten im Gebiet der Tschechoslowakei; VĚROSLAV SAMEK: Probleme der floristischen Klassifikation der Endemiten-reichen Tropenregion am Beispiel von Kuba. Die anschließenden Diskussionsbemerkungen auf der Tagung sind ausschließlich in tschechischer Sprache abgefaßt. Das Heft dürfte für alle diejenigen von Interesse sein, die sich mit floristischen und vegetationskundlichen Kartierungen und Gliederungen befassen.

H.-D. KRAUSCH, Potsdam

S. PETER DANCE (Hrsg.): **Das große Buch der Meeresmuscheln.** Schnecken und Muscheln der Weltmeere. Deutsche Bearbeitung von RUDO VON COSEL. Stuttgart: Verlag Eugen Ulmer 1977. 304 S., 1520 Farbfot., 73 Zeichn. Kunststoff. DM 88,—

Das weltweit angelegte, repräsentative Nachschlage- und Bestimmungswerk ist 1974 original unter dem Titel „The Encyclopedia of Shells" in London erschienen. Unter den rund 80000 Weichtierarten, die bis heute gefunden, wissenschaftlich beschrieben und benannt worden sind, haben Herausgeber und Bearbeiter, beide kompetente Vertreter der Malakologie, rund 1350 ausgewählt und in Bild—Fotos von J. CAMERON, G. ULMER & E. HAUPT, Zeichnungen von REGINA BRENDEL — und Text vorgestellt. Sie haben einen in dieser Art einmaligen Überblick über die Formenfülle von Meeresschnecken und -muscheln geschaffen, wobei sie sowohl der Wissenschaft als auch dem interessierten Sammler Rechnung getragen haben: Sachwissen, Begriffe, Literatur, Tier—Mensch—Umwelt-Beziehungen werden vor dem Fachmann ausgebreitet, Gebrauchswert — Bild und Text in engster Verbindung — und Schauwert dem Sammler, der in den Gehäusen HAECKELS „Kunstformen der Natur" wiederentdecken kann, vermittelt.
Die deutschsprachige Bearbeitung hat zwar die Grundkonzeption des Originals — weltweites Bestimmungsbuch mit guten, „objektnahen" Farbfotos, Bilder und Text beieinander plaziert — nicht angetastet, wohl aber vor allem in den Text selbst größere Eingriffe vorgenommen. Der allgemeine Teil — Systematik, Nomenklatur, Morphologie, Biologie, Sammeln und Präparieren der Mollusken — und viele Artbeschreibungen sind neu gestaltet. Ausführliche Verbreitungs-, Biotop- und Tiefenangaben sind hinzugefügt, die Artbeschreibungen verkürzt worden. Neu ist auch das ausführliche, kommentierte Literaturverzeichnis. 118 Arten werden zusätzlich abgebildet, davon 46 als Zeichnungen im Hauptteil, die übrigen als Farbfotos in einem Anhang; nur 11 beschriebene Arten sind nicht im Bild zu vergleichen. 19 Arten sind völlig neu aufgenommen worden. Ein illustrierter Bestimmungsschlüssel dient der Orientierung. Unter der Gattung sind die ausgewählten Arten alphabetisch zusammengestellt. Ein Verzeichnis mit Erklärungen der Fachausdrücke und ein Sippenregister vervollständigen das in jeder Hinsicht gelungene Werk. Das vorzüglich gedruckte und ausgestattete Buch ist ein echtes Kompendium der Malakologie, das gültiges Wissen „für alle" anbietet, wie W. E. ANKEL in seinem Geleitwort bemerkt, darüber hinaus aber auch den Sinn für die Schönheit der Lebewelt weckt.

S. J. CASPER, Jena

C. R. AUSTIN & R. V. SHORT: **Fortpflanzungsbiologie der Säugetiere. Bd. 1: Keimzellen und Befruchtung** (Pareys Studientexte Nr. 6). Berlin, Hamburg: Verlag Paul Parey 1976. 116 S., 50 Abb., 3 Tab. Balacron brosch. DM 25,—

Im einführenden Band der in 5 Bänden erscheinenden Reihe „Fortpflanzungsbiologie der Säugetiere" werden vor allem die primordialen Keimzellen, Oogenese und Ovulation, Spermatogenese und Spermatozoen, Fortpflanzungszyklen und -perioden und Befruchtung besprochen. Dem Anliegen des Bändchens entsprechend sind Text und Abbildungen auf die Ausbildung der Studenten gerichtet. Durch die Einbeziehung der neuesten Literatur ist die Lektüre jedoch auch dem nicht direkt im Stoff stehenden Biologen wie dem vorgebildeten Laien nützlich. Die Gliederung ist weitreichend, so daß das Auffinden spezieller Kapitel erleichtert wird, ebenso wie durch das umfangreiche Register. Der Leser findet sowohl allgemeingültige Darstellungen des Themas als auch Hinweise auf die speziellen Abläufe bei manchen Säugern und dem Menschen. Der einführende Band ist eine gute Ergänzung zu den Vorlesungen im Grundstudium für die Nichtbiologen.
Die Abbildungen könnten z. T. etwas klarer sein. Besonders Hinweiszeichen innerhalb der Abbildungen sollten auf hellem Untergund angebracht werden (z. B. Abb. 1-1), zumal die Grautöne im Druck fast ganz verschwunden sind. Dadurch wirken die Bilder unübersichtlich.

D. RONNEBERGER, Jena

EBERHARD CURIO: **The Ethology of Predation** (Zoophysiology and Ecology Vol. 7). Berlin, Heidelberg, New York: Springer-Verlag 1976. 250 S., 70 Abb., 16 Tab. Ln. DM 72,—

Die räuberische Ernährungsweise ist im Tierreich weit verbreitet und kommt bei fast allen Tiergruppen vor. Suchen und Finden, Auswahl und Fang der Beute sind zwar in erster Linie reizphysiologisch-ethologische Probleme, doch muß sich die Ökologie mit ihnen unter dem Blickwinkel der Auseinandersetzung der Tiere mit dem Umweltfaktor Nahrung befassen. Überdies ist neuerdings die räuberische Ernährung Gegenstand zahlreicher experimenteller und Freilanduntersuchungen gewesen und hat so nach langer Vernachlässigung die ihr gebührende Aufmerksamkeit der Ethologen und Ökologen gefunden. Es ist deshalb sehr zu begrüßen, daß in dem vorliegenden Buch der verdienstvolle Versuch unternommen wird, die umfangreiche Literatur (24 Seiten Schriftenverzeichnis) mit

Geschick und Umsicht auszuwerten und eine Ordnung in die Vielfalt der Erscheinungen des Beutefangverhaltens von Tieren zu bringen.

In 5 Hauptkapiteln werden innere Faktoren der räuberischen Ernährung, wie Hunger und Biorhythmen, das Suchverhalten (Aufsuchen der „richtigen" erfolgversprechenden Nahrungsgebiete und Einstellung auf spezifische Eigenschaften der Beute), Beuteerkennen und Beuteauswahl, Beutefangverhalten und Jagderfolg ausführlich behandelt. Obschon naturgemäß die Darstellung der Verhältnisse bei höheren Wirbeltieren überwiegt, sind auch Untersuchungen an aquatischen Tiergruppen, insbesondere Fischen gebührend berücksichtigt worden.

Die vorliegende zusammenfassende Übersicht gibt einen vorzüglichen Einblick in die komplizierten Beziehungen zwischen dem Verhalten von räuberischen Tieren beim Beuteerwerb und den biologischen Eigenheiten ihrer Beute. Sie trägt damit wesentlich zu einem besseren und tieferen Verständnis der Erscheinung des Beutefangs bei und führt dem Leser die Bedeutung ethologischer Untersuchungen für ökologische Problemstellungen klar vor Augen.

D. Flössner, Jena

Wolfram Braune, Alfred Leman & Hans Taubert: **Praktikum zur Morphologie und Entwicklungsgeschichte der Pflanzen.** Zur Einführung in den Bau, das Fortpflanzungsgeschehen und die Ontogenie der niederen Pflanzen und die Embryologie der Spermatophyta. Jena: VEB Gustav Fischer Verlag 1976. 448 S., 128 Abb. (707 Einzeldarstell.), Randleistenschemata auf 63 S. Ln. M 37,—

In Weiterführung des mittlerweile weit verbreiteten „Pflanzenanatomischen Praktikums" legen die drei Autoren ein Buch vor, das unter Beibehaltung der dort gewählten didaktischen Prinzipien „elementare Informationen über die Objekte des Pflanzenbereichs durch eigene Anschauung und durch praktischen Umgang mit den Organismen" vermitteln will. Dabei sollen vor allem Vergleichende Morphologie, Entwicklungsgeschichte und Embryologie, dargestellt nicht nur an wenigen Standardobjekten, sondern an einer größeren Zahl in der Natur relativ leicht zugänglicher Sippen, erarbeitet werden, um „die Fähigkeit, eine bestimmte Form in das Gesamtsystem des Lebendigen einzuordnen", zu schulen. Abgesehen von einem vorausgegangenen mikroskopischen Grundlagenstudium zur Anatomie der Pflanzen, erwarten die Autoren, daß die Arbeit am Objekt „durch das Studium eines entsprechenden Lehrbuches vorbereitet oder begleitet" wird. An dieser Stelle sei dem Rezensenten gleich eine Bemerkung gestattet: Wenn dem so ist, dann hätten sich die Autoren eigentlich die im allgemeinen sehr zusagenden, weil knappen und dabei informativen „Charakteristiken" der behandelten systematischen Einheiten sparen können.

Das Buch ist nach systematischen Gesichtspunkten geordnet. Durch wichtige Vertreter werden folgende größere Gruppen vorgestellt: Schizo-, Phyco-, Myco-, Licheno-, Bryo-, Pterido- und Spermatophyta. Gerade weil sich die Autoren vorgenommen haben, die Fähigkeit des Einordnens in das System zu schulen, muß zu diesem „System" etwas gesagt werden. Es ist unlogisch, nomenklatorisch unzulässig und für den Studenten verwirrend, wenn in den „Übersichten über das System" unterschiedliche Subordinationsprinzipien angewandt werden. So gehört zu der Abteilung Schizophyta (S. 15) die Klasse Bacteriophyta (sic !). Auf S. 34 werden dann die Cyanophyta als „Stamm" mit der Klasse Cyanophyceae geführt, obwohl sie parallel zu den Bacteriophyta dem Gesamtkapitel Schizophyta eingeordnet werden. Hier wäre es durchaus angemessen gewesen, das Kapitel mit dem neutralen Namen „Spaltpflanzen" zu überschreiben, um damit systematisch-taxonomischen Interpretationen zu begegnen. Leider setzt sich diese pseudosystematische Gliederung bei den Phycophyta fort, obwohl hier auf den Begriff der Abteilung verzichtet wird. Man kann aber den Phycophyta „Gruppen" wie Eugleno-, Chloro-, Chromo- und Rhodophyta nicht subordinieren, ohne der taxonomisch-nomenklatorischen Logik Gewalt anzutun.

Jeder größere Abschnitt wird durch die bereits erwähnte „Charakteristik" der behandelten Pflanzengruppe eingeleitet. Ihr folgt gewöhnlich eine Übersicht über das System, vielfach ergänzt durch Bestimmungshilfen für wichtige und häufige Sippen (Ordnungen, Familien, Gattungen). Beobachtungsziele, Materialbeschaffung, Kulturmethoden und Beobachtungen werden eindringlich vorgeführt. Den Text unterstützen einprägsame Zeichnungen und aussagekräftige Fotos, die die Vertrautheit der Autoren mit den Objekten belegen. Die Objektauswahl ist im allgemeinen ausgewogen. Empfindliche Lücken treten unter den Algen bei den Cryptomonaden und Xanthophyceae, unter den Pilzen bei den Phycomyceten auf. Es sei in diesem Zusammenhang auf die folgenden leicht erreichbaren Objekte *Cryptomonas*, *Tribonema*, *Botrydium* und Pollenkorn-Saprophyten aus dem Bereich der Phlyctidiaceae hingewiesen. Überhaupt kommen die Xanthophyceae schlecht weg. Denn *Vaucheria* ist ein zwar immer wieder in diesem Zusammenhang strapaziertes, aber dennoch ungeeignetes Objekt. Das haben die Autoren gespürt. Wie wäre sonst ihre unfreiwillig komische Feststellung: „Obgleich für Xanthophyceen untypisch ...: *Vaucheria* vermehrt sich sexuell durch Oogamie" (S. 108) zu erklären? Hier muß unbedingt *Tribonema* erarbeitet werden.

Nicht gelungen scheint dem Rezensenten die Behandlung der ontogenetischen Fragen. Die Generationswechselschemata sind bei Algen und Pilzen ganz ungleichwertig ausgeführt. Oft fehlt jegliche Erläuterung (z. B. S. 77, 83), andere sind umstritten (S. 155), wieder andere werden ausführlich erläutert (z. B. S. 163, 166, 184) und auch graphisch sehr ansprechend gestaltet. Gut gelöst ist die Darstellung der Fortpflanzungs- und Entwicklungsverhältnisse bei den Spermatophyta. Auf ein paar Kleinigkeiten sei noch hingewiesen. Man sollte stets „et" bei der Zitierung der Sippenautoren schreiben (vgl. z. B. S. 22: „*Bacillus cereus* FRANKL. und FRANKL.", S. 28: „*B. c.* F. et F."); überhaupt sollten der (oder die) Autor(en) bei der ersten Erwähnung der Sippe entweder stets genannt oder generell weggelassen werden (vgl. *Euglena viridis* bzw. *gracilis* S. 53); auf S. 94 soll es natürlich „Biotopen" und nicht „Biotypen" heißen. Die obigen Bemerkungen dürfen keinesfalls so aufgefaßt werden, als ob dadurch am Wert des Buches gerüttelt werden sollte. Rezensent ist der Auffassung, daß den Autoren uneingeschränkt Dank dafür gebührt, ein solides, brauchbares und sehr anregendes Hilfsmittel für das Studium der Botanik an Hoch- und Fachschulen geschaffen zu haben, das die moderne funktionsbezogene Betrachtungsweise in der Biologie auf ihre strukturellen Fundamente zurückzuführen hilft. Dem Verlag ist eine großzügige Ausstattung zu bescheinigen. Studenten und Hochschullehrer, sicherlich auch interessierte Lehrer an den Erweiterten Oberschulen werden gern zum BRAUNE-LEMAN-TAUBERT greifen.

S. J. CASPER, Jena

VILLY AELLEN & PIERRE STRINATI: **Die Höhlen Europas** (BLV-Bestimmungsbücher Bd. 21). München, Bern, Wien: BLV Verlagsgesellschaft 1977. 274 S., 98 Fot., 2 Zeichn., 4 Höhlenpläne, 12 Kt. Lamin. Einband. DM 38,—

Obwohl der Titel „Die Höhlen Europas" irreführend ist — es werden nur die Höhlen der westlichen Länder Europas wie Portugal, Spanien, Frankreich, Großbritannien, Irland, Belgien, BRD, Schweiz, Österreich, Italien und Jugoslawien behandelt, während alle ost- und nordeuropäischen Länder fehlen —, ist dieses Buch eine längst erwartete Zusammenstellung im deutschsprachigen Raum. Seiner Bestimmung entsprechend — das Buch ist mehr für den touristischen Laien gedacht — wurden nur die Schauhöhlen aufgenommen. Die übersichtliche Gliederung des Buches, die Beschreibung der wichtigsten Höhlenmerkmale und -besonderheiten (Fauna und Flora, prähistorische Funde, Höhlenmalereien und -zeichnungen, Sinterbildungen) stellen jedoch nicht nur für den Laien eine gute Übersicht dar. Vor jedem Kapitel befinden sich eine Übersichtskarte des jeweiligen Landes, allgemeine Bemerkungen und Beschreibung des Landes mit den für die Höhlen wichtigsten Angaben über Geologie und Entstehung der Höhlen in der gebotenen Kürze. Bei jeder aufgeführten Höhle wird der Leser über die Lage, allgemeine Topographie, touristische Erschließung sowie über Besonderheiten informiert. Dem interessierten Leser werden die Literaturhinweise wertvoll sein, die ihm weitere Kenntnisse ermöglichen.

Der einführende Teil vermittelt allgemeines Wissen über die Entstehung von Höhlen, die verschiedenen Merkmale und Arten von Höhlen (Eishöhlen, Karsthöhlen), Fauna und Flora sowie paläontologische und prähistorische Funde. Fauna und Flora sind dabei recht kurz gehalten. Besonders die Wasserfauna mit ihren zahlreichen, aber meist kleinen Arten ist nicht erwähnt. Trotz dieser Unzulänglichkeiten ist das Buch besonders als gute Übersicht der Höhlencharakteristika sehr nützlich.

D. RONNEBERGER, Jena

GERHARD OLSCHOWY: **Natur- und Umweltschutz in fünf Kontinenten.** Hamburg, Berlin: Verlag Paul Parey 1976. 253 S., 207 Abb., Kart. DM 29,80.

Der Verfasser, leitender Direktor der Bundesforschungsanstalt für Naturschutz und Landschaftsökologie in Bad Godesberg, faßt in diesem Buch die Beobachtungen, Aufzeichnungen und Fotos anläßlich seiner Studienreisen und Tagungsaufenthalte in 5 Kontinenten zu Problemen des Natur- und Umweltschutzes zusammen. So entstand ein außerordentlich informativer und hervorragend bebilderter Bericht über die mannigfachen Probleme der Umweltbelastungen, denen heute sowohl kapitalistische als auch sozialistische Länder wie auch die jungen Nationalstaaten in Afrika und Asien gegenüberstehen, wenn auch je nach Gesellschaftsordnung und Umweltverhältnissen in unterschiedlicher Weise. Der Natur- und Umweltschutz in der Sowjetunion wird ebenso geschildert wie die Umweltschutzproblematik in den USA. Im einzelnen kommen Landschaftsprobleme, Wildreservate und Nationalparke sowie Maßnahmen zum Natur- und Umweltschutz für 25 Länder in Europa, im Mittelmeerraum, in Afrika, in Nord- und Südamerika und im Fernen Osten zur Darstellung. Dabei werden überall auch die mannigfachen Anstrengungen hervorgehoben und gewürdigt, die heute unternommen werden, um die vorhandenen Schwierigkeiten zu meistern. Durch seinen hohen Informationsgehalt und seine gefällige Darstellungsweise trägt das Büchlein dazu bei, gegenseitiges Verständnis zu erwecken, Umweltbewußtsein zu fördern und Anregungen zu vermitteln.

H.-D. KRAUSCH, Potsdam

JULIAN RZÓSKA (ed.): **The Nile.** Biology of an ancient river (Monographiae Biologicae vol. 29). The Hague: Dr. W. Junk b. v. Publishers 1976. XVI, 417 S., 101 Abb., 2 Farbtaf., 18 Tab., 1 Faltk. Geb. Dfl. 120,—

Nil — das ist für uns nicht nur der gewaltige Strom mit seinen Überschwemmungen und seinem „rätselhaftem" Ursprung, das ist auch Ägypten als „sein Geschenk", das sind die Pyramiden und Pharaonen, Nubien, Sudan, Äthiopien, der Mahdi und Negus, die Katarakte, der Victoria-See und der Nil-Kagera, vielleicht auch die Papyrus-Staude und HERODOT: Strom und Geschichte verschmelzen in eins, sind untrennbar verbunden wie Babylon und Assur mit Euphrat und Tigris. Freilich kann eine Biologie des Nils nicht den Fragen seiner Erforschung und Entdeckung, seinem „Stellenwert" in der Geschichte der menschlichen Zivilisation nachgehen, aber auch sie enthält davon noch genug. Denn der Fluß hat nicht den Menschen, sondern der Mensch den Fluß bezwungen, in einem Maße wie es das Paradoxon ausdrückt, „that the Nile will cease to flow into the Mediterranean".

18 Autoren haben in über 40 Einzelbeiträgen vor dem Hintergrund geologischer, geomorphologischer, paläoökologischer, zivilisatorischer und geographischer Aspekte eine Naturgeschichte des Nils geschrieben, die naturgemäß vornehmlich eine Hydrologie und Limnologie ist. Der Hauptstrom, seine Hauptquellflüsse Weißer und Blauer Nil, seine „Seen" (Lake Nasser, Lake Nubia, die Delta-Seen, Lake Victoria, Lake Tana) und seine Sümpfe werden umfassend auf ihr Plankton und Benthos, auf ihre Fischfauna und höhere Pflanzen- und Tierwelt hin untersucht, wobei die hydrologischen, physikalischen und chemischen Faktoren gleichsam den Rahmen abgeben. Die Flora und Fauna der randlichen Landgebiete und damit die Beziehungen zwischen Fluß und Umland erfahren eingehende Berücksichtigung. Spezifische Fragen wie die nach der Bedeutung der Insekten im Ökosystem und für den Menschen, nach der Gefährdung des Weißen Nils durch das Eindringen der Wasserhyazinthe (*Eichhornia crassipes*) oder des Menschen durch die Bilharziosis, nach „Segen oder Fluch" der modernen Staubecken, sind teilweise noch unbeantwortet.

Das hervorragend gedruckte und ausgestattete Buch ist nicht nur eine reiche Informationsquelle für den Biologen, Ökologen, Hydrobiologen oder Limnologen, sondern vermittelt auch, dank des Engagements des Herausgebers und der Autoren, einen Hauch von jenem kulturträchtigen „ancient river", von dem das Motto zu rühmen weiß: „Aut Nilus, aut nihil".

S. J. CASPER, Jena

GÜNTER KRUMBIEGEL & HARALD WALTHER: **Fossilien.** Sammeln, Präparieren, Bestimmen, Auswerten. Leipzig: VEB Deutscher Verlag für Grundstoffindustrie 1977. 336 S., 138 Abb., 10 Tab., 58 Taf. Ln. M 16,80

Dieses inhaltsreiche Buch wendet sich an alle naturwissenschaftlich Interessierten und gibt ihnen einen umfassenden Einblick in die Arbeit der Paläontologen. Es bietet aber vor allem Anregungen und Hilfen beim Sammeln, Präparieren, Bestimmen und Auswerten von Fossilien und beim Anlegen einer Fossiliensammlung sowie einen Überblick über die bedeutendsten geowissenschaftlichen Museen und Sammlungen der DDR. Den Hauptteil bildet eine „Übersicht der wichtigsten Fossilien im Tier- und Pflanzenreich und ihre paläontologische Bestimmung". Bereichert wird der Band durch Beiträge von R. DABER „Bedeutung der Fossilien im Wandel der Zeiten" und D. BRANDT „Fotografieren von Fossilien".

Das Buch gibt eine sehr gute Darstellung des Stoffes und ist geeignet, Interesse für die Paläontologie zu wecken bzw. zu unterstützen. In der sicher bald folgenden Neuauflage sollten einige Druck- und Sachfehler verbessert werden: Auf S. 21 muß es Tansania statt Tanganjika und auf S. 242 Achseln statt Achsen heißen. Die Rekonstruktion auf S. 239 (Bild 2.91) stammt nicht von ZIMMERMANN, sondern von HIRMER.

D. STORCH, Jena

GERHART DREWS: **Mikrobiologisches Praktikum.** 3., neubearb. Aufl. Berlin, Heidelberg, New York: Springer-Verlag 1976. 11, 232 S., 47 Abb., Geh. DM 24,—

Wer sich als Student oder Praktiker schon mit der 2. Auflage angefreundet hatte, wird beim Erscheinen der dritten zunächst einmal Vergleiche ziehen. Der Umfang ist im wesentlichen gleich geblieben, ebenso der Aufbau. Das Buch beginnt mit einem grundsätzlichen Kapitel über die allgemeinen Voraussetzungen für das Arbeiten mit Mikroorganismen. Daran schließen sich Kapitel über Anreicherung und Isolierung, Morphologie und Cytologie, Identifizierung von Mikroorganismen, Messung von Wachstum und Vermehrung an. Diesem mehr allgemeinen Teil folgen mikrobiologische Spezialuntersuchungen, so u. a. über Antibiotika, serologische Methoden, Methoden zur Isolierung und Untersuchung von Zellstrukturen sowie biochemische und genetische Experimente. Neu aufgenommen wurde ein Versuch zur Wasserstoffproduktion durch Nitrogenase (Kap. 12), verändert wurde das Verfahren zur Bestimmung des Proteinmusters der Membranen (11. Kapitel). Die Literaturverzeichnisse wurden ebenfalls z. T. erweitert. Wie schon bei der zweiten Auflage folgen diese den einzelnen Kapiteln, was die Übersichtlichkeit erleichtert. Ein Namens- und Sachverzeichnis vervollständigt den technischen Apparat. Alles in allem, ein wertvolles Methodenbuch.

G. HAUBOLD, Neuglobsow

WILHELM KOCH, OTTO BANK & GÜNTER JENS: **Fischzucht. Lehrbuch für Züchter und Teichwirte.** 4., neu bearb. Aufl. Hamburg, Berlin: Verlag Paul Parey 1976. 222 S., 378 Abb., Ln. DM 76,—

Ebenso wie Dr. KOCH seinen 1922 erstmalig erschienenen „Leitfaden der Fischzucht" anläßlich der 2. und 3. Auflage in den Jahren 1949 und 1960 unter dem Titel „Fischzucht" nahezu völlig neu schrieb, so sahen sich auch die beiden Neubearbeiter wegen der raschen und ständigen Fortentwicklung auf dem Gesamtgebiet der Fischzucht veranlaßt, die hier vorliegende 4. Auflage abermals neu abzufassen. Dabei wurden die Neuentdeckungen und -Entwicklungen des vergangenen Jahrzehnts auf den Gebieten der Mechanisierung des Teichbaus und der Teichpflege, der Rationalisierung der Abfischung, der Intensivierung der Besatzregelung, der Erkenntnisse der Fütterungslehre im Hinblick auf früher nicht gekannte neue Futtermittel, der Verwendung der Herbizide, der Verbreitung und Bekämpfung neuer Fischkrankheiten, der Aufzucht neu eingebürgerter, exotischer Fischarten und der neuen Haltungsmethoden besonders berücksichtigt.

Daß alle Gebiete der Fischzucht (Karpfenteichwirtschaft, Forellenzucht sowie die Zucht vieler anderer einheimischer und neu eingebürgerter Fischarten) behandelnde Werk ist vor allem für Praktiker geschrieben, denen es bei der zunehmenden Intensivierung der Wirtschaftsmethoden, also besonders dem Besatz und dem Zuwachs in der Zeiteinheit, Unterstützung geben will. Dabei werden von den Autoren auch die Grenzen dieser Bemühungen im Interesse des Menschen als dem Konsumenten des Lebensmittels Fisch deutlich gemacht.

Das übersichtlich angelegte, leicht verständlich geschriebene Buch wurde auch bezüglich der Bebilderung aktualisiert. Ein reich gegliedertes Inhaltsverzeichnis und ein umfassendes Sachregister sowie die auf den Seitenrändern befindlichen Stichworte werden dem schnellen Informationsbedürfnis der Leser gerecht. Bemerkenswert ist, daß auf Literaturangaben jeglicher Art verzichtet wurde. Es entstand ein praxis- und gegenwartsnahes Lehrbuch, das sowohl den hauptberuflichen Fischzüchter wie den Kleinteichwart und alle an der Fischzucht Interessierten schnell, gut und umfassend informiert.

H. MÜLLER, Berlin

HANNES MAYER: **Waldbau auf soziologisch-ökologischer Grundlage.** Stuttgart, New York: Gustav Fischer Verlag 1977. 22, 483 S., 112 Abb., 17 Tab. Kart. DM 78,—

Der Direktor des Wiener Waldbauinstituts, HANNES MAYER, in der Vegetationskunde vor allem durch seine „Wälder des Ostalpenraumes" bekannt, legt mit diesem Buch eine moderne und praxisbezogene Darstellung des Fachgebiets Waldbau vor. Einen Einblick in dessen Inhalt mögen die nachstehend genannten Hauptabschnitte geben: Waldbauliche Standortsbestimmung, Waldbauliche Beurteilung der mitteleuropäischen Baumarten, Waldpflege, Waldverjüngung, Spezielle Betriebsarten, Waldbaulicher Ausblick. In sich sind diese Kapitel außerordentlich übersichtlich gegliedert. Der sehr komprimiert, fast lexikonartig geschriebene Text bietet eine solche Fülle von Informationen, daß dem Buche geradezu der Charakter eines Nachschlagewerks zukommt. Somit wird nicht nur der Forstmann zu diesem Buche greifen, sondern auch jeder, der auf seinem Gebiet irgendwie etwas mit Wald zu tun hat, etwa der Geobotaniker, der Geograph, der Umweltschützer und Raumplaner.

H.-D. KRAUSCH, Potsdam

SIEGFRIED HEILMANN & HORST HEIER: **Kommunalhygienische Probleme bei Trinkwassertalsperren.** Trinkwassertalsperrensystem Bodewerk im Oberharz (Beiträge zur Hygiene und Epidemiologie Bd. 23). Leipzig: Johann Ambrosius Barth 1977. 132 S., 30 Abb., 35 Tab., Brosch. M 27,—

Trinkwasser, Hygiene, Landwirtschaft, Techniker und Mikrobiologen sind Begriffe, die im Interesse der Allgemeinheit tunlichst auf einen Nenner gebracht werden sollten. Trotz des guten Willens aller Seiten gibt es immer wieder und immer noch Probleme, da die primären Interessen doch nicht auf einer Ebene liegen. Man muß deshalb den Autoren — Hygienikern — sehr dankbar sein, wenn sie hier eine langfristige Untersuchung zusammenfassend darstellen. Wie wichtig die Bearbeitung dieser Frage ist, belegt eine Zusammenstellung des Wasserdargebots und des Wasserverbrauchs in der DDR. In Trockenperioden verbraucht die Industrie bereits heute die gesamte jährliche Wassermenge der DDR, so daß in Ballungsgebieten der Wasserbedarf schon jetzt nicht mehr völlig gedeckt werden könnte, sofern nicht eine Mehrfachnutzung erfolgt. Die vorgesehenen und notwendigen Steigerungsraten vergrößern das Problem um das Mehrfache.

Der Leser erhält zunächst einen Überblick, an Hand einer klugen Literaturauswahl aus der Fülle des Materials, über schädigende Einflüsse auf die Wasserbeschaffenheit von Trinkwassertalsperren und auf die erforderlichen Maßnahmen zum Schutz des Wassers vor Wasserschadstoffeinwirkungen.

Der zweite, wesentlich umfänglichere Teil, befaßt sich mit dem großen Trinkwassertalsperrensystem Bode im Ostharz. Der Techniker wird dabei vor allem an Planung, Bau und Funktion, an den geologischen, geographischen und ökonomischen Verhältnissen des Einzugsgebiets interessiert sein. Der Hygieniker wird seine besondere Aufmerksamkeit den Angaben zur Wasserbeschaffenheit schenken. Die Zuflüsse wurden laufend mikrobiologisch und chemisch kontrolliert und die Hauptverunreiniger konnten eindeutig festgestellt werden. Auffallend, wenn auch nicht überraschend, ist nicht nur die zunehmende bakterielle Kontamination, sondern die Zusammensetzung der Keimflora hinsichtlich der Antibiotikaresistenz.

Bei den oberhalb der ersten Ortschaften der drei Zuflüsse entnommenen Wasserproben waren 66% der Keime voll sensibel, 31% einfach- und 3% mehrfachresistent. Im weiteren Flußverlauf veränderten sich die Werte und im Rohwasser der Trinkwasser-Aufbereitungsanlage fanden sich schließlich überhaupt keine antibiotikaempfindlichen *E. coli* oder Coliforme, sondern 21% einfach- und 79% mehrfachresistente. Im Zusammenhang mit der übertragbaren Antibiotikaresistenz gesehen, ist das natürlich ein wichtiger Faktor für den Medizinischen Mikrobiologen.

Auf weitere Einzelheiten der Untersuchungen von Vorstaubecken, Hauptbecken, Schutzzonen usw. einzugehen, ist hier nicht der Platz. Das Buch enthält eine Fülle verallgemeinerungsfähiger Aussagen, die nicht nur auf dieses Talsperrensystem zutreffen, sondern Probleme in aller Welt angehen. Es wird immer nach einem Ausgleich zwischen maximalen hygienischen Anforderungen und praktisch Möglichem gesucht werden müssen, aber unvernünftigen Wünschen muß entschieden entgegengetreten werden. Es ist eben nicht angängig, Bade- und Wassersportbetrieb sowie Camping-Ansammlungen an bzw. auf oder in Trinkwassersperren zuzulassen.

Das vortreffliche Büchlein muß allen warm empfohlen werden, die sich in irgendeiner Form mit Wasser und Abwasser zu befassen haben. Dieser Kreis ist sehr weitgefaßt: nicht nur die Hygieniker, Techniker oder in der Landwirtschaft Tätigen, sondern auch die zuständigen Behörden. Sauberes Wasser fordert letzten Endes jeder. Es zu erhalten und in seiner Güte noch zu verbessern, kostet hohen Einsatz an Geld, Einsicht, Verantwortungsbewußtsein, Wissen und Überwachung der Einhaltung der bereits vorhandenen, den Anforderungen entsprechenden gesetzlichen Bestimmungen. Dem Buch ist in unserem Interesse eune weite Verbreitung und Beachtung zu wünschen.

W. KÖHLER, Jena

G. CZIHAK, H. LANGER & H. ZIEGLER (Hrsg.): **Biologie.** Ein Lehrbuch für Studenten der Biologie. Gemeinschaftlich verfaßt von V. BLÜM, G. CZIHAK, E. FLOREY, H. HARTL, B. HASSENSTEIN, C. HAUENSCHILD, W. HAUPT, D. HESS, J. JACOBS, G. KÜMMEL, H. LANGER, H. F. LINSKENS, H. MOHR, D. NEUMANN, G. NIETHAMMER, G. OSCHE, W. RATHMAYER, W. RAUTENBERG, P. SITTE, P. SCHOPFER, H. URSPRUNG, H. WALTER, F. WEBERLING, E. WEILER, W. WIESER, H. ZIEGLER. Berlin, Heidelberg, New York: Springer-Verlag 1976. XXIV, 837 S., 957 Abb., 67 Tab., 2 Farbtaf. Geb. DM 58,— (US $ 23.80)

Das Gesamtgebiet der Biologie gliedert sich heute in eine Vielzahl von Teilgebieten, von denen einige nur noch wenig mit den traditionellen Ansichten von der „Lehre vom Leben" gemeinsam haben. Daß eine Zusammenschau der Einzeldisziplinen unter einheitlichen Gesichtspunkten wünschenswert ist, ist nie ernsthaft bezweifelt worden. Die bekannten Lehr- und Handbücher der „Allgemeinen Biologie" legen Zeugnis ab von dem Bemühen, die allgemeinen, allen Organismenbereichen einheitlich zukommenden biologischen Gesetzmäßigkeiten zu erfassen. Angesichts des hohen Entwicklungsstandes der Biologie als naturwissenschaftlicher Disziplin, vertieft durch Physik, Chemie, Biochemie und Mathematik, und ihrer anhaltend raschen Entwicklung ist es nur schwer möglich, einen ausgewogenen Überblick über das tatsächlich erreichte Niveau und die aktuellen Tendenzen zu geben. Wenn sich die Autoren im vollen Bewußtsein dieser Problematik dennoch und, wie sie schreiben, „mit Begeisterung" an diese Aufgabe gewagt haben, so gebührt ihnen schon deshalb unsere Anerkennung. Daran kann auch die Tatsache nichts ändern, daß „vollkommene" Ausgewogenheit nicht erreicht werden konnte und hier und da subjektive Momente hervortreten. Im Grunde genommen suchen die Autoren eine Antwort auf die Frage „Was muß der Biologiestudent heute wissen, ehe er sich einem Spezialgebiet zuwendet?" Zunächst einmal ist festzustellen, daß er viel, ja sehr viel wissen muß. Das ist insofern beruhigend, als doch ab und zu behauptet wird, daß unsere Studenten zu wenig lernen. Was das vorliegende Lehrbuch an Fakten über den Bau und die Leistungen der Zellen (Zytologie), die Strukturen und Funktionen der Organismen (Genetik, Fortpflanzung und Sexualität, Entwicklung, Bau und Funktion pflanzlicher und tierischer Organe, strukturelle und funktionelle Integration im Gesamtorganismus, Verhalten) sowie die Organismen in Populationen (Ökologie, Biogeographie, Evolution und Systematik) bietet, ist immens und überschreitet bei weitem das, was man gemeinhin unter „Grundkenntnissen" versteht. Das wissenschaftliche und didaktische Ziel, „die Grenzen zwischen den traditionellen Teilgebieten der Biologie möglichst aufzuheben" zugunsten einer echten Gesamtschau, ist weitgehend erreicht worden.

Es sei an dieser Stelle betont, daß der Text leicht lesbar, reich an prägnanten Beispielen, übersichtlich gedruckt und angeordnet ist und durch die zahlreichen Abbildungen (teilweise im Zweifarbdruck, oft auf Randleisten), Schemata und Tabellen glücklich ergänzt wird. Dies bildet eine wesentliche Voraussetzung für die Bewältigung der Stoffülle durch den Lernenden, der außerdem die Möglichkeit hat, auf den Randleisten Ergänzungen anzubringen.

Es ist dem Rezensenten, der sich selbst nur auf einem kleinen Teilgebiet als für einigermaßen zuständig betrachten kann, nicht möglich, auf alle Aspekte der Darstellung einzugehen. Einige Hinweise im Sinne des im Vorwort ausgedrückten Wunsches seien gegeben. Man sollte sich entschließen, stets von Pro- bzw. Eukaryota zu sprechen und die sprachlich ungenauen Termini Pro- bzw. Eukaryonten vermeiden (vgl. S. 8, S. 19 unglücklich „prokaryonte Zellen", S. 819). Die eine der beiden Geißeln von *Euglena* endet nicht „gewöhnlich", sondern stets noch im Reservoir (S. 18). Bei den Algen reicht die sexuelle Fortpflanzung bis zur Oogoniogamie (S. 207). Die Abb. 3.64 (S. 220) ist zu schematisch; sie sollte unbedingt durch eine exaktere (z. B. Abb. 21 in DE WIT, Aquarienpflanzen, 1971) ersetzt werden. In der Abb. 3.113 (S. 243) steht fälschlich Mesa-, statt Megasporen. Es kann nicht befriedigen, daß bei den Protophyten als wichtige Organisationsstufen die monadale und coccale Stufe unterschieden werden (S. 493), wenn nicht vermerkt wird, daß die coccale Organisation der Streptococcen (S. 494) prinzipiell andersartig als die der Chlorococcales ist (S. 494) und das nicht nur wegen der unterschiedlichen „cytologischen Organisation" (S. 493). Auf Taf. I (Faltblatt) fehlt die Benennung einer Gruppe in der Nachbarschaft der Santalales sowie die Kennzeichnung der Bedeutung der unterschiedlichen Farbgebung (vgl. S. 820).

Insgesamt eine gelungene Darstellung, hervorragend illustriert und ausgezeichnet ausgestattet.

S. J. CASPER, Jena

PETER HAGEMANN & MARTIN EGLI: **Botanik mit der Lupe.** Beobachtungen und Versuche. Stuttgart: Franckh'sche Verlagshandlung (Kosmos-Verlag) 1977, 2. Aufl., 71 S., 51 Farbfot., 6 Abb. Kart. lamin. DM 7,80

Es ist verblüffend, was man an Pflanzen alles mit Hilfe einer Lupe sehen und untersuchen kann. Welche Möglichkeiten im Laufe eines Jahres da bestehen und wie man es machen muß, das zeigt dieses Büchlein. Die wichtigsten Befunde werden auf ganz hervorragenden Farbaufnahmen vorgestellt und, durch 6 instruktive Zeichnungen unterstützt, im nebenstehenden Text erläutert. In gefälliger Form vermittelt dieser eine Vielzahl sachlich fundierter Informationen. Das Buch wendet sich an alle naturwissenschaftlich Interessierte.

H.-D. KRAUSCH, Potsdam

OTTO KRAUS: **Zoologische Systematik in Mitteleuropa.** (Im Auftrage der Deutschen Zoologischen Gesellschaft) (Naturwissenschaftlicher Verein Hamburg, Sonderband 1). Hamburg, Berlin: Verlag Paul Parey 1976. 259 S., 2 Abb., 1 Liste. Brosch. DM 30,—

Das Buch faßt die Namen der in Mitteleuropa (BRD, DDR, Österreich und der Schweiz) auf dem Gebiet der Taxonomie und Systematik der Tiere noch tätigen Wissenschaftler zusammen. Der hierzu gezählte Kreis ist sehr großzügig gewählt. Erfaßt sind (nach den von ihnen bearbeiteten Tiergruppen geordnet) regelmäßig oder gelegentlich taxonomische und systematische Arbeiten publizierende Autoren, aber auch nichtpublizierende Wissenschaftler, die sich in einer oder mehreren Gruppen auskennen, Determinationen übernehmen oder zumindest bei Bestimmungsarbeiten „beraten" können. Unterschieden wird ferner, ob die taxonomische Tätigkeit auf Instituts- oder privater Basis erfolgt. Eine Adressenliste der genannten Wissenschaftler ist beigegeben.

In der Einleitung wird festgestellt, daß Systematik und Taxonomie derart vernachlässigt wurden, daß jetzt die gesamte Zoologie hierdurch behindert wird. Besonders betroffen sind Ökosystemforschung und die angewandte Ökologie im Umweltschutz. Auch Gründe für diese Vernachlässigung werden genannt. Zu ergänzen ist noch, daß es innerhalb der Zoologie eine Rangordnung ihrer Disziplinen gibt und daß die Systematik zu denen gehört, die am stärksten abqualifiziert werden. Das entbehrt nicht einer gewissen Tragikomik: Es gibt wohl kaum eine andere Wissenschaft, die sich selbst ihrer Basis entledigt hat! Aber es existiert bereits eine „Nordwesteuropäische Arbeitsgruppe für die Zusammenarbeit auf dem Gebiet der Zootaxonomie". Ihr Gutachten über Zusammenarbeit und Förderung der Zootaxonomie, das sie am 12. 9. 1975 verabschiedete, ist hier in deutscher Fassung wiedergegeben. Das Gutachten setzt sich energisch für eine großzügige Förderung der Taxonomie ein und beschwört nochmals ihre Bedeutung für das weitere Schicksal der Zoologie, speziell von Ökologie und auch Evolutionsforschung. Es werden eine Anzahl sehr guter Verbesserungen der Situation der zoologischen Taxonomie und Systematik und zur genauen Registrierung der Fauna Mitteleuropas gegeben. Wichtig bleibt jedoch die ideelle Aufwertung der Taxonomie. Der überwiegende Teil der wenigen aktiven Taxonomen ist, wie die Auswertung ergab, über 60 Jahre alt und arbeitet privat! Auch auf die Schaffung von Publikationsraum für taxonomische Arbeiten wird eingegangen. In diesem Zusammenhang mutet es befremdend an, daß nun auch der „Zoologische Anzeiger", die Zeitschrift für die Klassische Zoologie, die Publikation taxonomischer Arbeiten eingestellt hat.

Das vorliegende Buch von O. KRAUS sollte sehr ernst genommen werden. Die Namensliste ist noch nicht vollständig. Aber um Verbesserungen und Ergänzungen wird gebeten. Davon sollte Gebrauch gemacht werden.

W. SCHÖNBORN, Jena

BLANKA ULEHLOVÁ: **Microbial Decomposers and Decomposition Processes in Wetlands** (Studie ČSAV, č. 17, 1976). Praha: Academia 1976. 116 S., 24 Fig., 34 Tab. Brosch. Kčs. 29,—

Es ist ein nützliches Unterfangen, wenn sich Bakteriologen in ihrer Arbeit so nahtlos in gesamt-ökologische Betrachtungen einordnen, wie hier in diesem Fall geschehen. Der vorliegende Band stützt sich zum großen Teil auf eigene Untersuchungen der Autorin am Nesyt-Fischteich in Südmähren. Dem einführenden Teil, der sich mit allgemeinen Fragen beschäftigt und eine Charakterisierung des Untersuchungsobjekts gibt, fol-

gen die Kapitel zu den Abbau-Substraten sowie zu den mikrobiellen Destruenten, insbesondere Bakterien. Bemerkenswert ist hierbei der Versuch, die mikrobiellen Abbauprozesse mit ganz konkreten Pflanzenarten bzw. Pflanzengesellschaften in Zusammenhang zu bringen. Umfangreiche Tabellen und grafische Darstellungen tragen zu einem recht guten Überblick über die Problematik bei. Zusammenfassungen in Englisch und Russisch runden die Darstellung ab.
Der Text ist flüssig und leicht verständlich geschrieben, die Benutzung eines Wörterbuches ist nicht erforderlich. Allerdings merkt man schon nach wenigen Seiten, daß dieses Büchlein von einem Nicht-Englisch-Muttersprachler verfaßt wurde, Wortwahl und Satzkonstruktion verraten dies. Was auf keinen Fall befriedigen kann, ist die Arbeit mit der verwendeten Literatur. Nicht weniger als 43 (!) Fehler tauchen dabei auf; zumeist handelt es sich darum, daß man im Text zitierte Literatur im Verzeichnis vergeblich sucht. Für eine eventuelle Neuauflage wäre eine sorgfältige Überarbeitung daher unerläßlich!
Trotz dieser Mängel sollte man aber diesen interessanten Band lesen, da er viele wertvolle Daten liefert und die bisher nicht allzu häufig untersuchten Beziehungen zwischen Bakterien und höheren Wasserpflanzen behandelt.

G. HAUBOLD, Neuglobsow

THEODOR BÜCHER, W. NEUPERT, W. SEBALD & S. WERNER (eds.): **Genetics and biogenesis of chloroplasts and mitochondria.** Amsterdam, New York, Oxford: North-Holland Publishing Company 1976. XIII, 895 S., 400 Abb., 16 Taf., 159 Tab. Geb. US $ 71.50 (Dfl. 175,00)

Der Sammelband vereinigt die Beiträge, die auf der „Interdisziplinären Konferenz über Genetik und Biogenese von Chloroplasten und Mitochondrien" vom 2.—7. August 1976 in München (BRD) vorgestellt wurden. Veranstalter war die Bayerische Akademie der Wissenschaften, vertreten durch ihre Mathematisch-Naturwissenschaftliche Klasse. Die Tagung selbst setzt das Symposium von Canberra 1971 fort. Der vorliegende Band gibt 125 Beiträge wieder, die zum größten Teil in Form von „posters" der Versammlung präsentiert und zur Diskussion gestellt wurden. Nur wenige Beiträge wurden als Vorträge gehalten. Die Autoren analysierten die Rolle von Chloroplasten- und Kerngenen bei der Erzeugung von Chloroplastenproteinen, die Kontrolle der Bildung von Chloroplastenkonstituenten, den mitochondrialen ATPase- und die Respirations-Komplexe, die Chloroplasten- und Mitochondrien-DNA, den Transkriptions- und Translations-Apparat der Chloroplasten und Mitochondrien sowie allgemeine Aspekte der Mitochondrien-Biogenese. Der gut ausgestattete Band ist ungemein informationsreich und unentbehrlich für alle die, die sich die Thematik der Tagung wissenschaftlich zu eigen machen wollen.

S. J. CASPER, Jena

WOLFGANG MIELKE: **Ökologie der Copepoda eines Sandstrandes der Nordseeinsel Sylt.** (Mikrofauna des Meeresbodens **59**). Wiesbaden: Verlag der Akademie der Wissenschaften und der Literatur Mainz, in Kommission bei Franz Steiner Verlag GmbH 1976. 86 S., 41 Abb., 3 Tab. Br. DM 28,20

Aufbauend auf seiner gründlichen taxonomischen Bearbeitung der Ruderfußkrebse des Sandstrandes der Nordseeinsel Sylt (vgl. *Limnologica* **12** (1), S. 180), legt der Autor jetzt eine umfassende Behandlung bestimmter ökologischer Aspekte der von ihm untersuchten Copepodenfauna vor.
Grundlage der Aussagen bilden monatlich über ein Jahr lang (August 1971 bis Juli 1972) entnommene Profilproben des Gezeitenstrandes, die eine Ausbeute von etwa 100000 Individuen lieferten. Eingangs werden generelle Fragen von Vorkommen und Verteilung, Vertikal- und Horizontalwanderungen sowie der jahresperiodischen Abundanzdynamik erörtert. Von den abiotischen Faktoren wirken verteilungsregulierend hauptsächlich Temperatur, Wasserstand, Sauerstoff und Salzgehalt.
Den Hauptanteil der Arbeit bilden die Untersuchungen der Zonierung und der Entwicklungszyklen der 20 häufigsten Arten. Die zahlreichen ökologischen Einzelbefunde werden in Zonierungs- (alle behandelten Arten) und Lebenszyklus-Diagrammen (10 Arten) übersichtlich und anschaulich dargestellt. Eine vergleichende Betrachtung der Lebenszyklen, die je nach Länge der Fortpflanzungsperiode zwei Grundtypen des phänologischen Verhaltens erkennen läßt, beschließt die gehaltvolle Publikation. Sie ist eine ausgezeichnete Dokumentation ökologischer Daten einer nach Formenmannigfaltigkeit und Individuenzahl sehr bedeutenden Tiergruppe des marinen Psammals.

D. FLÖSSNER, Jena

SEBASTIAN A. GERLACH: **Meeresverschmutzung.** Diagnose und Therapie (Reihe Hochschultext). Berlin, Heidelberg, New York: Springer-Verlag 1976. VI, 145 S., 57 Abb., 39 Tab. Geh. DM 24,—

Das Buch entstand in einer Zeit, als die Erforschung der Meeresverunreinigung gerade erst richtig begonnen hatte, als es noch keine umfassenden Handbücher gab. Der Autor konzentriert sich unter Ausschluß radioaktiver Abfälle in erster Linie auf langfristig gefährliche Stoffe, von denen eine globale Bedrohung ausgehen könnte, und gliedert folgendermaßen: Häusliche Abwässer, industrielle Abwässer, Versenkung von Abfällen auf hoher See, Öl, besondere Probleme

bei persistenten Schadstoffen, Quecksilber, Blei, weitere Schwermetalle und Spurenelemente, Chlorkohlenwasserstoffe und Gesetze gegen Meeresverschmutzung. Den Abschluß bildet ein Verzeichnis der wichtigsten Literatur und ein Sachregister.
Der Autor beschreibt in klarer Diktion, mit ausführlich beschrifteten, einleuchtenden Graphiken die Einzelfakten. Seine persönliche Zurückhaltung mag anfangs angesichts der journalistischen Ausbeutung der Problematik befremden. Im Text erfährt man dann jedoch, daß manche als zivilisationsbedingte Mißstände gekennzeichneten Fakten durchaus eine „natürliche" Ursache haben können. In solchen Fällen scheut er sich nicht, scheinbar gegensätzliche Argumente anzuführen. Das Problem Meeresverschmutzung erscheint sowohl lokal als auch global in seiner ganzen Härte. Dem Autor kann man für diese Versachlichung der Problematik nur gratulieren. Der Leser gewinnt einen emotionsfreien Überblick und manchen Ansatz für eigene Überlegungen, Beobachtungen oder auch Forschungen. Ein exzellenter Hochschultext!

G. MOTHES, Berlin

EIKE LIBBERT (Hrsg.): **Kompendium der allgemeinen Biologie.** Jena: Gustav Fischer Verlag 1976. 474 S., 179 Abb., 12 Tab. PVC. M 18,—

Das Kompendium soll „Studenten der Biologie und Biochemie, Medizin und Pharmazie, Landwirtschaft und Veterinärmedizin, aber auch alle anderen Interessierten in die Biologie einführen"; zugleich soll es „Informations- und Repetitionsquelle für die Grundzüge der wichtigsten allgemeinbiologischen Disziplinen" sein.
Das Buch gliedert sich in 12 Kapitel unterschiedlichen Umfangs. Nach der Besprechung der Grundprinzipien lebendiger Systeme und der chemischen Bausteine folgen die Behandlung der Zelle als Struktureinheit sowie die Erörterung ihres Stoff- und Energiewechsels. Folgende Themen schließen sich an: Realisierung der genetischen Information, Replikation und Segregation, der mehrzellige Organismus, Fortpflanzung, Erregbarkeit, Bewegung und Verhalten. Am Ende des Buches stehen die Abschnitte über erbliche Veränderungen, Evolution und Umweltbeziehungen.
Herausgeber und Autoren fassen die Allgemeine Biologie als Einheit auf und stellen folgerichtig das Allgemeingültige und Gemeinsame in den Vordergrund, wobei der innere Bezug zwischen den einzelnen Kapiteln durch zahlreiche Querverweise deutlich gemacht wird. Trotzdem ist die subjektive Auffassung der Autoren nicht zu übersehen; das gilt sowohl für die Stoffauswahl und Stoffgestaltung als auch für die Informationsdichte der einzelnen Kapitel.
Nicht befriedigen kann die Qualität bzw. der Verkleinerungsmaßstab einiger Abbildungen. In Vorbereitung der mit Sicherheit schon bald zu erwartenden 2. Auflage sollte geprüft werden, ob in Zusammenfassung und Illustration des Textes weitere Tabellen und schematische Übersichten aufgenommen werden können; auch die in einer 1. Auflage wohl unvermeidlichen Ungenauigkeiten sollten dann korrigiert werden. Das sehr umfangreiche Sachregister enthält etwa 3000 Stichworte (selbst die Stichworte „Biologie" und „Physiologie"); Limnologie, Hydrobiologie, Naturschutz, Umweltverschmutzung usw. aber fehlen.

H. AUGSTEN, Jena

HILARY BELCHER & ERICA SWALE: **A beginner's guide to Freshwater Algae.** London: Her Majesty's Stationary Office 1976. 47 S., 110 Fig. Geh. £ 0.85

Das Heft, von 2 angesehenen britischen Algologen aus dem „Culture Centre of Algae and Protozoa" in Cambridge verfaßt, führt Schüler und Studenten in die Welt der mikroskopisch kleinen Algen ein. 110 der häufigsten Gattungen unserer Binnengewässer werden durch einen charakteristischen Vertreter vorgestellt, auf der linken Seite durch das „Wort", das meist 4—6 Druckzeilen umfaßt, auf der gegenüberliegenden rechten Seite durch das „Bild", einfache, aber „schöne" Zeichnungen, meist nach Lebendmaterial. Die kurze Einleitung umschreibt den Begriff „Alge", lehrt das Beobachten der Objekte und gibt eine Übersicht über die Klassifikation der Algen. Ein knappes Glossarium erklärt wichtige Fachausdrücke, 4 Diagramme vermitteln einen Einblick in den Bau einiger Algen, Literaturhinweise und ein Sippenindex vervollständigen das gut durchdachte und gemachte Bändchen, das Interesse für die pflanzliche Kleinlebewelt der Flüsse, Teiche, Seen und Ströme wecken soll und dieses Ziel trotz der „Bescheidenheit" der Mittel zweifellos erreicht.

S. J. CASPER, Jena

WOLFGANG TISCHLER: **Einführung in die Ökologie.** Stuttgart, New York: Gustav Fischer Verlag 1976. X, 307 S., 97 Abb. Kart. DM 29,—

W. TISCHLER hat durch seine zusammenfassenden Werke, besonders aber durch seine „Synökologie der Landtiere" (1955) vielen jungen Ökologen die Richtung ihres Forschens gewiesen. Nun liegt eine „Einführung in die Ökologie" vor, die aus der Sicht langjähriger Erfahrung und sicherlich auch aus Sorge um eine allseitige Fortentwicklung der Ökologie entstanden ist. Sie gibt uns noch einmal das TISCHLERsche Ökologie-Verständnis wieder.
Das Buch führt in das ökologische Denken ein. Es geht dabei streng systematisch vor, ist sehr komprimiert geschrieben, stellt jedoch die Ökologie umfassend an ausgewählten Beispielen und Problemen dar. Es ist in die beiden Hauptabschnitte „Allgemeine Ökologie"

und „Landschaftsökologie" untergliedert. Die allgemeine Ökologie beginnt sich erst jetzt herauszubilden; sie wird von TISCHLER als Synthese der allgemeinen Prinzipien aus Aut-, Populations- und Synökologie verstanden. Die Landschaftsökologie, in seiner „Synökologie" als „Spezielle Synökologie" bezeichnet, ist die Synökologie der Bioregionen oder der Landschaftstypen. Sie ist heute ein dringendes Anliegen einer verantwortungsbewußten ökologischen Forschung geworden.

Das Buch beschreibt das große Zusammenwirken im Haushalt der Natur, besonders das der Akteure, also der Organismen, die das eigentlich Biologische darstellen. Was sich hinter dieser bunten Kulisse vollzieht, die Produktion an chemisch definierbaren Stoffen und an Energie sowie ihr Transport durch das Ökosystem, welches mit technischen Systemen analogisiert werden kann, ist nur relativ kurz behandelt. Allerdings sorgt die gegenwärtige und sicherlich auch zukünftige Literatur dafür, daß diese Seite der Ökosysteme nicht zu kurz kommt. Sorge ist vielmehr darüber zu tragen, daß moderne Darstellungen der organismischen Ebene des Naturhaushalts, das Wissen um die Vielfalt und Verflechtung der Arten in den natürlichen Lebensräumen, noch präsent ist.

Es ist wichtig und vordringlich, Stoffproduktion und Stofftransport in den Ökosystemen zu messen und mathematisch zu beschreiben. Die Gefahr dabei sind die damit verbundenen Anschauungen einer Reduktion des Ökosystems auf ein technisches Schaltsystem, welche absolutiert werden.

TISCHLERS Buch stellt in hervorragender Weise das biologische Wissen und Denken von den Zusammenhängen in den natürlichen Lebensräumen dar. Es ist wahr, daß ein solches Denken auf einer vorwissenschaftlichen Stufe viel weiter verbreitet war, als in unserem produktionsbewußten industriellen Zeitalter. Das Buch demonstriert dies an in den Text eingeflochtenen Zitaten aus den Werken von Dichtern, zugleich eine ernste Mahnung an eine rigoros mit den Naturressourcen wirtschaftende Welt. — TISCHLER hat sein Buch seinen Kindern und Enkeln gewidmet. Wir empfehlen es der jungen Ökologengeneration.

W. SCHÖNBORN, Jena

GUSTAV HEGI: **Alpenflora.** Die wichtigeren Alpenpflanzen Bayerns, Österreichs und der Schweiz. 25. erw. Aufl. Hrsg.: HERBERT REISIGL (9.—24. Aufl. HERMANN MERXMÜLLER). Berlin, Hamburg: Verlag Paul Parey 1977. 194 S., 6 Abb., 43 Taf., 49 Kt. Geb. DM 27,80

Die „Alpenflora" liegt jetzt in 25. Aufl. vor, nachdem erst 1976 die 24. erschienen war. Allein dies spricht für die große Anerkennung, die das Buch bei Naturfreunden gefunden hat.

Rein äußerlich hat das Buch gegenüber der 24. Auflage um 37 Seiten und eine Flechtentafel zugenommen. Verursacht wird dies durch eine Einführung in die Lebensbedingungungen, Lebensgemeinschaften und Lebensgeschichte der Alpen, die den Lesern sicher nützliche Anregungen geben wird, sowie durch die zusätzliche Aufnahme der Naturschutzbestimmungen der Schweiz, Österreichs und Südtirols. Dem sehr informativen Text- u. Tafelteil folgen 48 Karten, in denen die Verbreitung von 52 Arten und 8 Varietäten dargestellt wird, und eine Übersichtskarte der Alpen.

D. STORCH, Jena

KLAUS FUCHS-KITTOWSKI: **Probleme des Determinismus und der Kybernetik in der molekularen Biologie.** 2., überarb. u. erw. Aufl. Jena: VEB Gustav Fischer Verlag 1976. 491 S., 31 Abb., Brosch. M 30,30

Gerade als an den Naturwissenschaften interessierter und auf erkenntnistheoretischem Gebiet arbeitender Philosoph teilt man aufrichtig die vom Autor ausgedrückte Freude darüber, „daß die freundliche Aufnahme, die dieses Buch gefunden hat, eine erweiterte Neuauflage ermöglicht". Letzteres ist sicher ebenso der Wahl des Gegenstandes zu danken wie seiner souveränen Behandlung. Der Verfasser gab seinem Buch den instruktiven Untertitel „Tatsachen und Hypothesen über das Verhältnis des technischen Automaten zum lebenden Organismus" — und es darf wohl als geläufig vorausgesetzt werden, daß Literatur zu diesem Gegenstand bei uns nicht allzu dicht gesät ist.

Das Buch gliedert sich in zwei Teile: „Das Problem des Determinismus und der Beziehung zwischen technischem Automaten und lebendem Organismus" und „Die Zelle als kybernetisches System — Probleme des Determinismus, des Regulationsgeschehens in der einzelnen Zelle und der Höherentwicklung". Der Verfasser geht seinen Gegenstand über weite Strecken explizite unter philosophischem Vorzeichen an, indem genuin philosophische Kategorien und Prinzipien den roten Faden der Gedankenführung bilden: Dialektik von Struktur und Prozeß — Verhältnis von Physik und Biologie (bzw. von Grundformen der Bewegung der Materie) — Subjektivismus und Agnostizismus in Physik und Biologie — Modellproblem — Determinismus in technischen und lebenden Systemen — Notwendigkeit und Zufall — Teil und Ganzes — Wechselwirkung — Information — Widerspiegelung — Höherentwicklung usw. Wir betonen aber ausdrücklich, daß im Sinne der erklärten Zielsetzung des Buches diese Kategorien und Prinzipien nicht lediglich philosophisch-theoretisch diskutiert werden, sondern sich nach der Intention des Verfassers in der Analyse und Verallgemeinerung einzelwissenschaftlicher Zusammenhänge und Erkenntnisse zu bewähren haben.

Es geht also nicht um philosophische Selbstbespiegelung, sondern um die „eigentliche Domäne des Philosophen" — durch philosophisch-erkenntnistheoretische

Analyse neuer Erkenntnisse, Hypothesen, Begriffsbildungen usw. dem Naturwissenschaftler bei der umfassend-geistigen (bis hin zur weltanschaulichen!) Bewältigung des stürmischen Erkenntnisfortschritts in unserer Zeit und gerade in den hier relevanten Wissenschaftsdisziplinen zu helfen. Wir meinen, daß dies mit vorliegendem Buch auf eindrucksvolle Weise gelungen ist. Dafür steht das ganze Buch. Hervorgehoben seien aber dennoch wenigstens die Kapitel über molekulare Grundlagen der Informationsspeicherung und -übertragung und die teleonomischen Mechanismen des Zellstoffwechsels mit ihrer sachkundigen philosophischen Diskussion äußerst diffiziler einzelwissenschaftlicher Gegenstandsbereiche sowie das letzte Kapitel, in dem Probleme der Höherentwicklung bis hin zur Frage nach der Stellung des Menschen und dem Verhältnis von gesellschaftlicher Entwicklung und wissenschaftlicher Voraussicht auch philosophisch auf außerordentlich anspruchsvolle Weise behandelt werden.

Es versteht sich, daß solch hochgesteckte Zielsetzungen nur mit profunder Kenntnis und Beherrschung sowohl der marxistisch-leninistischen philosophischen Theorie und Methode wie auch der jüngsten Entwicklung in Physik, Biologie, Kybernetik und angrenzenden Disziplinen zu verwirklichen waren — die beim Autor auf Grund langjähriger wissenschaftlicher Arbeit auf diesen Gebieten vorauszusetzen ist. Immerhin zählt er den Philosophen Hermann Ley und den Biochemiker S. M. Rapoport zu seinen Lehrern, und es ist sicher mehr als nur eine freundliche Geste, wenn beide dem Buch ein gemeinsames Geleitwort widmeten — es ist dies vielmehr als Aufforderung an die marxistischen Philosophen ebenso wie an die Naturwissenschaftler zu verstehen, durch schöpferische gemeinsame Arbeit das Bündnis zwischen beiden Lagern zu festigen und unter den Bedingungen unserer Zeit stets neu zu verwirklichen. Zunächst aber sei unser Buch Philosophen wie Naturwissenschaftlern gleichermaßen nachdrücklich zur Lektüre empfohlen!

D. Alexander, Jena

Karl Esser: **Kryptogamen: Blaualgen, Algen, Pilze Flechten.** Praktikum und Lehrbuch. Berlin, Heidelberg, New York: Springer-Verlag 1976. XVI, 572 S., 304 Abb., 5 Tab. Geh. DM 58,—

Es erscheint besonders reizvoll, das vorliegende, unter Mitarbeit von D. Graw, H. Prillinger, H. Söngen, V. Stahl (Fotos) und H.-J. Rathke (Zeichnungen) entstandene Werk mit dem annähernd gleichzeitig erschienenen Braune-Leman-Taubertschen „Praktikum zur Morphologie und Entwicklungsgeschichte der Pflanzen“ [siehe Rezension in *Limnologica* **12** (2), S. 326 zu vergleichen, zum einen, weil große Teile beider Darstellungen stofflich enge Beziehungen zueinander aufweisen, zum anderen, weil sich beide mit einer durch den Fortschritt der Wissenschaft und durch Reformen im Bereiche von Hoch- und Fachschulen stark veränderten Situation im Biologiestudium auseinandersetzen müssen. Im Hinblick auf die moderne, funktionsbezogene Betrachtungsweise der Biologie der Gegenwart machen beide Praktika Entwicklung und Fortpflanzung auf Kosten einer nur morphologisch-anatomischen Kenntnisvermittlung zum bevorzugten Gegestand ihrer Information. Während sich die Jenenser Autoren dem gesamten „Pflanzenreich“ zuwenden und dabei bewußt auf Objekte zurückgreifen, die in der Natur leicht zugänglich sind, beschränken sich die Bochumer auf die Kryptogamen (unter Ausschluß der Bakterien), die als Objekte pflanzlicher und genetischer Forschung zunehmend an Bedeutung gewonnen haben. Sie wählen dabei solche Sippen aus, die über Stammsammlungen wissenschaftlicher Einrichtungen oder über den Fachhandel erreichbar sind. Gemeinsam ist beiden Büchern die großzügige Ausstattung mit überwiegend originalen Mikrofotos, wobei die Motivation für diese Illustrationsweise für die Bochumer darin besteht, dem Studenten zu zeigen, „was er in seinem Mikroskop zu erwarten hat“, und ihm die in „idealisierten“ Zeichnungen verwischten tatsächlichen Strukturen seines Objektes zu erschließen.

Hier sei nun gleich angemerkt, daß einige der wenigen Zeichnungen des Bochumer Praktikums in der Tat so stark idealisiert sind (z. B. S. 111: Xanthophyzeenzelle; S. 118: Chlorophyzeenzelle; S. 185: Fortpflanzungszelle einer Braunalge), daß der „arme“ Student größte Mühe hätte, „so etwas“ in seinem Mikroskop zu entdecken. Hier hätten die Autoren Gelegenheit gehabt, die propagierte Wirklichkeitsnähe auch an Hand einer naturgetreuen Zeichnung, wie sie 150 Jahre Kryptogamenforschung denn doch trotz aller Vorbehalte hervorgebracht haben, zu demonstrieren. Daß sie sich mit einer Schemazeichnung der „Organisation“ begnügen, scheint dem Rezensenten angesichts des hohen didaktischen Wertes der mikroskopischen Zeichnung etwas wenig. Was aber Essers Darstellung verdienstvoll macht und von anderen vergleichbaren Werken, auch dem der Jenenser, abhebt, ist die betonte Berücksichtigung der Entwicklungszyklen der behandelten Sippen, wobei Ort und Zeitpunkt der Meiose gebürende Aufmerksamkeit geschenkt wird. Informative zeichnerische und prägnante verbale Interpretationen der ontogenetischen Abläufe berücksichtigen die Ergebnisse jüngster Untersuchungen und lassen den Untertitel „Praktikum und Lehrbuch“ durchaus gerechtfertigt erscheinen. Als Beispiele für das Bemühen des Autors, über den Stand der gängigen Lehrbuchliteratur hinauszugelangen, seien die Analysen der Fortpflanzungs- und Entwicklungsprozesse bei *Ulothrix*, *Cladophora*, Bangiophyzeen und Florideophyzeen, *Physarum*, *Dictyostelium*, *Plasmodiophora* und *Phytophthora* genannt.

Entsprechend seinem Charakter als „Praktikum“ enthält das Buch einen ausführlich technisch-methodischen

Teil (40 Seiten) mit Hinweisen und Ratschlägen für die Materialbeschaffung, die Laborkultur und die Präparationsmethoden. Der praktische Teil folgt der taxonomischen Klassifizierung der Kryptogamen auf der Grundlage der 30. Auflage des „STRASBURGER" und ist daher kaum durch systematische Ambitionen belastet. Manche taxonomischen „Randbemerkungen" erscheinen deshalb überflüssig. Ein Anhang bringt Adressenlisten für die Materialbeschaffung und Nachweis von Unterrichtsfilmen. Ein für den Benutzer speziell aufbereitetes Literaturverzeichnis sowie Sippen und Sachindex vervollständigen den technischen Apparat. Die Darstellung ist klar, stets um Genauigkeit bemüht und wird ihrem Anliegen, dem Studenten (und Oberschüler) erste Anleitungen bei der Einarbeitung in die Welt der niederen Pflanzen zu vermitteln, vollauf gerecht. Der Rezensent wünschte sich allerdings, daß eine neue Auflage bestimmten Algengruppen (z. B. den Cryptomonaden, Xanthomonaden und Botrydialen) mehr Aufmerksamkeit schenkte. Das leicht beschaffbare *Botrydium* sollte nicht fehlen. Auch *Sphaeroplea* verdiente Berücksichtigung. Unbedingt revidiert werden müssen die z. T. völlig irreführenden Angaben über die Pigment- und Begeißelungsverhältnisse bei den Algen (Tab. 3, S. 77, und Text bei verschiedenen Algengruppen). Hier reichen Quellen wie STRASBURGER, BORNKAMM, WEBERLING und SCHWANTES einfach nicht mehr aus.

S. J. CASPER, Jena

WILHELM HANKE (Hrsg.): **Isotopentechnik.** Anwendung von Radionukliden und stabilen Nukliden. 2., neubearb. u. erg. Aufl. (Thiemig Taschenbücher Bd. 11). München: Thiemig Verlag 1976. XVI, 352 S., 101 Abb., 26 Tab. Kart. DM 36,—

Das Taschenbuch „Isotopentechnik" richtet sich vor allem an die Anwender. Nach den wesentlichsten theoretischen Grundlagen wie Zerfallsart und -energie, Wechselwirkung von Strahlung und Materie, Herstellung von Radionukliden, Aktivität und Dosis folgen im 2. Kapitel die Nachweismethoden der Strahlung. Dabei reicht deren Behandlung von den einfachsten Ionisationskammerverfahren über Szintillationszähler bis zu pn-Halbleiterzähler und den dazugehörenden Verstärkern und Analysatoren sowie der Autoradiographie. Auch der notwendige Strahlenschutz wird in einem Kapitel behandelt, die Richtwerte sind angegeben. Die Anforderungen an Laboratorien, in denen mit Radionukliden gearbeitet wird, sowie die verschiedenen Anwendungsgebiete in Physik, Chemie, Biologie, Medizin, Geologie, Umweltfragen, Kriminalistik und bei Altersbestimmungen werden in je einem Kapitel behandelt. Dabei werden auch die Umwandlung von Strahlungsenergie sowie die stabilen Isotope nicht vergessen. Im abschließenden Teil werden dann die Bezugsmöglichkeiten für Radionuklide aufgeführt. Weiterführende Literatur ist jedem Kapitel beigefügt, zusammenfassende Literatur und ein umfangreiches Sachverzeichnis beschließen das Bändchen. Für ein Taschenbuch werden erstaunlich viele Gebiete der Isotopentechnik behandelt, wenn auch nicht erschöpfend. Besonders der Anfänger, den zunächst nicht die erschöpfende Durchdringung der Theorie interessiert, wird dankbar die Behandlung des Strahlenschutzes und der Anforderungen an eine Laborausstattung und -einrichtung begrüßen. Der methodische Teil könnte noch mehr Einzelheiten besonders der Grundarten der Isotopenmessung bringen. Die in Medizin und Biologie sehr häufig verwendete Flüssigszintillation mit ihren vielfachen Methoden wird überhaupt nicht erwähnt.

D. RONNEBERGER, Jena

HARTMUT LESER: **Landschaftsökologie** (Uni-Taschenbücher 521) Stuttgart: Verlag Eugen Ulmer 1976. 432 S., 49 Abb., 20 Tab. Flex. Kunststoff. DM 23,80

1866 konzipierte ERNST HAECKEL den Begriff Ökologie als die Wissenschaft von den Wechselbeziehungen zwischen Organismen und ihrer Umwelt. Seither hat sich dieser Zweig der Biologie kräftig weiterentwickelt und ist sowohl innerhalb der Zoologie als auch der Botanik zu einem relativ eigenständigen Wissenschaftsbereich geworden. Über die Synökologie, welche die wechselseitigen Beziehungen zwischen Organismengemeinschaften und Umwelt untersucht, führte der weitere Weg schließlich zur Ökosystemforschung, wobei unter Ökosystemen räumliche Wirkungsgefüge aus biotischen und abiotischen Elementen mit der Fähigkeit zur Selbstregulierung verstanden werden.

Seit einiger Zeit hat nun auch die Geographie den Ökologie-Begriff aufgenommen und in ihre Wissenschaft integriert, sind doch die von ihr untersuchten Landschaften komplexe Systeme, die als Ökosysteme bezeichnet werden können. Die Funktionen und die Strukturen sowie das räumliche Verteilungsmuster dieser landschaftlichen Ökosysteme will das Fachgebiet Landschaftsökologie untersuchen, „ein Kerngebiet der geographischen Wissenschaft". Obwohl sich die Landschaftsökologie, stellenweise auch Geoökologie genannt, inzwischen etabliert hat und viele landschaftsökologische Arbeiten entstanden sind, fehlte es bisher an einem Lehrbuch der Landschaftsökologie, das raumbezogen vorgeht. So unternimmt der Baseler Geograph HARTMUT LESER den „Versuch", eine zusammenfassende Darstellung der Landschaftsökologie zu wagen.

In seinem Buch beschäftigt sich LESER einleitend mit der Stellung der Landschaftsökologie in Wissenschaft und Öffentlichkeit und mit Begriffserklärungen. Eingehend werden dann Gegenstand und Forschungsansätze sowie die Methodik der Landschaftsökologie abgehandelt. Landschaftsökologische Raumgliederung, Modellvorstellungen in der Landschaftsökologie sowie

Landschaftsökologische Forschungsergebnisse und ihre praktische Anwendung bilden den Inhalt der weiteren Kapitel. Ein Resümé über Bedeutung und Perspektiven der Landschaftsökologie, ein ausführliches Literaturverzeichnis und ein Register schließen die Darlegungen ab.

Das außerordentlich komprimiert geschriebene Buch stellt durch seine Fülle von Informationen, Begriffen und Diskussionen keine leichte Lektüre dar, insbesondere für einen Außenstehenden, der mit dem Gedankengut der Geographie weniger vertraut ist. Der Geobotaniker hat den Eindruck, daß vegetationskundliche und floristische Arbeitsweisen und Aussagemöglichkeiten nicht in ausreichendem Maße berücksichtigt wurden, wie denn der Verf. selbst zugibt, daß die Geographie gewichtige metadisziplinäre Fortschritte in Methodik und Methodologie übersehen bzw. im eigenen Fach nicht weiterverfolgt habe. „Das gilt bei der Landschaftsökologie hauptsächlich für die Anregungen, die von den biologischen Disziplinen ausgingen". Die „Limnologische Ökologie" wird S. 39 zwar unter den Disziplinen genannt, die heute landschaftsökologische Forschung betreiben, doch scheint der Verf. über ihre Arbeitsweise nicht recht unterrichtet zu sein, wenn er S. 47 meint, bei ihr stünde die autökologische Betrachtung im Vordergrund. Den Begriff „limnisches Ökosystem" sucht man denn auch vergeblich, wie denn überhaupt auf die Rolle und die Bedeutung der Limnologie im Rahmen der Landschaftsökologie nicht weiter eingegangen wird.

So scheint auf diesem Gebiet noch vieles in der Gärung begriffen zu sein, und man wünscht allen mit ökologischen Forschungen in der Landschaft befaßten Wissenschaften eine engere Zusammenarbeit als bisher.

H.-D. KRAUSCH, Potsdam

H.-J. HANNEMANN: **Kleinschmetterlinge oder Microlepidoptera III** (Die Tierwelt Deutschlands. 63. Teil) Jena: VEB Gustav Fischer Verlag 1977. 275 S., 37 Textabb., 148 Tafelabb., 17 Fototaf., 3 Tab. Brosch. M 56,— (Ausland M 68,—)

Der vorliegende Band befaßt sich mit den Federmotten (Pterophoridae), den Gespinstmotten (Yponomeutidae) und den Echten Motten (Tineidae). Die Darstellung jeder dieser Familien ist gegliedert in einen Allgemeinen Teil und einen Speziellen Teil. Der Allgemeine Teil enthält Angaben über die Imagines, Raupen, Puppen, Eier, die Lebensweise, Verbreitung, über Geschichtliches und zur Systematik. Im Speziellen Teil findet man dichotom aufgebaute Bestimmungsschlüssel. Jedem dieser Schlüssel geht eine Diagnose der betreffenden systematischen Einheiten voraus. In den 148 Artdiagnosen findet man Angaben über: Typus, Terra typica, Synonyma, Verbreitung, eine Beschreibung der Imagines und deren Lebensweise, eine Beschreibung der Genitalien sowie, wenn möglich, Informationen über die Raupen und deren Lebensweise. Beigefügte Abbildungen (Strichzeichnungen) runden die Darstellungen ab. Allerdings wäre eine übersichtlichere Anordnung der Zeichnungen und eine günstigere Raumaufteilung empfehlenswert. Außerdem sollte im Text auf die entsprechenden Abbildungen verwiesen werden, dies erleichtert die Arbeit. Nicht ganz konsequent war der Verfasser bei der Benennung der Futterpflanzen der Raupen, deutsche Benennungen und wissenschaftliche Namen tauchen einzeln oder in Kombination in unregelmäßiger Reihenfolge auf, eine durchgehend einheitliche Benennung wäre wünschenswert. Der Tafelteil am Schluß befriedigt nicht in jedem Falle, insbesondere sind auf Taf. 11 die Fig. 3—8 kaum zu erkennen.

Ein umfangreiches, nach Familien gegliedertes Literaturverzeichnis sowie Verzeichnisse der Familien, Unterfamilien, Gattungen, Untergattungen, Arten und Unterarten sowie eine Aufstellung nichtwissenschaftlicher Falternamen vervollständigen diesen Band. Alles in allem ein gelungenes Werk, das für den Bearbeiter dieser Gruppen ein nützliches und unentbehrliches Arbeitsmittel ist.

G. HAUBOLD, Neuglobsow

VERNE GRANT: **Artbildung bei Pflanzen.** Übersetzt und bearbeitet von FRANZ SCHWANITZ. Berlin, Hamburg: Verlag Paul Parey 1976. 303 S., 56 Abb., 10 Tab. Linson. DM 68,—

Es ist notwendig, sich zu vergegenwärtigen, daß der Autor einer der profiliertesten Vertreter der Populationsbiologie ist, die die Art als „die Gesamtsumme der sich miteinander kreuzenden Individuen und damit" als „die am stärksten in sich abgeschlossene Einheit normaler biparentaler Vermehrung" ansieht. Dieser „biologische" Artbegriff wird deutlich vom „taxonomischen" (systematischen) Artbegriff der „alten Naturforscher" unterschieden und gezeigt, daß auch dann noch „einige wichtige Probleme" ungelöst bleiben, die schließlich mit Hilfe des „evolutionären" Artbegriffs ausgeräumt werden sollen. Die Grundzüge dieser Auffassung hat V. GRANT bereits 1963 in seinem Buch „The Origin of Adaptation" niedergelegt, damals unter besonderer Berücksichtigung der Evolution bei diploiden Organismen (Tiere und Pflanzen) mit sexueller Fortpflanzung. Das vorliegende, ursprünglich unter dem Titel „Plant Speciation" 1971 erschienene Werk wendet sich speziell den Vorgängen der Evolution bei höheren Pflanzen zu, die bekanntlich teilweise weder diploid sind, noch sich sexuell fortpflanzen.

In diesem Sinne stellt die „Artbildung bei Pflanzen" eine Ergänzung des früheren Buches dar. In 5 Kapiteln werden die Natur und die Verschiedenheit der Arten, die Refusion (Bastardierung, Introgression) und ihre Folgen, abgeleitete genetische Systeme (Polyploidie, Agmatoploidie, Agamospermie) sowie die Evolution von Hybridkomplexen, ausführlich und durch viele Beispiele erläutert, abgehandelt.

Das persönliche Engagement des Verfassers tritt oft zutage und macht es dem Leser nicht schwer, die Motive für die eine oder andere spezielle Auffassung zu erkennen. Daß dabei manchmal die Gewichte etwas subjektiv verschoben werden, müßte nicht unbedingt ein Mangel sein, wenn nicht das umfangreiche (15 S.) Literaturverzeichnis, das, von geringen, offensichtlich „zufallsbedingten" Ausnahmen abgesehen, fast nur angelsächsische „moderne" Naturforscher kennt, befürchten ließe, daß die Darstellung zu „neuweltlich" geraten ist. Daß dem in der Tat so ist, kann im Rahmen einer Rezension nur behauptet werden. Dem Rezensenten scheinen die „Unterschiede zwischen den verschiedenen Forschergruppen" (d. h. den „Vertretern" der taxonomischen, biologischen und evolutionären Art) jedenfalls „Ergebnis einer bestimmten Schulung" (S. 41) und nicht „erblich" bedingt zu sein. Denn sonst müßte „die Fähigkeit, das Phänomen der Art zu erkennen und zu analysieren", in der „polymorphen Population der Biologen" (S. 41) nicht nur „selten", sondern auch noch im angelsächsischen „genpool" verankert sein.
Die vorstehenden Bemerkungen dürfen auf keinen Fall so aufgefaßt werden, als sollte mit ihnen dem GRANTschen Versuch, dem aktuellen Problem der Evolution der Art näherzukommen, Bedeutung und Wert abgesprochen werden. Ganz im Gegenteil: die „altweltlichen" Systematiker und Taxonomen tun gut daran, sich mit den vorgetragenen Thesen gründlich auseinanderzusetzen. Leider ist die Übersetzung und Bearbeitung durch F. SCHWANITZ nicht so gut ausgefallen, daß sie dem Verständnis des Werkes förderlich wäre. Einige Übersetzungsfehler lassen den ursprünglichen Sinn wenigstens noch erkennen (z. B. S. 24: „grundlegende organismische Einheit" statt „organisatorischer" oder S. 28: „Kombination von physiologischen und morphologischen Eigentümlichkeiten" statt „physikalischen"), in anderen Fällen aber ist das ohne Kenntnis des Originals nicht möglich. Es ist doch kaum anzunehmen, daß man „einen Beweis" erbringt, der sich auf eine „Annahme" gründet (S. 28). Oder: „Die Populationen entsprechen hinsichtlich der lokalen Auslese durch die Umweltverhältnisse trotz der kontinentalen Verbreitung und der Fremdbestäubung durch den Wind." (S. 23). Schrecklich, daß „jede weibliche Gamete (sic!) durch eine männliche Gamete befruchtet" (S. 14) wird. Zu (überflüssigem) Nachdenken reizt ein „Quadrat von 10 Yards im Quadrat" (S. 16) auf, obwohl ein paar Zeilen darüber eine Formulierung wie „ein Quadrat von 100 Quadratyards" " schon eher verständlich ist. Den unbelasteten Leser müssen auch Wortprägungen wie „Hermaphrodie-Blüten" (S. 17) oder „Corolla-Blätter" (S. 27) bestürzen, muß er doch fürchten, daß sich hinter ihnen „neue" Erkenntnisse verbergen, von denen er bisher nichts ahnte. Genug der willkürlich herausgegriffenen Beispiele! Unter Berücksichtigung der Tatsache, daß außerdem noch eine große Zahl von z. T. sinnentstellenden Druckfehlern den Text zieren, gelangt Rezensent zu der Auffassung, daß der interessierte Fachmann besser zum Originaltext greift, wenn er die Absichten des Verfassers wirklich erfassen will.
Das wichtige Werk kann in der vorliegenden Form nicht uneingeschränkt empfohlen werden.

S. J. CASPER, Jena

FRITZ STEINECKE: **Das Plankton des Süßwassers** (Biologische Arbeitsbücher 1). Heidelberg: Verlag Quelle & Meyer 1977. 3., unverän. Aufl., 71 S., 109 Abb. Geh. DM 9,—

Dieses 1958 erstmals erschienene Heftchen ist vor allem für den limnologisch interessierten Laien und für einen praxisnahen Biologieunterricht gedacht.
Die Arbeit ist in zwei Hauptteile untergliedert. Zunächst werden dem Leser in gut verständlicher Form notwendige Kenntnisse vermittelt, wie die Gliederung der Lebensräume und Lebensgemeinschaften im See, die Fortpflanzung, Ernährung, Verteilung und ökologische Bedeutung der Plankter. Bei der Verwendung von Fachtermini beschränkt sich der Autor auf ein für den Laien beherrschbares Maß. Wichtige Hinweise auf den Fang, die Beobachtung, Präparation und Konservierung der Organismen sind ebenfalls enthalten.
Der zweite Teil des Büchleins beschäftigt sich mit der Bestimmung der Phyto- und Zooplankter. Da kein Schlüssel zur Artdiagnose verwandt wird, erfolgt die Systematisierung nach dem Vorkommen in den einzelnen Gewässertypen. Hierbei wird zwischen Seen-, Teich- und Moorseenplankton unterschieden. STEINECKE weist jedoch auf die fließenden Übergänge zwischen diesen Kategorien hin. Das Auffinden der einzelnen Spezies erfolgt durch eine Reihe charakteristischer Abbildungen. In vielen Fällen dürfte aber ein Vordringen bis zur Art schwerfallen, da eine „Bilderbuchbestimmung" oft mit zu wenig Details arbeiten muß.

P. KASPRZAK, Neuglobsow

A. TREBST & M. AVRON (eds.): **Photosynthetic Electron Transport and Photophosphorylation** (Encyclopedia of Plant Physiology, New Series, vol. 5: Photosynthesis I). Berlin, Heidelberg, New York: Springer-Verlag 1977. 24, 730 S., 128 Abb. Geb. DM 194,—/ US $ 85.40

Der vorliegende erste Photosynthese-Band aus der neuen pflanzenphysiologischen Handbuch-Reihe behandelt im wesentlichen die membrangebundenen photochemischen Primärreaktionen Elektronentransport und Photophosphorylierung und macht deutlich, zu welch entscheidenden Fortschritten und Erkenntnissen sowie neuen Betrachtungsweisen die Photosyntheseforschung der letzten 20 Jahre geführt hat.

Nach einem Vorwort von A. PIRSON und einer Einleitung von A. TREBST & M. AVRON folgen 44 Beiträge aus der Feder von insgesamt 53 Autoren. In einem ersten Abschnitt zur Geschichte der Photosynthese wird von D. J. ARNON schwerpunktmäßig der Zeitraum zwischen 1950 und 1975 behandelt, wobei besonders die konzeptionellen und perspektivischen Aspekte der Photosynthese-Forschung dieses Vierteljahrhunderts herausgearbeitet werden. Ausgangspunkt für diese Betrachtung ist das im Juli 1950 von der Society for Experimental Biology veranstaltete Symposium über Carbon Dioxide Fixation and Photosynthesis in Sheffield (England), durch welches die entsprechenden Fortschritte bis zur Mitte unseres Jahrhunderts fixiert wurden. Die übrigen Beiträge sind 4 weiteren Hauptabschnitten zugeordnet (Elektronentransport, Energiespeicherung, Struktur und Funktion sowie Algen- und Bakterien-Photosynthese); sie liefern eine Fülle an Informationen über neue Ergebnisse, Einsichten und Vorstellungen, doch wird auch auf die diskussionswürdigen Punkte des modernen Photosynthese-Konzepts und auf noch offene Fragen ausdrücklich hingewiesen. Den einzelnen Kapiteln zugeordnete Literaturlisten und ein Autoren- und Stichwortverzeichnis erleichtern die Arbeit mit diesem sehr gut ausgestatteten, aber auch sehr teuren Buch wesentlich.

Die Feststellung von D. J. ARNON „Indeed, historians of science may count the last 25 years among the golden years of photosynthesis research" wird durch das Buch selbst nachdrücklich unterstrichen.

H. AUGSTEN, Jena

HELMUT PANKOW: **Algenflora der Ostsee II. Plankton** (einschl. benthischer Kieselalgen). Jena: VEB Gustav Fischer Verlag 1976. 493 S., 880 Abb., 26 Taf. (175 Fotos). Ln. M 62,—

Über das Phytoplankton der Ostsee liegen für viele ihrer Abschnitte und Küstenbereiche Einzelbearbeitungen in größerem Umfang vor. Ein zusammenfassendes, der Determination dienendes Werk über den gesamten Ostseeraum fehlte bisher. Die 1929 von LAKOWITZ verfaßte „Algenflora der gesamten Ostsee" berücksichtigte außer den benthischen Klein- und Großalgen nur bedingt die planktisch lebenden Formen. Zudem hat ein Zeitraum von mehr als 40 Jahren einen solchen Umfang an floristischen, ökologischen, geographischen und taxonomischen Erkenntnissen gebracht, denen diese so viel genutzte Flora von LAKOWITZ naturgemäß nicht mehr gerecht werden konnte.

Der vorliegende Band II der Algenflora von PANKOW (unter der Mitarbeit von VOLKBERT KELL und BRUNHILDE MARTENS) schließt in Form und Gestaltung an den bereits 1971 erschienenen, die Benthosalgen beinhaltenden ersten Band des gleichen Autors an. Über 750 Arten und weitere zahlreiche Varietäten an Phytoplanktern — bei den Diatomeen wurden auch die benthischen Arten eingeschlossen — sind enthalten und damit wohl der größte Teil der vorkommenden Arten berücksichtigt. Eigentlich nur für stark ausgesüßte Bereiche der nördlichen und östlichen Küstengewässer der Ostsee wird für die praktische Arbeit die ergänzende Nutzung einer Süßwasserflora erforderlich.

Die Schlüssel der Ordnungen, Familien, Gattungen und Arten sind sorgfältig gearbeitet und führen zuverlässig. Gewisse Vorkenntnisse und einige Erfahrung wird man — wie in solchen Fällen wohl meist — beim Benutzer allerdings voraussetzen müssen. Das gilt auch für den Gruppenschlüssel; man kann dabei geteilter Meinung sein, ob Vermehrungsverhältnisse oder Geißelbau als primäre Determinationsmerkmale geeignet sind. Der Fortgeschrittene wird diesen Schlüssel nicht benötigen, der Anfänger schwerlich damit zurecht kommen. Vielleicht könnte ein „Typenschlüssel", der in Wort und Bild die innerhalb einer Klasse vorkommenden Gestalten und Merkmale aufzeigt, eine sinnvolle Hilfe sein. Die Beschreibung der Arten und Varietäten gibt die zur Charakterisierung erforderlichen Merkmale unter Einschluß der Größenangaben. Sie enthält aber zugleich auch Hinweise zum Halobiegrad und zur geographischen Verbreitung, wobei im letzteren Fall die Angaben sich nicht auf den Ostseeraum beschränken, sondern — soweit bekannt — andere Meeresteile der Erde mit berücksichtigen, was zweifellos die Nutzung dieses Bestimmungsbuchs in angrenzenden Gebieten möglich und sinnvoll macht. In taxonomischer und nomenklatorischer Hinsicht entspricht der Inhalt des Buches dem derzeitigen Kenntnisstand und verrät die große Erfahrung und Sorgfalt der Autoren. Basionyme und die wichtigsten Synonyme werden genannt und die entsprechende Originalliteratur im Verzeichnis nachgewiesen. Dieses — ähnlich ausführlich wie in Band I — umfaßt 40 Seiten und weist den Weg zu weiterführender Originalliteratur und den Erstbeschreibungen.

Die klaren, sorgfältig ausgeführten 870 Strichzeichnungen und die auf 26 Tafeln für über 160 Arten dargebotenen Mikrophotographien — für die die Mitautoren verantwortlich zeichnen — sind bestens geeignet, die Einarbeitung und die Determination zu erleichtern bzw. zu sichern. Ein bebilderter Nachtrag zum ersten Band und ein Index (25 Seiten), der auch alle Basionyme und Synonyme enthält, finden sich am Schluß des Bandes. Äußeres Bild, Druck und Ausstattung lassen keinen Wunsch offen.

Zusammen mit dem 1971 erschienenen Band über die Benthosalgen liegt somit für den Ostseeraum ein modernes und zuverlässiges Bestimmungswerk vor, das sich nicht nur an die Algologen wendet, sondern besonders auch für den praktisch arbeitenden Meeresbiologen und für die Ausbildung von Studenten eine gute Wegleitung sein kann.

H.-H. HANDKE, Halle

F. J. R. TAYLOR: **Dinoflagellates from the International Indian Ocean Expedition.** A report on material collected by the R. V. „Anton Bruun" 1963—1964 (Bibliotheca Botanica H. 132) Stuttgart: E. Schweizerbart'sche Verlagsbuchhandlung (Nägele u. Obermiller) 1976. VIII, 234 S., 6 Fig., 5 Kt., 5 Tab., 46 Taf. (530 Einzelfig.). Brosch. DM 286,—

Der Bericht fußt auf 213 Proben, die im Indischen Ozean auf 9 Kreuzfahrten von März 1963 bis November 1964 genommen wurden. Insgesamt konnten 291 Arten aus 45 Gattungen erfaßt werden, von denen 9 Arten (außerdem 3 infraspezifische Taxa) neu für die Wissenschaft sind; 77 Arten werden zum ersten Mal aus dem Indischen Ozean angegeben. Alle Arten sind abgebildet, entweder durch Strichzeichnungen oder durch rasterelektronenmikroskopische Aufnahmen. Ausführliche deskriptive und taxonomische Kommentare und Angaben über die Verbreitung und Ökologie erhöhen den Informationswert. Im Anhang finden sich die lateinischen Diagnosen der neuen Sippen, das Literaturverzeichnis (15 Seiten!), der Sippenindex sowie die Tafelerklärungen. Druck und Ausstattung befinden sich, wie stets in der Schriftenreihe, auf hohem Niveau.

Der Untertitel „report" ist zweifellos zu bescheiden, handelt es sich doch um eine großangelegte Monographie der Dinoflagellaten eines bisher biologisch noch nicht ausreichend erfaßten Ozeans. Der Autor hat bereits mehrfach auf seine Untersuchungen aufmerksam gemacht, am eindrucksvollsten vielleicht in seinem Beitrag für den Sammelband „The Biology of the Indian Ocean" (Ecological Studies 3, 1973). Nun breitet er das gesamte verfügbare Material aus, eingeleitet durch eine profunde Auseinandersetzung mit früheren Arbeiten und durch allgemeine taxonomische Betrachtungen, unter denen die Diskussion des SONNEBORNschen „asexual species concept" besondere Beachtung verdient. TAYLOR nimmt einen nüchtern-praktischen Standpunkt ein, wenn er grundsätzlich die Existenz vieler verschiedener Variabilitäts-„Typen" innerhalb der Dinoflagellaten-Arten akzeptiert, im wesentlichen aber sich auf das HUXLEYsche Konzept der Subspezies (1940) und das HUSTEDTsche der Varietäten (1930) beruft. Die Nomenklatur folgt dem ICBN 1972. Erleichtert wird der Zugang zum vorgelegten Material durch den Bezug auf SCHILLERS Monographie in RABENHORSTS Kryptogamenflora (1933—1936), so daß der Bericht auch als Führer durch das relevante Schrifttum nach SCHILLER dienen kann. Es versteht sich von selbst, daß die Sippenlisten der LOEBLICHS (1966—1971) und die Artenkompilation von SOURNIA (1974) berücksichtigt sind. Taxonomisch bedeutsam ist die Beschreibung von zwei neuen Familien, der Leptodiscaceae und der Kofoidiniaceae, die bisher als „zoologische" Unterfamilien (J. & M. CACHON) geführt wurden. Ökologisch interessant ist die erneute Bestätigung älterer Befunde, daß es eine relativ große Zahl seltener Arten gibt, die in Tiefen unter 200 m leben, also unter „subeuphotischen" Bedingungen (z. B. Arten der Gattungen *Citharistes, Histioneis, Heterodinium* und *Ceratium*).

Ein hervorragendes Werk, das die Kenntnis von der für die „Urproduktion" unserer Meere so wichtigen Flagellatengruppe wesentlich vermehrt und vertieft.

S. J. CASPER, Jena

HANS-REINER SIMON: **Bibliographie der Biologie.** Eine analytische Darstellung unter wissenschaftshistorischen und informations-theoretischen Gesichtspunkten (Bibliothek des Buchwesens Band 4). Stuttgart: Anton Hiersemann 1977. X, 315 S., 41 Abb., 32 Tab. Geb. DM 150,—

Die biologische Bibliographie kann heute auf eine 400jährige Geschichte zurückblicken. Neben deren Darstellung („Abriß einer Geschichte der biologischen Bibliographie"), die mit 184 S. den größten Umfang in dem vorliegenden Werk einnimmt, reizte den Verfasser die Aufgabe, die Rolle der biologischen Bibliographien im Gesamtsystem der Informationsmöglichkeiten zu ermitteln („Theorie der biologischen Bibliographie", 56 S.) sowie mit Hilfe der „Bibliometrie" biologische Bibliographien für wissenschaftshistorische Analysen auszuwerten („Beurteilung und Analyse biologischer Bibliographien", 50 S.). Im historischen Teil wird zwischen monographischen und periodischen Bibliographien unterschieden. Dabei versucht der Verfasser, stets die engen Verbindungen zur allgemeinen Kultur- und Wissenschaftsgeschichte sowie die Abhängigkeit von den sich ständig erweiternden technischen Möglichkeiten aufzuzeigen, wobei er von einem allgemeinen Trend „von der Monographie zum laufenden Literaturbericht" im Laufe der Bibliographiegeschichte spricht.

Wenn auch nicht beabsichtigt wird, mit diesem Buch „den Bibliographien der biologischen Bibliographien eine weitere hinzuzufügen", so bemerkt der botanisch interessierte Leser erstaunt das Fehlen vieler thematischer Bibliographien seines Gebietes, wie allen Floren-Bibliographien — von denen z. B. die hervorragende „Bibliography of Eastern Asiatic Botany" von MERRILL & WALKER (1938, Suppl. 1960) einer Erwähnung würdig gewesen wäre —, Bibliographien zur Literatur über einzelne Pflanzenorgane (z. B. BARTON, „Bibliography of Seeds", 1967), zur Zytologie, Embryologie, Palynologie und Paläobotanik, die alle den Wert und die Bedeutung monographischer Bibliographien auch in unserem Jahrhundert demonstrieren.

Ausgehend von den historischen Gegebenheiten wird anschließend die Bedeutung der Fachbibliographie im Informationsfluß hervorgehoben. Spezielle Fragestellungen, wie die quantitative Veränderung des Informationsflusses im historischen Ablauf der Wissenschaftsentwicklung oder die Ermittlung der Rolle von Forscherpersönlichkeiten durch Analyse von Personalbibliographien werden ausführlich abgehandelt. Wesentlich größeren Raum hätte sich Rez. für die Behandlung der Bedeutung der „Kataloge" gewünscht (S. 211 mit 4 Zeilen erwähnt, Abb. 19), denn die Arbeit mit ihnen spielt in der „speziellen Biologie" eine außerordentliche Rolle. Als Beispiel ist nur der „Coleopterorum Catalogus" erwähnt; Nachschlagewerke, wie den „Index Kewensis", sucht man hier wie auch im historischen Abschnitt vergeblich.

Wesentlich erscheint die Darstellung der Prinzipien zur Beurteilung biologischer Bibliographien. Hierbei werden die Faktoren untersucht, die den Wert einer Bibliographie bestimmen (Berichtszeitraum, Gliederung, Umfang, Indizes, Rückgewinnungsrate, Präzision, Neuheitsfaktor und Suchzeit). Die abschließende Analyse der biologischen Bibliographien führt zu einem „bibliometrischen Modell", mit dessen Hilfe z. B. zwischen der Anzahl der Arten einer systematischen Kategorie und ihrem „Literaturanteil" eine „positive Korrelation" nachgewiesen wird!

H. MANITZ, Jena

JÜRGEN SCHWOERBEL: **Einführung in die Limnologie.** Stuttgart: Gustav Fischer Verlag 1977. 3., überarb. u. erg. Aufl. VIII, 191 S., 49 Abb. Brosch. DM 12,80 (Lizenzausgabe in der DDR bei VEB Gustav Fischer Verlag Jena)

Die bereits nach 6 Jahren erfolgte 3. Auflage bestätigt die glückliche Hand, die der Autor bei der Abfassung seines Taschenbuches hatte. Es ist dies seit THIENEMANN (1925) die erste deutschsprachige Darstellung der Limnologie, die wieder alle Aspekte dieses vielschichtigen Forschungszweiges berücksichtigt, vgl. die Besprechung in *Limnologica* **11** (1), S. 224, 1976.

Die Ausgewogenheit zwischen klassischen und modernen Anschauungen sowie zwischen Überblick und konkreter Faktenangabe machen das Buch zu einer interessanten Erscheinung innerhalb der limnologischen Literatur. Die Wissensanhäufung, besonders durch die Untersuchung des Stoffhaushalts der Gewässer, führte zu einer Zerstörung des einst theoretisch geschlossenen Gebiets der Limnologie. Es ist heute daher besonders schwierig, die richtigen Schwerpunkte bei einer Gesamtschau zu setzen. Sie liegen in diesem Buch eindeutig auf den Kapiteln über den Stoffhaushalt, ohne jedoch dabei die biologische Ebene der Ökosysteme unserer Gewässer zu vernachlässigen.

Die 3. Auflage wurde verbessert durch Korrekturen, Einarbeitung neuer Forschungsergebnisse, Anwendung des neuen internationalen Maßeinheiten-Systems (z. B. Angabe der Energiewerte in Joule) und ein Glossar. Das Glossar, welches dem Studierenden sicherlich willkommen sein wird, erklärt die wichtigsten Fachausdrücke der Limnologie und sollte bei künftigen Auflagen noch erweitert werden. Auch die neue Auflage ist uneingeschränkt zu empfehlen.

W. SCHÖNBORN, Jena

Abwasserreinigungsverfahren der stoffwandelnden Industrie (10. Abwassertechnisches Kolloquium). Hrsg.: Kommission für Umweltschutz beim Präsidium der Kammer der Technik. Leipzig: VEB Deutscher Verlag für Grundstoffindustrie 1976. 216 S., 45 Abb., 53 Tab. Brosch. M 10,—

Die vorliegende Broschüre trägt keinen Lehrbuchcharakter. Sie enthält in sehr informativer Art Einzeldarstellungen über spezifische Abwasserprobleme innerhalb von Industriezweigen oder Kombinaten der DDR und der VR Polen.

Aus der Vielfalt der Beiträge können nur einige genannt werden: Ausführlich beschreiben W. OSBAR & H.-J. WÜNSCHER das abwassertechnische Programm im VEB Leuna-Werke „Walter Ulbricht", sie beschreiben die Rekonstruktion der Kläranlage im Werksteil II und geben eine Verfahrenskonzeption für die zu errichtende Kläranlage des Altwerkes. P. BRACHER gibt einen Überblick über die Abwasser-, Abfall- und Abflußbehandlung des Synthesewerkes Schwarzheide und man kann feststellen, daß die dort gebaute Kläranlage die vorgegebenen Grenzwerte stets eingehalten hat. Der Beitrag von R. DÖRFELD befaßt sich mit den schwierig zu behandelnden Abwässern der Azofarbstoffproduktion. Mittels eines zweistufigen Kombinationsverfahrens kann eine befriedigende Lösung erreicht werden. Am Beispiel des VEB Fotochemisches Kombinat (FCK) Wolfen zeigt G. OTTO anhand modell- und halbtechnischer Versuche Lösungswege für die biochemische Reinigung von Zellstoff-Viskose- und Filmabwässern. H. MÜHLBERG berichtet über Lösungsmöglichkeiten des Abwasserproblems der Kali-Industrie. I. PALUCA & I. TWARDOWSKA geben einen guten Überblick über Anfall und Reinigung der Abwässer der Schwerindustrie im Einzugsgebiet der oberen Weichsel und Oder.

Weitere Arbeiten, die sich mit der Schlammentwässerung, Auslegungsparametern für Kläranlagen durch ein Programmsystem, mit Werkstoffproblemen, mit Abwässern der Sulfit- und Sulfatzellstoffproduktion befassen, runden das Rahmenthema vorzüglich ab. Ein Beitrag über die Gülleaufbereitung kann ebenfalls bei großzügiger Auslegung noch dazu gerechnet werden, da es sich um die industriemäßige Tierproduktion handelt. Dagegen sind die zwei letzten Beiträge über die landwirtschaftliche Nutzung vorbehandelter kommunaler Abwässer keineswegs der obigen Rahmenthematik zuzuordnen.

W. OTTO, Berlin

BRIAN E. S. GUNNING & MARTIN W. STEER: **Biologie der Pflanzenzelle.** Ein Bildatlas. Stuttgart — New York: Gustav Fischer Verlag 1977. VI, 103 S., 49 Taf. Kart. DM 24,80

Das englische Original des vorliegenden Bildatlasses ist unter dem Titel „Plant Cell Biology an ultrastructural approach" erstmalig 1975 in London erschienen. Es handelt sich um den nur unbedeutend veränderten Abbildungsteil des Werkes „Ultrastructure and the biology of plant cells", das ebenfalls 1975 publiziert wurde, vgl. Rezensionen in *Limnologica* **11** (1), 1976, S. 181—182. Die Übersetzung stammt von KURT D. ZAAR. Die deutsche Ausgabe hat die sinnlosen Seitenverweise des Originals ausgemerzt. Die Vorzüge der Bildersammlung — Überblick über den wichtigen Zusammenhang zwischen Struktur und Funktion auf der Grundlage ausgezeichneter elektronenmikroskopischer Bilder — sind dem gut gedruckten Buch erhalten geblieben.

S. J. CASPER, Jena

PETER VON SENGBUSCH: **Einführung in die Allgemeine Biologie.** 2., neubearb. u. erw. Aufl. Berlin, Heidelberg, New York: Springer-Verlag 1977. VIII, 527 S., 328 Abb. Geh. DM 48,—/US $ 21.20

Die nunmehr vorliegende zweite Auflage ist erheblich erweitert worden, doch konnten „nur wenige Ergebnisse der letzten Jahre" berücksichtigt werden (Vorwort zur zweiten Auflage).
Es ist kein in die Allgemeine Biologie einführendes Lehrbuch im engeren Sinne; neben dem üblichen Lehrbuch-Stoff finden sich z. B. auch viele interessante Informationen, die man in einem Werk dieser Dimension zunächst gar nicht erwarten würde. An der Grundkonzeption der ersten Auflage wurde festgehalten; unter Verzicht auf die klassische Einteilung in Botanik und Zoologie wird der Stoff nach einigen einleitenden Abschnitten unter Zugrundelegung verschiedener Organisationsebenen (Zelle, Vielzeller, Gesellschaften) vermittelt. Schließlich folgt ein Kapitel über „Evolution". Am Ende der einzelnen Abschnitte steht jeweils eine kurze Liste mit ausgewählter Literatur.
Anordnung Gliederung und Akzentuierung der Stoffgebiete sind stark subjektiv geprägt, so daß das Buch schon aus diesem Grunde Interesse verdient. Die Qualität der zahlreichen Abbildungen, insbesondere auch der licht- und elektronenmikroskopischen Aufnahmen, verdient besondere Erwähnung. Leider enthält aber auch die zweite Auflage manche Fehler und Unzulänglichkeiten, die man bei der wohl bald zu erwartenden dritten Auflage korrigieren sollte.

H. AUGSTEN, Jena

FITZ SCHWERTFEGER: **Ökologie der Tiere.** Ein Lehr- und Handbuch in 3 Teilen. **Bd. 1. Autökologie.** 2., völlig neubearb. Aufl. Hamburg, Berlin: Paul Parey 1977. 460 S., 268 Abb., 55 Übersichten. Ln. DM 120,—

Die Ökologie, vor Jahren noch ein weithin unbekannter Begriff, führte unter den biologischen Wissenschaften ein bescheidenes Dasein und wurde nur am Rande an den Universitäten gelehrt. Dies hat sich im letzten Jahrzehnt geändert, und man beginnt auch im deutschsprachigen Raum der Ökologie Beachtung zu schenken. Unsere Umwelt, die wir jahrhundertelang nur mehr oder weniger genutzt haben, ohne uns Gedanken über die biologischen und abiotischen Zusammenhänge zu machen, macht sich dem Menschen durch Reaktionen bemerkbar, die nicht gewollt, erwünscht und verstanden wurden und werden. Mit Beginn der sechziger Jahre unterzog sich der Autor dem schwierigen Unterfangen, im deutschsprachigen Raum ein Lehr- und Handbuch zu schaffen, das eine seit 1914 bestehende Lücke ausfüllt. Daß ihm dies in hervorragender Weise gelang, wird ihm sicher jeder Ökologe bescheinigen. 14 Jahre nach dem Erscheinen der 1. Auflage liegt uns nunmehr die zweite vor, im alten Gewand und in alter Gliederung, jedoch in einer Überarbeitung, welche die Fülle der ökologischen Literatur bis 1975 berücksichtigt, die in 1800 Zitaten nachgewiesen wird. Dadurch ist kaum eine Seite der 2. Auflage unverändert geblieben. Daß trotzdem der Umfang gleich geblieben ist, zeugt vom gekonnten Weglassen überholter oder nicht mehr wesentlich erscheinender Fakten. Besonders erfreulich ist auch die Ausweitung der Darstellung auf alle Gebiete der Ökologie, besonders auch der Limnologie, welche in der 1. Auflage relativ schwach vertreten war. Die Mathematisierung ist in der zweiten Auflage zu ihrem verdienten, aber dem Biologen noch verständlichen Recht gekommen, wobei ihr der gebührende Platz eingeräumt wird, sie aber nicht zum Selbstzweck ausartet. Dadurch ergibt sich eine weitgehend biologisch-quantitative Analyse der Tier—Umwelt-Beziehungen, die am Schluß des 1. Bandes ergänzt wird durch den Versuch, die Synthese der vielfältigen Relationen zum Tier—Umwelt-Gefüge zu vollziehen.
Autor und Verlag sind zum Gesamtwerk wie zur 2. Auflage des 1. Bandes zu beglückwünschen. Die neue Auflage wird bei der heutigen Entwicklung der Ökologie schnell ihre Benutzer finden.

D. RONNEBERGER, Jena

HORST HEYNERT: **Botanische Kostbarkeiten zwischen Ostseestrand, Böhmerwald und Tatra.** Vegetationsskizze mitteleuropäischer Landschaften. Leipzig, Jena, Berlin: Urania-Verlag 1977. 206 S., 120 Farbfot., 1 Tab., 16 Schwarz-weiß-Zeichnungen. Ln. M 19,50

Notizen und Fotos von botanischen Exkursionen zur Ostseeküste, zu den Binnensalzstellen des herzynischen Trockengebiets, zu den masurischen Wäldern, Mooren und Seen, den herzynischen Trockengebieten, in das Böhmische Mittelgebirge und die Sudeten sowie in die Tatra werden vom Verfasser unter Heranziehung vorhandener Fachliteratur zu einer geobotanischen Gesamtschau über das östliche Mitteleuropa ausgeweitet. Zwei einleitende Kapitel vermitteln Grundbegriffe der Ökologie, der Umweltverhältnisse und der Vegetationsgeschichte dieses Raumes, ein abschließendes faßt noch einmal Probleme des Natur- und Umweltschutzes zusammen. Angefügt sind ein nützlicher Überblick über die Botanischen Gärten im Exkursionsgebiet und eine systematische Übersicht der wichtigsten Vegetationseinheiten.

Das Buch wendet sich in erster Linie an den interessierten Laien und erfüllt seine Aufgabe, diesen mit der Vegetation wichtiger Teilgebiete des östlichen Mitteleuropas bekannt zu machen, ohne Zweifel. Dazu dürften auch die 120 überwiegend ausgezeichneten und auch befriedigend gedruckten Farbaufnahmen des Verfassers beitragen. In dem Abschnitt „Sauberes Wasser — Voraussetzung des Lebens" werden auch die Probleme der Gewässerverschmutzung und des Gewässerschutzes angerissen. Die Vegetation der Gewässer selbst kommt freilich nur recht kurz zur Sprache, wie sich denn auch unter den Abbildungen keine eigentlichen Wasserpflanzen befinden; diese gehören offenbar nicht zu den „botanischen Kostbarkeiten".

H.-D. Krausch, Potsdam

Frieder Sauer: **Strand + Küste.** Pflanzen und Tiere nach Farbfotos bestimmen (BLV-Naturführer Nr. 7). München, Bern, Wien: BLV Verlagsgesellschaft 1977. 143 S., 153 Farbfot. Kart. DM 9,80 (öS 78,—/ Fr 11,30)

In der Reihe BLV-Naturführer ist dieser Band der erste, der sich auch als „Biotopführer" bezeichnet. Diesem Anspruch versucht der Autor nachzukommen, indem er vor dem Bild- und Textteil Lebensräume im Meer darstellt. Was allerdings das Plankton in diesem Kapitel zu suchen hat, erscheint dem Rezensenten rätselhaft, zumal der Autor ja dann auch erklärt, daß es sich hierbei um eine Gruppe von Organismen handelt.

Daran anschließend behandelt er die drei Meere, auf die sich dieser Band zum größten Teil bezieht, die Ostsee, die Nordsee und das Mittelmeer. Mit dem Kapitel „Beobachten von Meerestieren" leitet er zum Bildteil über. Die Reihenfolge der aufgeführten Arten „entspricht im wesentlichen der wissenschaftlichen Systematik" (welcher?). Die Auswahl der dargestellten Formen ist recht eigenwillig. Pflanzen und Tiere des Mittelmeeres bzw. aus Nordsee und Atlantik überwiegen bei weitem, von Ostseebewohnern ist dagegen leider nicht allzuviel zu finden. Auf jeweils zwei Seiten werden Kurzdiagnosen und Abbildungen gegenübergestellt. Ob man allerdings die meisten der abgebildeten Arten nach den Farbtafeln bestimmen kann, wie es der Untertitel verspricht, bleibt dahingestellt. Die Artdiagnosen sind im allgemeinen in einer verständlichen und flüssigen Sprache verfaßt, jedoch schleichen sich auch hier Ungenauigkeiten ein. So erfolgt bei der Uferschnepfe (S. 130) ein Größenvergleich mit dem Brachvogel, letzterer ist in dem Büchlein aber überhaupt nicht verzeichnet; und welcher Beobachter war so glücklich, diesen Vogel schon einmal zu sehen?

Die Ausstattung des Bandes ist ausgezeichnet, die meisten Farbfotos sind von einer vorzüglichen Qualität, ebenso sind Papier und Druck lobenswert zu erwähnen. Als eine Einführung und Anregung für den angesprochenen Personenkreis („Strandwanderer" und „Flachwasser-Taucher") ist es geeignet, vor allem für jüngere Naturfreunde, die mit diesem „Bilderbuch" eine gute Grundlage für die Beschäftigung mit den angesprochenen Objekten in die Hand bekommen.

G. Haubold, Neuglobsow

Jiří Růžička: **Die Desmidiaceen Mitteleuropas. Band 1,** 1. Lieferung. Stuttgart: E. Schweizerbart'sche Verlagsbuchhandlung (Nägele und Obermiller) 1977. VIII, 292 S., 18 Abb., 44 Taf., Geb. DM 138,—

Der Titel der Monographie ist bescheiden: Die meisten der in Mitteleuropa vorkommenden Zieralgenarten sind in der gesamten gemäßigten Zone Eurasiens zu Hause und auch aus anderen Florengebieten bekannt, so daß der geographische Rahmen viel weitergespannt ist, als es der Titel ahnen läßt. Geplant sind insgesamt 3 Bände, die auf mehrere Lieferungen aufgeteilt werden. Die zweite und abschließende Lieferung des 1. Bandes ist für Ende 1979 angekündigt. Dort werden sich dann auch die unentbehrlichen Register und Literaturverzeichnisse finden.

Inhaltlich umfaßt die vorliegende Lieferung die Familien Gonatozygaceae, Peniaceae, Closteriaceae und einen Teil der Desmidiaceae (die Gattungen *Docidium*, *Pleurotaenium*, *Triploceras* und *Triplastrum*). Der Autor folgt in der Behandlung der Taxonomie der Jochalgen den Vorschlägen von Mix (1972), ein begrüßenswerter Entschluß. Nicht ganz verständlich ist allerdings, warum im Titel des Buches der Familienname Desmidiaceen erscheint, obwohl in Wirklichkeit die gesamte Ordnung der Desmidiales behandelt wird. Das mag allenfalls in einem populärwissenschaftlichen Buch angehen, nicht aber in einem Werk von Range und Anspruch der hier vorgestellten Monographie. Im Interesse der Wissenschaftlichkeit sollte mit dem althergebrachten sprachlichen „Schlendrian" Schluß gemacht werden. Nach kurzen einleitenden Bemerkungen über die sogenannte monothetische Auffassung der Sippen im Sinne des Internationalen Codes, über die Wertung der Merkmale und die Nomenklatur, die die Auffassungen und das Vorgehen des Autors verdeutlichen, folgt der spezielle systematische Teil. Er beginnt mit einer Diagnose der Ordnung Desmidiales und charakterisiert die allgemeinen Merkmale und das Vorkommen der Gruppe. Es schließen sich die ausführlichen Bearbeitungen der Unterordnungen, Familien, Gattungen und Arten an. Infraspezifische Taxa werden nicht aufgeschlüsselt. Ausgewiesen werden bei jeder Sippe Basionym, Syno-

nyme und nomenklatorischer Typus (nach Originalabbildung bzw. -beschreibung). Eine Typisierung der Desmidiales wurde nicht angestrebt. Die klaren Abbildungen (Zeichnungen) erfassen die häufigsten morphologischen Abweichungen der verschiedenen Sippen. Schade, daß rasterelektronenmikroskopische Darstellungen fehlen.
Die vorliegende Teilbearbeitung ist vielversprechend. Wir dürfen auf die Fortsetzungen gespannt sein.

S. J. CASPER, Jena

OTTO-ALBRECHT NEUMÜLLER: **Basis-Römpp.** Taschenlexikon der Chemie, ihrer Randgebiete und Hilfswissenschaften. Stuttgart: Franckh'sche Verlagsbuchhandlung 1977. Band I (A—L), Band II (M—Z), 768 S., zahlr. Abb. Kart. abwaschbar. DM 39,50

Das bewährte Chemielexikon „Der Römpp" ist in gekürzter und komprimierter Form erschienen, d. h., das 6bändige Werk mit 4000 Seiten wurde auf 768 Seiten reduziert. Die Reduzierung erfolgte nicht durch Kürzung von Text und Stichwörtern, sondern durch Auswahl bestimmter Kapitel. So sind durch fotomechanische Wiedergabe aus der 7. Auflage des „großen Römpp" folgende Sachgebiete aufgenommen worden: Aufbau der Materie, die wichtigsten Stoffklassen und Reaktionsweisen, Methoden und Gesetzmäßigkeiten. Nicht enthalten sind die Kapitel Chemische Elemente, ihre anorganischen und organischen Verbindungen, Handelsprodukte, Warenzeichen, Pharmazeutika, Schädlingsbekämpfungsmittel, Verfahren, Firmen, Rezepturen und die Literaturangaben. Auch fehlt der Fachwortteil engl./deutsch und franz./deutsch. Bedingt durch die fotomechanische, ungekürzte Wiedergabe der Texte aus der 6bändigen Ausgabe, sind Stichworte mit * (Stern) gekennzeichnet, welche nicht im Basis-Römpp zu finden sind und es kann vorkommen, daß man vergeblich sucht.
Die Benutzung des handlich kleinen Lexikons erfordert ein chemisches Grundwissen. Die Auswahl des Stoffgebiets und der Stichworte ist für einen breiten Benutzerkreis ausreichend. Es ist ein sehr brauchbares Taschenlexikon entstanden.

G. PROFT, Jena

ERWIN HENTSCHEL & GÜNTHER WAGNER: **Tiernamen und zoologische Fachwörter unter Berücksichtigung allgemeinbiologischer, anatomischer und physiologischer Termini.** Jena: VEB Gustav Fischer Verl. 1976. 507 S. PVC. M 14,— (Ausland M 19,—)

In einer Zeit der allgemein verringerten altsprachlichen Schulbildung und der frühen Spezialisierung besteht ein wachsendes Interesse an dem sprachlichen Inhalt verschiedenster Termini oder an Definitionen der Nachbardisziplinen. Hier schließen die Autoren in glänzender Weise eine Lücke mit der sprachlichen Erklärung und dem stichpunktartigen Inhalt von über 10000 Fachwörtern. Das in PVC-Decken eingebundene Taschenbuch will auf jedem Arbeitsplatz eines zoologisch oder allgemein biologisch Interessierten ein wertvoller Helfer sein.
Der lexikalische Hauptteil würde dem Unerfahrenen wenig nützen, hätten ihn die Autoren nicht ausführliche Hinweise für die Benutzung und eine Einführung in die Terminologie und Nomenklatur, eine Einführung in die zoologische Fachsprache vorangestellt. Dem lexikalischen Hauptteil folgen ein Verzeichnis gebräuchlicher deutscher Namen, ein Verzeichnis von Autorennamen mit gebräuchlichen Abkürzungen, eine systematische Übersicht des Tierreichs und ein kurzes Literaturverzeichnis.
Mit nur etwa 30 Anmerkungen zum lexikalischen Hauptteil erscheint dem Rezensenten bereits die erste Auflage erstaunlich durchgearbeitet zu sein. Schreibfehler sind darin nicht enthalten. Die Anatomie, Taxonomie und Physiologie erfahren eine stärkere Beachtung als die Ökologie, den größten Raum nimmt die Taxonomie mit Namenserklärungen ein. Hier sollte der Ökologie bei einer kommenden Auflage etwas mehr Raum eingeräumt werden, der dann die Aufnahme aller wichtigen Fachwörter gestattet.

G. MOTHES, Berlin

INGRID ROTH: **Fruits of Angiosperms.** In K. LINSBAUER (Begründer): Handbuch der Pflanzenanatomie. Spezieller Teil Band X, Teil 1. Berlin, Stuttgart: Gebrüder Borntraeger 1977. XVI, 675 S., 232 Fig. Ln. DM 288,—

„An ihren Früchten werdet ihr sie erkennen. Sammelt man etwa Trauben von Dornen oder Feigen von Disteln?" So zeige doch, meinte der schwäbische Arzt und Botaniker JOSEPH GÄRTNER in seinem dreibändigen Werk „De Fructibus et seminibus plantarum" (Leipzig 1788—1805), die Frucht am deutlichsten die Verwandtschaft an, und Leguminosen und Siliquosen seien sehr wohl durch ihre Früchte charakterisiert. Mit „GÄRTNER's Beschreibung und Abbildung der Früchte und Samen von 1275 Gattungen beginnt eigentlich erst unsere Kenntnis von der Morphologie der in ihrem Bau so schwierig zu erfassenden Früchte. Und INGRID ROTH leitet ihr Handbuch mit der Erinnerung an die klassische Definition der Frucht als „reifem Ovarium" durch GÄRTNER ein, um dann sogleich mitten ins 20. Jahrhundert hinüberzuspringen.
Nahezu 200 Jahre sind eine lange Zeit. Man sollte erwarten, daß es nicht mehr allzuviel zu sagen bzw. schreiben gäbe, wenn von der „Blüte zur Zeit der Samenreifung" (KNOLL 1939) gehandelt wird. Wir müssen aber zur Kenntnis nehmen, daß es bis heute noch keine allgemeine Darstellung der Fruchtanatomie der Blütenpflanzen gibt und daß das Ausmaß der

einschlägigen Bibliographie im Vergleich mit der enormen Bedeutung der Früchte in unserem Leben geradezu dürftig ist. Selbst Früchte von solch hohem ökonomischem Rang wie Kakao oder Kaffee haben nur selten das Interesse der Pflanzenanatomen gefunden. Knapp 800 Titel konnte die Autorin bei der Kompilation ihres Werkes auswerten, außerdem eine große Zahl eigener Untersuchungen an Früchten tropischer, in Venezuela und Westindien heimischer oder kultivierter Pflanzen.
So ist ein Text entstanden, der, von allgemeinen Betrachtungen ausgehend, über die Erörterung der Gewebe, die die Früchte und ihre „Anhängsel" zusammensetzen, zur Darstellung der anatomisch-morphologischen Grundlagen der Öffnungsmechanismen weiterführt und schließlich im Hauptteil die Fruchttypen wie Kapsel, Nuß, Steinfrucht oder Beere in all ihren vielfältigen Erscheinungsformen vorführt. Die Behandlung spezieller Bauelemente zur Verbreitung der Früchte und kurze Bemerkungen über den taxonomischen Wert von Perikarpstrukturen, über die Phylogenie der Früchte sowie über die Zusammenhänge von Polyploidie und Fruchtbildung bei Kulturpflanzen runden die kenntnisreiche Darstellung ab, die deutlich werden läßt, daß noch viel getan werden muß, ehe von einem befriedigenden Stand der Kenntnisse auf dem Gebiete der Fruchtanatomie gesprochen werden kann. Bibliographie, Autoren-, Sach- und Sippenverzeichnisse erhöhen den Gebrauchswert des vorzüglich gedruckten und ausgestatteten Werkes beträchtlich. Der Autorin gilt der uneingeschränkte Dank für ihre enorme Einsatzbereitschaft, die in einem ganz besonderen Licht erscheint, wenn man berücksichtigt, daß ein großer Teil der Zeichnungen ihr eigenes Werk ist und ihr Arbeitsort Caracas nicht über den Fundus an Literatur verfügt, der für ein solches Werk erforderlich ist.
Pflanzenanatomen, Nahrungsmitteltechniker, Pharmazeuten, Taxonomen und Paläontologen, überhaupt alle Botaniker werden das Handbuch mit Gewinn nutzen.

S. J. Casper, Jena

Fritz Meinck & Helmut Möhle: **Wörterbuch für das Wasser- und Abwasserfach.** Deutsch, Französisch, Englisch, Italienisch. 2., erw. u. verb. Aufl. München: R. Oldenbourg Verlag 1977. 737 S. Kunststoff geb. DM 148,—

Die zweite, wesentlich erweiterte und verbesserte Auflage dieses Wörterbuches ist wie die erste in 3 Teile gegliedert. Im ersten Teil sind die deutschen Termini alphabetisch mit ihren englischen, französischen und italienischen Äquivalenten aufgeführt und numeriert. Im zweiten Teil sind alphabetische Wortverzeichnisse dieser 3 Sprachen zu finden, die jeweils mit der Nummer des deutschen Äquivalents versehen sind, so daß man bei jedem Nachschlagen im ersten Teil alle vier Äquivalente erfährt. Im dritten Teil sind Umrechnungstabellen für verschiedene britische und amerikanische Maße in metrische Größen und internationale Maßeinheiten aufgeführt.
Das Wörterbuch umfaßt in jeder der genannten Sprachen rund 12000 Begriffe, die technische, biologische, chemische, hygienische, klimatologische, landwirtschaftliche, mathematische und wasserbauliche Aspekte berücksichtigen, aber auch Nachbargebiete wie z. B. die Geologie nicht vergessen. Angegeben wird durchweg das Geschlecht der Stichworte. — Den Autoren ist für die sorgfältige Bearbeitung und dem Verlag für den guten Druck zu danken. Der Titel sollte der Sprachenfolge im Text angeglichen werden. Rezensent wünschte sich eine Erweiterung des Wörterbuches durch die Aufnahme der spanischen und russischen Sprache.

D. Storch, Jena

Helmut Kinzel: **Grundlagen der Stoffwechselphysiologie.** Eine Einführung in die Energetik und Kinetik der Lebensvorgänge. Stuttgart: Verlag Eugen Ulmer 1977. 276 S., 65 Abb., 14 Tab. Flex. Taschenb. DM 22,80

Das Verständnis der Kinetik und Energetik von biologischen Prozeßabläufen ist eine wesentliche Grundvoraussetzungen, um die Lebensvorgänge in einem Organismus bzw. einem Ökosystem zu verstehen. Begriffe wie „Entropie", „thermodynamisches Gleichgewicht", „Fließgleichgewicht" oder „Michaeliskonstante" gehören seit vielen Jahren zum festen Vokabular in der Biologie. Sie werden aber noch heute häufig falsch oder nur halb verstanden.
Der Autor des vorliegenden, in der UTB-Reihe (Nr. 618) erschienen Bandes versteht es in didaktisch hervorragender Weise, in die Begriffe, Symbole und Zusammenhänge der Thermodynamik und Reaktionskinetik einzuführen und Mißverständnisse von vornherein auszuschließen.
In 14 Abschnitten werden Grundfragen des Energieumsatzes, Reaktionsgeschwindigkeit und Gleichgewicht, Katalyse, Kinetik einer Reaktion 1. Ordnung, Enzyme, thermodynamische Aspekte des Massenwirkungsgesetzes, Funktion energiereicher Verbindungen, Glykolyse und ihr Energieertrag, Atmung, Reaktionsgeschwindigkeit und Substratkonzentration, Fließgleichgewichte und ihre Regulation, Veränderung von Enzymaktivitäten, Regulation der Glykolyse und Funktion des ATP behandelt.
Das Büchlein spricht dabei besonders die Studenten verschiedener biologischer (medizinischer) Fachrichtungen an. Es ist aber darüber hinaus auch jedem fortgeschrittenen Biologen und besonders auch jedem Hydrobiologen nützlich, der seine Kenntnisse auf diesem Gebiet auffrischen bzw. vertiefen möchte.
Abseits von der klaren, sachlichen und anschaulichen Vermittlung stoffwechselphysiologischer Grundlagen

stehen einige idealistische Bekenntnisse und Zitate im Vorwort und Schlußkapitel. Sie sollten in diesem Buch lieber ungeschrieben geblieben sein. Sie fördern nicht das Verständnis des Studenten bzw. Naturwissenschaftlers.

R. KOSCHEL, Berlin

Beiträge zur Meereskunde, Hefte 38 u. 39 (Hrsg.: ERICH BRUNS unter Mitwirkung von O. KOLP, G. SAGER, K. VOIGT). Berlin: Akademie-Verlag 1976, **38**: 144 S., 59 Abb., 15 Tab. Brosch. M 39,—; 1977, **39**: 106 S., 38 Abb., 11 Tab. Brosch. M 30,—

Die Beiträge dieser Hefte sind dem Herausgeber Prof. Dr. Ing. habil. ERICH BRUNS zum 75. Geburtstag gewidmet. Das internationale Autorenteam widerspiegelt zugleich Ruf und Ansehen des Herausgebers und „seiner" Schriftenreihe. Das Spektrum der hervorragenden Arbeiten reicht von quartärgeologischen und chemischen Untersuchungen an Ostsee-Sedimenten (BLAZHCHISHIN, PUSTELNIKOV, EMELJANOV) über Wasserchemismus (BRÜGMANN), Temperaturuntersuchungen (FRANCK, SAGER) bis zur elektronischen Seegangsmessung (STRIGGOW). Von besonderem Interesse sind die Ergebnisse über Wechselwirkungen Meer—Atmosphäre in der Kontaktzone zwischen Land und Meer (DRUET, HUPFER, KUSNECOV), zum Küstenexperiment EKAM 73 in Zingst sowie systemtheoretische Vergleiche zwischen Theorie und Experiment (LASS). Heft 39 stellt inhaltlich eine Fortsetzung dar und enthält überwiegend hydrochemische (FRANCKE, NEHRING, ROHDE, MATTHÄUS, WOLF, BRÜGMANN) und systemhydrologische Arbeiten (TREMP, BAUDLER, HAGEN) über die Ostsee und ihre Küsten sowie den Ostatlantik vor der Afrikanischen Küste. Interessant ist auch ein Bericht über internationale Experimente zum Vergleich von Strömungsmeßgeräten aus 6 Ländern (UdSSR, DDR, USA, Norwegen, Großbritannien und BRD).

L. KREY, Jena

BRUNO P. KREMER: **Pflanzen unserer Küsten. Blütenpflanzen — Flechten — Algen — Tange** (Bunte-Kosmos-Taschenführer). Stuttgart: Franckh'sche Verlagshandlung (Kosmos-Verlag) 1977. 71 S., 119 Farbfot., 1 Abb., Kart. lamin. DM 8,80

Das Bilderbuch, dessen ausgezeichnete Farbfotos zum größten Teil vom Autor selbst stammen, stellt typische Pflanzen der Küstengebiete von Nord- und Ostsee vor, beschreibt sie ausreichend zur sicheren Bestimmung, nennt ihre Standorte und Vorkommen und weist auf ähnliche Arten hin. Die Pflanzengesellschaften der Lebensbereiche Watt, Spülsaum, Vor-, Weiß-, Grau-, Braundüne, Dünentälchen, meeresnahe Felsen, Mauern und Raine werden knapp erläutert. Literaturhinweise sowie Verzeichnisse der wissenschaftlichen und deutschen Namen erweisen sich als hilfreich.
Das bescheiden aufgemachte, gut gedruckte, informative Bändchen ist ein zuverlässiger Begleiter durch die Pflanzenwelt der Strände für alle die, die dort als Urlauber oder Badegäste über die reine Erholung hinaus sich das Interesse für die eigenartige Umwelt bewahrt haben.

S. J. CASPER, Jena

Institut für Naturschutz Darmstadt. Schriftenreihe, Beiheft 27. Darmstadt 1977. 160 S., 1 Vegetationskarte, 1 Diagramm, 18 Tafeln, 13 Abb. Brosch. DM 5,—

Das vorliegende großformatige Heft enthält 5 Beiträge, in denen in der Hauptsache, der bewährten Tradition der Darmstädter Naturschutzstelle folgend, geobotanische und landschaftsökologische Grundlagen für die Praxis von Natur- und Umweltschutz bereitgestellt werden. Die beiden ersten betreffen Personalien (Nachruf auf BERNHARD MALENDE, Kulturpreis des Main-Kinzig-Kreises für ADOLF SEIBIG). Von überregionaler Bedeutung ist der Aufsatz von F. WEBERLING über die Bedeutung der Floristik für die Landeskunde (S. 6 bis 26), wobei u. a. auch die Rolle der heimischen Wildpflanzen als Bioindikatoren für die verschiedensten Umweltfaktoren herausgestellt wird. Wichtig sind ferner die botanischen Gutachten von U. HILLESHEIM-KIMMEL über 20 neue Naturschutzgebiete und ein schutzwürdiges Gebiet im Regierungsbezirk Darmstadt. (S. 27—131). Die nach einheitlichen Gesichtspunkten bearbeiteten und durch zahlreiche Fotos veranschaulichten Darstellungen enthalten jeweils Angaben über Lage, Geologie, Pflanzenwelt, Schäden, Umgebung, Bedeutung und Literatur des betreffenden Gebiets. Den Limnologen werden vor allem die Ausführungen über die Gewässer und Moore interessieren (Schannenbacher Moor, Breite Bruch, Reinheimer Teich, See am Goldberg, Ludwigsquelle, Forellenteiche, Rothenbachteich). Der letzte Beitrag von W. KREUTZ † bildet eine lokalklimatische Studie über ein Randgebiet der Stadt Darmstadt, die zahlreiche Grundlagen für landschaftspflegerische und andere landeskulturelle Maßnahmen liefert.

H.-D. KRAUSCH, Potsdam

ULRICH HAMANN & GERHARD WAGENITZ: **Bibliographie zur Flora von Mitteleuropa.** 2., erg. Aufl. Berlin, Hamburg: Verlag Paul Parey 1977. 374 S., Chromolux lamin. DM 66,—

Wenn sieben Jahre nach dem Erscheinen der 1. Auflage der vorliegenden „Bibliographie" bereits eine zweite erscheinen kann, dann spricht das für deren Notwendigkeit. Allerdings handelt es sich nicht um eine vollständige Neubearbeitung, die angesichts der inzwischen überall gewachsenen Kenntnis von Flora und Vegetation des Gebiets eigentlich zu fordern wäre, sondern um einen ergänzten Neudruck, der dem offensichtlichen Interesse der Benutzer entgegenkommen soll. Die dabei vorgenommene Auswahl der neuen Veröffentlichungen berücksichtigt die Anregungen vieler Fachkollegen. Die Anordnung der Ergänzungen entspricht der Gliederung des unveränderten Hauptteils, so daß eine Rückkopplung zu ihm stets möglich ist. Neue Zitate erhalten geeignete zusätzliche Buchstaben. Das Register enthält die Ergänzungen nicht. Wie bereits anläßlich der Rezension der 1. Auflage vermerkt — vgl. *Limnologica* **9** (2), S. 300—301, 1975 —, verdient die Publikation als wichtiger und unentbehrlicher Helfer und Ratgeber bei der Erforschung der heimischen Flora und Vegetation die Beachtung aller Botaniker.

S. J. CASPER, Jena

QUARG, M. (Hrsg.): **ABC Umweltschutz,** unter besonderer Berücksichtigung der Umweltschutztechnologie. Leipzig: VEB Deutscher Verlag für Grundstoffindustrie 1976. 267 S., 279 Abb., 80 Tab. u. Anhang. Ln. M 34,—

In einer Zeit, die von allen Bevölkerungsschichten die aktive Mitwirkung am Schutz der Umwelt im gesellschaftlichen und persönlichen Interesse verlangt, kann ein Wörterbuch nur begrüßt werden, das die vielfältigen Begriffe aus dem Gebiet des Umweltschutzes übersichtlich ordnet und für möglichst viele Bevölkerungs- und Berufsgruppen verständlich interpretiert. Das Buch ist von seiner Konzeption her als gelungen zu bezeichnen und es ist zu erwarten, daß eine weitere Auflage bald erforderlich wird. Die Verflechtung der naturwissenschaftlichen und technischen Disziplinen ist gerade im Umweltschutz sehr ausgeprägt und der Benutzerkreis des Buches ist demzufolge groß. Etwa 1400 Stichwörter sind von einem Autorenkollektiv aus den Teilgebieten allgemeiner Umweltschutz, Abwasserbehandlung, Reinhaltung der Luft, Abproduktbehandlung und Schutz vor Lärm in alphabetischer Folge erklärt worden. Es liegt in der Eigenart eines Wörterbuches, daß es erst nach mehreren Auflagen weitgehend den Anforderungen gerecht wird. Einige kritische Bemerkungen vorrangig aus der Sicht der Wassergütewirtschaft mögen der Vervollkommnung des Buches dienen. Das Kapitel „Abwasserbehandlung" sollte mit „Gewässerschutz" betitelt werden, denn die Abwasserbehandlung dient dem Gewässerschutz, dieser umfaßt aber mehr als die Abwasserbehandlung. Limnologie ist heute mehr als die Seenkunde. Sanierungsprogramme existieren auch in der Wasserwirtschaft. Pflanzenschutzmittel sind oft auch bienengiftig. Aufgenommen werden sollten folgende Begriffe (z. T. mit Verweis auf gleichbedeutende Termini): Tenside, Stoffkreislauf, Concentratio letalis (LC), Letalkonzentration, Letaldosis, Ubiquisten, naturnaher Wasserbau, Naturdenkmal, meromiktischer See, geschichteter See, Epi-, Meta- und Hypolimnion, Sprungschicht, Thermokline, Saprobienindex, Saprobitätsgrad, Schutzzone, Trophiegrad, oligotroph, eutroph, mesotroph, polytroph, hypertroph, katharob, Infrastruktur, reverse osmose, Oberflußmeisterei, Indikatororganismen (für Luft und Wasser), Tiefenwasserbelüftung, Flußwasserbelüftung, Oberflächenbelüftung (Seen, Talsperren), Biogene Belüftungsrate, Trinkwassertalsperre, Toxizitätstest, Bodenwertzahl, Ölsperre, Koliforme, pathogene Keime, Abwasserpilze, Enterokokken, Tiefenwasserableitung, dritte Reinigungsstufe, Badegewässer, toxische Stoffe (evtl. mit Tabelle).

G. BREITIG, Berlin

HOLGER HEUSELER (Hrsg.): **Europa aus dem All — Satellitengeographie unseres Erdteils** (mit Beiträgen von A. BRUCKER, W. BÜDELER, H. HEUSELER, H. KAMINSKI & H. TOLLE.) Stuttgart/Braunschweig: Deutsche Verlagsanstalt/Georg Westermann Verlag 1974. 160 S., 135 mehrfarb. Satellitenbild. u. Spezialkt., 30 Schwarz-Weiß-Abb., 1 Faltkt. Ln. DM 98,—

Größtenteils farbige Aufnahmen amerikanischer Satelliten (ERTS-1, Skylab, NOAA 2 und NOAA 3 sowie Wettersatelliten) vom Anfang der 70er Jahre werden in einem vorzüglich ausgestatteten Bildband vorgestellt. Für die verschiedenen Erkundungsziele werden Aufnahmen, aber auch Montagen aus besonders geeigneten Territorien Europas und des Nordpolargebietes herangezogen und modernen topographischen oder thematischen Karten gegenübergestellt. Die Zusammenarbeit von fünf spezialisierten Fachautoren hat zu einer wirklich abgerundeten Interpretation der verschiedenartigen Aufnahmen geführt. Die Brillanz der Aufnahmen ist erst möglich geworden durch die fast gleichzeitige Entwicklung der Raumflugkörper, der Präzisionskameras und der hochauflösenden Filme. So sind die Satelittenaufnahmen zu einem unentbehrlichen Arbeitsmittel vieler Geowissenschaften geworden, dabei sind die Multispektralaufnahmen freilich nur ein kleiner freigegebener Teil der immensen Aufnahmezahlen. Unter den Auswerteschwerpunkten der Autoren sind nutzung sowie zur ökologischen Umweltüberwachung. Zur Bestimmung der Wasseroberflächentemperatur, Sedimentation, Wasserverschmutzung sowie Bodenfeuchtigkeit liegen Erkundungen in großer Zahl vor und gewähren einen mit anderer Technik nicht erreichbaren synoptischen, globalen Einblick in dynamische Prozesse. Durch multidisziplinäre geowissenschaftliche Programme ist eine umfassende Ausbeute möglich, limnologisch von besonderer Bedeutung die Darlegungen zur Hydrologie, Ozeanologie und Meeresso daß z. B. der prozentuale Verschmutzungsanteil der Nord- und Ostsee durch die Anrainerstaaten aus den Satelittenfotos abgeleitet werden kann. Hier öffnet sich auch dem Limnologen ein weites neues Betätigungsfeld. Der Gesamteindruck des wertvollen Buches ist unbestritten faszinierend.

L. Krey, Jena

Arno Hermann Müller: **Lehrbuch der Paläozoologie. Band I: Allgemeine Grundlagen.** 3., durchges. u. erw. Aufl. Jena: VEB Gustav Fischer Verlag 1976. 423 S., 231 Abb., 16 Tab. Ln. M 36,40 (Ausland M 44,—)

Die Paläontologie verbindet die Geologie und Biologie miteinander, neue Erkenntnisse in einer Wissenschaftsdisziplin wirken sich somit auf die anderen ebenfalls anregend aus. Fortschritte in der Paläontologie sind also auch für die Zoologie (speziell die Systematik), die Ökologie, die Paläolimnologie und die Phylogenie wichtig.

Das dreibändige Lehrbuch der Paläozoologie erschien in erster Auflage von 1957—1970. Band I umfaßt die Allgemeinen Grundlagen, Band II die Invertebraten (zwei Teile liegen in 2. Auflage vor) und Band III die Vertebraten in 3 Teilen. Band I ist nicht nur der Schlüssel für die anderen Bände, sondern stellt ein ausgereiftes, in sich geschlossenes Lehrbuch dar. Er enthält folgende Kapitel: Begriff und Teilgebiete der Paläontologie, Geschichte der Paläontologie, Fossilisationslehre, Biologische Systematik und Terminologie, Einführung in die Variationsstatistik, Phylogenetik, Ökologie, Physiologie und Taxiologie sowie Paläontologische Präparation. Jedes Kapitel endet mit einem Literaturverzeichnis. Den Band beschließen Ergänzungen und Berichtigungen, ein Personen- und ein Sachregister. Für die 3. Auflage wurden alle Kapitel überarbeitet (Stand 1973, Nachträge bis 1976), besonders erweitert wurden Fossilisationslehre, Variationsstatistik und Ökologie. Hinzu kam ein Abschnitt über Biochronologie. Durch erneuertes Bildmaterial gewann die Aussagekraft der Abbildungen.

Die Tatsache, daß bereits die 3. Auflage erscheinen mußte, spricht für dieses inhaltsreiche und gut ausgestattete Buch, das sich nicht nur an den Paläontologen wendet, sondern an die Vertreter zahlreicher geo- und biowissenschaftlicher Disziplinen sowie Fossiliensammler, denen es eine Fülle von Fakten und wertvollen Anregungen zu bieten hat.

D. Storch, Jena

Die LIMNOLOGICA erscheinen in zwangloser Folge in einzeln berechneten Heften wechselnden Umfangs. Etwa 30 Druckbogen (480 Seiten) bilden einen Band.
Die LIMNOLOGICA veröffentlichen Originalarbeiten aus allen Gebieten der wissenschaftlichen Erforschung der Binnengewässer und der benachbarten Lebensräume. Neben den Originalarbeiten erscheinen Übersichten der Fachliteratur osteuropäischer Staaten, Tagungsberichte und Rezensionen.

BEZUGSMÖGLICHKEITEN:
Sämtliche Veröffentlichungen unseres Verlages sind durch jede Buchhandlung im In- und Ausland zu beziehen. Falls keine Bezugsmöglichkeit vorhanden ist, wende man sich
in der Deutschen Demokratischen Republik an den Akademie-Verlag, DDR-1080 Berlin, Leipziger Straße 3–4,
in der BRD und Westberlin an KUNST UND WISSEN, Erich Bieber, 7000 Stuttgart 1, Wilhelmstraße 4–6,
in Österreich an den GLOBUS-Buchvertrieb, Wien I, Salzgries 16,
bei Wohnsitz im übrigen nichtsozialistischen Ausland an den Buchexport, Volkseigener Außenhandelsbetrieb der Deutschen Demokratischen Republik, 7010 Leipzig, Leninstraße 16.
Im sozialistischen Ausland können Bestellungen über die Buchhandlungen für fremdsprachige Literatur bzw. den zuständigen Postzeitungsvertrieb erfolgen.
Auf Wunsch sendet der Akademie-Verlag Interessenten bei Bekanntgabe der Anschrift und Fachgebiete unverbindlich Informationen über lieferbare und kommende Veröffentlichungen und gibt auch Bezugsquellen im In- und Ausland bekannt.

Erschienen im Akademie-Verlag, DDR-1080 Berlin, Leipziger Str. 3–4

Lizenznummer: 202 · 100/486/80
Gesamtherstellung: VEB Druckerei „Thomas Müntzer“, 5820 Bad Langensalza
Bestellnummer: 762648 1 (2111/12/2) · LSV 1305
Printed in the GDR
DDR 32,– M